中等职业教育国家规划教材
全国中等职业教育教材审定委员会审定

机械设备安装工艺

（机电设备安装与维修专业）

第 2 版

主　编　张忠旭

参　编　彭勇毅　　叶永青　　浦如强
　　　　杜存臣

主　审　于铁君　　余仲裕

U0398081

机 械 工 业 出 版 社

本书是中等职业教育国家规划教材，是在第1版的基础上修订而成的。

本书结合生产实际，较系统地讲述了机械设备安装工程施工组织的基本程序、测量、测试、起吊、搬运等基础知识，设备安装施工基本程序及工艺，典型机器零部件安装工艺及金属切削机床、锅炉、电梯、桥式起重机、压缩机、金属塔罐类容器等典型机械设备的安装（制作）工艺，以及设备安装工程施工验收规范的基本要求，设备安装施工常见故障的诊断与排除方法等。本书每章后配有思考题与习题，书的最后还配有综合练习及相关答案。

本书还可供职业技术院校学生和从事机电设备安装与维修的企业工程技术人员、施工及管理人员参考，也可作为企业设备管理与维修专业类员工进行技术培训的教学资料，以及报考国家"注册建造师"（机电设备类专业）人员的复习参考资料。

图书在版编目（CIP）数据

机械设备安装工艺/张忠旭主编 . —2 版 . —北京：机械工业出版社，2014.11（2024.8 重印）

中等职业教育国家规划教材

ISBN 978-7-111-48329-8

Ⅰ.①机…　Ⅱ.①张…　Ⅲ.①机械设备-设备安装-中等专业学校-教材

Ⅳ.①TH182

中国版本图书馆 CIP 数据核字（2014）第 244520 号

机械工业出版社（北京市百万庄大街 22 号　邮政编码 100037）

策划编辑：汪光灿　责任编辑：王莉娜

版式设计：霍永明　责任校对：肖　琳

封面设计：马精明　责任印制：任维东

北京中兴印刷有限公司印刷

2024 年 8 月第 2 版第 10 次印刷

184mm×260mm · 18.5 印张 · 457 千字

标准书号：ISBN 978-7-111-48329-8

定价：55.00 元

电话服务

客服电话：010- 88361066

010- 88379833

010- 68326294

封底无防伪标均为盗版

网络服务

机　工　官　网：www.cmpbook.com

机　工　官　博：weibo.com/cmp1952

金　书　网：www.golden-book.com

机工教育服务网：www.cmpedu.com

中等职业教育国家规划教材出版说明

为了贯彻《中共中央国务院关于深化教育改革全面推进素质教育的决定》精神，落实《面向 21 世纪教育振兴行动计划》中提出的职业教育课程改革和教材建设规划，根据教育部关于《中等职业教育国家规划教材申报、立项及管理意见》（教职成〔2001〕1 号）的精神，我们组织力量对实现中等职业教育培养目标和保证基本教学规格起保障作用的德育课程、文化基础课程、专业技术基础课程和 80 个重点建设专业主干课程的教材进行了规划和编写，从 2001 年秋季开学起，国家规划教材将陆续提供给各类中等职业学校选用。

国家规划教材是根据教育部最新颁布的德育课程、文化基础课程、专业技术基础课程和 80 个重点建设专业主干课程的教学大纲（课程教学基本要求）编写的，并经全国中等职业教育教材审定委员会审定。新教材全面贯彻素质教育思想，从社会发展对高素质劳动者和中初级专门人才需要的实际出发，注重对学生的创新精神和实践能力的培养。新教材在理论体系、组织结构和阐述方法等方面均作了一些新的尝试。新教材实行一纲多本，努力为教材选用提供比较和选择，满足不同学制、不同专业和不同办学条件的教学需要。

希望各地、各部门积极推广和选用国家规划教材，并在使用过程中，注意总结经验，及时提出修改意见和建议，使之不断完善和提高。

教育部职业教育与成人教育司

第 2 版前言

随着我国经济的发展和改革需要，国家每年投入数以万亿计的固定资产投资，特别是"十二五"规划期间，进一步加大了对高速铁路、高速公路、航空航天、国防安保、风电核能等高端装备制造业、小城镇建设、资源开发以及物流信息、低碳环保等新兴产业的支持力度，与此同时吸引了数倍、数十倍的民间资本参与到各个行业的建设领域，有力地保障了我国经济持续稳定提升。资料表明，固定资产投资中，用于机电设备的投资占比超过60%。如此巨量现代化机电设备的安装调试和运行维护修理，亟需大量掌握现代专业知识技能的机电设备安装与维修技术人才。而且，我国加入WTO以后，参与了越来越多的国际大型工程项目的建设，现代工业的发展，为机电设备安装与维修人员提供了施展才能的广阔舞台。20世纪末，机电设备安装与维修专业被国家教育部列为面向21世纪首批重点建设和发展的专业。

机电设备是由若干零部件组成的，用于完成人们所需要的使用功能的装置。作为许多企业重要的生产资料，机电设备在工业、农业、物流运输业以及科研、国防和人们的日常生活中，发挥着十分重要的作用。

机电设备的安装工程施工作业就是准确、牢固地把机电设备安装到预定的空间位置上，经过检测、调整和试运转，使各项技术性能指标达到设计所规定的标准。机电设备安装是从机电设备设计、制造到投入正常使用，实现其设计功能前的一项不可缺少的重要环节。

机电设备的结构、性能和用途尽管各不相同，但其安装工艺流程基本上是相同的，即一般都必须经过：设备基础的验收，安装前周密的物质和技术准备，设备的吊装就位、找正与找平，零部件的拆卸与清洗、装复，调整及检测，基础的二次灌浆及养护，设备各系统及整机试车运转，竣工验收和试生产后，才能正式投入生产。所不同的是，在这些工序中，对各种不同类型和使用要求的机电设备将会采用不同的工艺方法。例如在安装过程中，对大型设备及刚性较差的设备，通常采用分体安装，而对小型、刚性较好的设备一般采取整体安装方法。对某些设备来说，安装施工与调试过程也是生产制造工序中的重要组成环节。例如散装工业锅炉、电梯、钢质塔架、大型钢质储罐储柜、供热与通风管道系统等。这类设备有的由于体积很大，刚性较差，或不便于运输等，不允许在生产车间制作组装成成品后再运送到使用地点进行安装及调试，只能加工制作成半成品或组装成一定规格的部件，其他部分工序如焊接、就位吊装、调试检验和试车运行等工作项目，必须在现场完成。

机电设备安装质量的好坏，不仅影响产品的质量和产量，而且会直接影响设备自身的使用寿命，甚至关系到人的生命和财产安全，这就要求设备安装工程施工人员对施工过程每个环节进行精心施工、严格把关，以确保设备安装后达到预定的质量标准。由于本专业学生毕业后要面对包括装备制造、电力系统、矿山冶金、交通运输、石油化工、食品医药、轻工纺织、建筑建材等众多行业的机电设备，涉及的设备型号种类、安装要求、施工条件是千差万别的，而且设备安装工程项目施工除了要确保在复杂条件下安装施工的质量和安全、提高工程安装效率，还需要特别注意在施工现场多工种同时作业时的组织管理与协调，如设备安装施工队伍各个工种之间、与土建工程施工队伍等各个专业施工队伍之间的密切协作与配合。

现代设备一般具有自动化控制程度高，信息传输方式多样（如采用电、液、声、光、气等），精密度高，功能强等特点。这也对设备安装调试与维修人员的专业能力素质提出了更高的要求。作为机电设备安装与维修专业后备人才，在校学习期间，不仅要认真学习本课程及相关课程专业理论知识，还应努力培养自身良好的工作责任心和职业素养，掌握好专业基本操作技能。

《机械设备安装工艺》是机电设备安装与维修及机电一体化专业的一门重要的主干专业课程。本课程主要分为四个部分。

第一部分，主要内容为机电设备安装工程项目一般管理程序和设备安装工程施工相关常识。

第二部分为机电设备安装工程施工基本工艺流程、施工技术要求和安全操作规程。

第三部分为机电设备常用典型机械零部件的安装施工工艺、质量标准及检测方法。

第四部分为典型机电设备的安装工艺、安装施工常见故障现象、原因及排除方法。

通过本课程专业理论并结合相应的实践教学，学员应初步具有以下能力。

1. 了解机电设备安装工程施工组织管理基本流程及相关知识。

2. 熟悉设备安装工程施工常用的检测工具、检测仪器的基本构造，原理与使用维护方法；了解设备在安装位置上的质量控制要求和检测方法；了解设备在就位安装中的吊装搬运起重常识和吊装方法。

3. 掌握机电设备安装工程施工基本工艺流程及各安装施工程序的一般操作技术要求、注意事项和作业方法。

4. 熟悉构成机电设备常用的典型机构、零部件的功用、结构特点、工作原理，掌握典型零部件安装施工工艺方法及技术要求。

5. 了解典型机械设备的基本组成、工作原理、技术要求，熟悉基本安装施工工艺和操作方法、安装施工中常见的故障现象、产生原因及排除方法。

本书是根据国家教育部中等职业技术教育重点建设专业——机电设备安装与维修专业教学大纲编写的。在第1版基础上，广泛收集整理了近年来国内外机电设备安装工程施工中有关新技术、新工艺、新设备、新材料的实际应用案例，充实到教材中，并对部分章节内容进行了较大幅度的增删、重写和修改。

本书由张忠旭主编，并对原部分章节内容进行较大幅度增删、重写和修改。参与编写人员还有彭勇毅、叶永青、浦如强、杜存臣。全书由于铁君、余仲裕主审。本书的修订得到了中国机械建设集团公司关杰、四川工程职业技术学院吴先文、德阳深捷科技有限公司王旭、中国机械建设西南安装工程公司、西南工程学校、德阳安装技师学院等单位和个人的大力支持，在此一并表示感谢。

由于编者水平有限，书中错误和不妥之处在所难免，恳请读者批评指正。

编 者

第1版前言

《机械设备安装工艺》是教育部中等职业教育国家规划教材之一。根据 2000 年教育部批准的中等职业教育首批重点建设的机械类专业教学整体改革方案及各专业主干课程教学大纲，机械工业教育发展中心组织各有关专业指导委员会编写了这套教材。

《机械设备安装工艺》是机电设备安装与维修专业课程教学用书，书中介绍了机械设备安装工程施工组织的基本程序、测量、测试、起吊、搬运等基础知识；设备安装施工基本工艺；典型机器零部件安装工艺及金属切削机床、锅炉、电梯、桥式起重机、压缩机、金属储罐等典型机械设备安装工艺；典型设备安装中常见故障的诊断与排除方法等知识。

本书遵循培养学生"具备高素质劳动者和中初级专门人才所需的机电设备安装工艺基本知识和基本技能，初步具备解决安装施工实际问题的能力"的教学目标。在介绍机电设备安装工艺知识时，注意结合近年来我国安装行业施工中新技术、新工艺、新设备的具体应用，突出了设备安装工艺过程的技术测量、吊装搬运、检验调试和试车运行等技能知识内容。

本书力求做到文字流畅、准确、简练，符合国家最新规范要求，并注意结合中等职业教育特点，加强了实践教学内容，循序渐进，便于学习和掌握。

本书除用于三年制中等职业学校 100 学时教学外，加上带※号内容适用于 120 学时教学。本书还可供从事机电设备安装与维修的技术人员参考。

本书由德阳安装工程学校张忠旭主编，江苏省常州机械学校浦如强、徐州化工学校杜存臣、德阳安装工程学校叶永青、彭勇毅协编。本书由广西高等职业技术学院余仲裕高级工程师、中国机械工业第一安装工程公司余铁君高级工程师主审。编写分工如下：彭勇毅编写第一章第二～四节，第二章第五、六节，第六章第二节；叶永青编写第二章第一～四节，第五章，第六章第一节；浦如强编写第三章第三～五节；杜存臣编写第七章；张忠旭编写第一章第一节，第三章第一～二节，第四章，第六章第三节。

本书编写中得到了机械工业教育发展中心、设备维修与管理专业指导委员会、德阳安装工程学校、江苏省常州机械学校、四川省工程职业技术学院、中国机械工业第一安装工程公司等单位和个人的支持，在此一并致谢。

由于编者水平有限，书中不足之处在所难免，恳请广大读者予以批评、指正。

编　者

目　　录

第一章 机械设备安装工程的基础知识

第一节 组织与管理

机械设备安装工程是基本建设和企业进行技术改造中极为重要的组成部分，是机械设备设计制造后进入安装现场直至运行使用前不可缺少的关键环节。机械设备安装工程不仅要确保安装工程的质量，提高安装工程的效率，还必须加强与土建工程的密切协作和配合。

一、机械设备安装工程的内容

机械设备安装工程主要有以下工作内容。

1. 设备的起吊、搬运工作

机械设备整机或部件一般由制造厂家或运输部门运送到安装工地，再由安装人员根据施工进程，使用各种起吊工具和运输工具，将它们完好无损地运到具体的施工作业现场，进行就位组对安装。

2. 各种运转设备和静置设备的安装、检验和调试工作

所谓运转设备，是指各种带有驱动装置并能完成特定生产任务的设备。例如金属切削机床、压缩机、汽轮机、锻压机和泵等。这类设备由于工作精度要求很高，因而是安装工程中最重要而又最艰巨的内容，通常包括开箱检查、验收、基础放线、设备就位、校准调平、固定、清洗组装、调试试车和竣工验收等多道工序。对于某些机械设备，安装施工也就是这类产品的最后一道制造工序，如锅炉和电梯等。

所谓静置设备，是指不带驱动装置的设备，如塔、罐、柜、槽等容器类设备和电视塔、电线塔、排气筒以及钢质桥梁、房架、平台等金属构造类设备。静置设备的安装可分为静置设备的整体安装、静置设备的组对安装和静置设备的现场制作安装三种情况。

与静置设备安装配套的施工项目还有各种不同直径、不同压力的管道设备及其他附件需要进行组合、弯形、密封等安装工作。

3. 钢结构设备的制作和安装工作

钢结构设备（如各类容器、管道、法兰、支架、平台、扶梯等）由于大多为单件、异型，因而通常是在安装现场用各类钢板和型材，通过放样、下料、组合焊接制造而成。钢结构设备的制作安装有时是安装工程的主要内容之一。

4. 容器内、外附属部件的钳工安装工作

在安装各种容器之后，还要进行容器内部和外部各种部件的安装，以保证生产正常使用。如大型化工厂中各类反应塔、吸收塔、中和罐等设备安装完毕后，还需进行塔内隔板、管板、泡罩、磁环等的安装工作。这些安装工作是保证容器正常生产的必要条件。另外，还有与容器相连的管道的弯制、除锈、吹扫、保温、防锈及密封、安装工作。在安装现场或预制加工厂，各种不同直径、不同压力的管道，需要按设计进行弯制、除锈清洁、防锈防腐处理及管子管件的密封处理。这部分内容在各种介质输送、供热、供气工程及化工企业安装工程中占有非常重要的地位。

5. 仪器、仪表和控制系统的安装调试工作

在机械设备安装后，其工作系统中各种仪器、仪表和自动控制装置需要认真、细致地调试。随着科技的迅猛发展，各种机械式仪表、热工仪表、气动式仪表、液压式仪表及其他控制仪表和装置的不断推陈出新，对安装工人的技术要求越来越高，特别是在大批量生产的企业中，自动生产线和成套设备的运行程序控制系统的安装与调试工作是安装工程中的又一项重要内容。

6. 设备的各种电动机、电器和电气线路的安装调试工作

各种机械设备一般都配有不同数量、不同规格的电动机、电器及电气线路，因此正确合理地安装好电动机、电器及电气线路也是安装工程的一项主要内容。

7. 压力设备、热力设备、空调设备、制冷设备和环保设备的安装调试工作

近年来，空压设备、热力设备、空调设备、制冷设备和环保设备等通用机械设备广泛地应用在各个行业，因而这些设备的安装正逐步成为安装工程的一项重要内容。

8. 各种电梯、起重吊装设备的安装调试工作

货运电梯、商场电梯、住宅电梯等各种电梯及起重吊装设备，其主要零部件都是制造厂家生产后，分组件装箱运抵安装现场，由安装队伍进行现场安装调试。因此，安装工程实际上也是这些设备生产组装的最后一道工序。

9. 通信、信息设备设施的安装调试工作

随着知识经济时代的到来，我国的信息产业得到了迅猛发展，通信、信息设备设施的建设和安装调试工作正在成为安装工程的一项新的重要内容。

10. 特殊设备和器材的安装调试工作

在国防和科研部门中，大量应用具有高科技技术的机械设备，它们大多采用尖端技术，如激光技术、核磁技术、微波技术、微电脑技术和纳米技术等，这类设备的安装精度要求非常高，对安装施工人员的技能素质要求也非常高。

※二、机械设备安装施工所需的主要工种及其基本作业内容

随着现代化工业技术的发展，机械设备的性能也越来越复杂，其技术含量越来越高。机械设备安装作为一项独立的工艺技术，已逐步形成并不断完善，而且越来越受到人们的高度重视。其主要原因不仅是由于设备投资占整个基本建设投资费用的比重大，还在于设备安装工程的质量和工期将会直接影响到投资效益的发挥。一些特殊的安装工程项目，如工业锅炉、电梯、起重吊装设备、易燃易爆物资的储存输送系统及核能发电设备等，关系到人民生命财产安全，对环境可能造成危害，要求其从事安装的施工单位、机构和组织，必须具备国家技术监督部门核准的施工资格，其施工管理人员和工人必须具有经过技术监督部门考核合格的操作技能等级鉴定证方可施工。由此可知，机械设备安装工程的施工手段正逐步由原始的劳动密集型向技术密集型发展，对施工人员的技术素质要求在不断提高。

在机械设备安装工程施工现场（不包括维修站和加工厂）从事安装作业的一线施工人员大体有以下工种。

（1）工程安装钳工（简称钳工）　安装钳工是机械设备安装中的主要工种之一，主要承担设备安装中机械类零、部件的安装调试任务，具体工作有开箱检查、放线就位、找正找平、设备固定、零部件清理清洗、组装调试、试运转等。安装钳工不仅要掌握设备安装的全过程操作知识，而且还必须具备普通钳工的知识和技能，如钳工工具、量具、仪器的使用及其保养和校验；常用材料的性能和外观鉴别；金属材料的淬火、退火；安排其他工种的工序配合等。

（2）管道工（简称管工） 管工主要承担各类工业管道工程、设备配管、给排水等民用管道工程、采暖供热工程等管道安装工作。

管工除了应掌握管工工具、量具、仪器的使用、保养和校验方法，能识读管道安装施工工程图外，还必须熟悉不同材料管道的施工工艺，熟悉管道的隔热防腐施工，小型蒸汽锅炉的安装施工，管子的弯形、管接、弯头和异型管大小头的制作安装，管道及附件的试压等工作。

（3）电气安装工（简称电工） 电气安装工也是机械设备安装施工的主要工种之一，主要从事设备上的电器及其控制线路等的安装及调试工作以及发电设备，输电、变电、配电设备，电线电缆和通信设备及防雷装置等工程的安装工作。

电气安装工除应掌握普通电工的基本知识和技能，识读电气施工图外，还应熟悉不同规格、材料的施工工艺，如电缆、光纤工程以及线缆桥架、支架制作安装等知识以及简单的机械知识。另外，还应熟悉设备常见电气故障的诊断与排除方法。

（4）设备起重工（简称吊装工） 主要承担机械设备及金属构件的现场起重搬运工作。设备起重工必须具备以下知识和技能：起重工具的使用、保养及安全试验方法；绳索打结、接头，穿滑轮组方法；分析设备重心位置，竖立各种桅杆和埋设地锚；拟定起重吊装施工方案并进行简单的受力计算等。

（5）铆工（又称冷作工） 铆工是钢结构设备制作安装工程的重要工种，主要承担金属结构件和金属容器的制作工作。小型的金属结构件通常在加工厂制作成形，再运到施工现场进行安装；大型金属结构件的一般在加工厂放样下料、分片成形后，运至施工工地现场拼装，或将卷板机、压型机等设备运至工地，在工地现场进行放样、下料制作和安装。

铆工除应能放样、下料（包括各种展开下料）、校正工件变形、加热和煨制工件外，还应能制作胎具和样板，安排焊工配合工作和估算工料等。

（6）通风工（又称钣金工或白铁工） 通风工主要承担通风（空调）装置的安装及风管系统的制作和安装工作，除应具备铁皮的咬接、铆接、锡焊以及放样下料等技能外，还必须承担通风管道的防酸、防尘和油漆工作以及通风（空调）工程的调试、试运转和估算工料等工作。

（7）焊工（气焊工和电焊工） 主要承担各种常用金属如黑色金属、不锈钢、铝、铜材等的手工焊接工作。焊工应掌握焊条电弧焊、埋弧焊、气体保护焊、氩弧焊及手工氧乙炔切割及焊接等操作技术以及焊接材料的选用、性能试验方法和焊缝检验知识。

（8）筑炉工（简称炉工） 主要承担工业炉窑内衬耐火砖砌体的砌筑工作。对耐火砖砌体的砌筑技术要求和技术复杂程度比普通砖砌体高，因此普通炉工不经过专门训练是不能胜任耐火砖砌体的砌筑工作的。

筑炉工需要熟悉常用材料（主要是耐火材料、隔热材料和混凝土材料）的性能和主要材料的鉴别方法，选砖、配砖方法，填料、涂料、捣打料的施工和灌筑耐火混凝土方法，耐酸、碱衬里的砌筑和工业窑炉的热烘干方法等。

（9）混凝土工 主要承担设备基础的浇筑和设备的二次灌浆工作。混凝土工需熟悉混凝土和水泥砂浆的配合比及水灰比的选定方法以及混凝土的拌制、灌筑、养护和试验工作。

（10）油漆工 主要承担油漆和防腐涂层的施工。

（11）其他　除上述工种外，还有一些少数工种如架子工、仪表工、木工、无损探伤工等，本书不作一一介绍。

较大型的安装工程施工，常常有许多工种同时作业。根据设备类型的不同，安装施工的主要工种也不同。如机械设备安装的主要工种是钳工，而钢结构设备安装的主要工种是铆工和焊工。因此，加强各工种间的主动协作和配合，是完成好施工工作的有力保证。另外，较小型的设备安装工程则往往要求施工人员具有一专多能的本领，由主要工种兼任相近次要工种的工作任务。

三、机械设备安装工程的一般施工管理程序

根据我国一些主要安装企业多年来的经验，机械设备安装工程施工管理一般可分为施工前的准备工作、施工过程管理工作、竣工验收工作和用户服务四个程序，具体内容见表1-1。

表1-1　机械设备安装工程的一般管理程序

施工总程序	分项程序	子程序
施工前的准备工作	工程前期工作	1）工程设标 2）工程中标 3）企业考核，聘任工程项目经理 4）组建项目管理班子 5）建立职能机构，配备人员，建立责任制
	调查研究、收集资料	1）收集、了解国家及地方有关该专业项目的规定及环保要求 2）熟悉合同规定，了解业主的要求和期望 3）了解地域自然条件和资源 4）详细了解、熟悉工程性质、特点和工艺流程 5）熟悉项目的设计意图和工艺流程 6）查勘施工现场，熟悉施工环境
	规划与实施	1）工程任务划分，选择施工队伍，确定分承包单位 2）编制施工组织设计；制订施工进度计划；确定质量目标；制订施工技术方案；制订各项管理办法；制订各项资源使用计划 3）规划临建设施（生产与生活设施）并组织实施 4）按各项资源的使用计划，做好前期准备及调运工作 5）按规定办理各项证件，办理施工许可证，完善各种手续 6）准备工作基本达到开工条件，提出开工报告，申请开工
施工管理	施工顺序	1）技术交底、质量安全交底 2）投料制作 3）设备开箱检查验收，组织吊装运输到现场 4）组织零部件清理清洗及安装调试
	过程管理	1）施工计划管理及进度管理 2）施工技术管理 3）施工质量控制管理 4）劳动工资管理 5）成本及财务管理 6）施工材料物资管理 7）施工机具、检验仪器管理 8）施工安全管理

（续）

施工总程序	子 程 序
竣工验收	1）制订竣工验收计划 2）安排收尾检查工作及场地清理工作 3）整理竣工资料 4）召开分析会议，进行工程总结工作 5）组织工程自检 6）编制竣工图 7）试车：各单机试车准备→单机试车→停检→联动空载试车→停检→负荷试车→停检→调整、修改→试产考核→资料（交工资料、决算资料）审核 8）竣工验收。向建设单位主要有关部门发送竣工验收通知书→验收小组组织验收→质量评定，签发竣工验收证书→办理资料档案移交→办理工程移交，签署保修书→决算总结→保修回访 9）办理工程移交手续 10）施工总结
服务	1）工程保修：保修内容，保修期限，经济责任 2）回访，处理遗留问题，巩固、促进与业主的关系 3）处理投诉

第二节　设备安装工程测量

一、水平仪

水平仪用来检验平面对水平或垂直位置的偏差。由于其测量精度高，使用方便，因此广泛应用于平面度、直线度和垂直度的检查测量工作中。设备安装常用的水平仪有条形水平仪、框式水平仪和合象水平仪等，如图1-1所示。

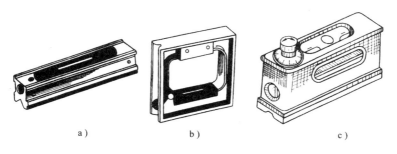

a）　　　　　　　　　b）　　　　　　　　　c）

图1-1　水平仪的种类

a）条形水平仪　b）框式水平仪　c）合象水平仪

1. 水平仪的构造（框式水平仪）

（1）框架　水平仪的框架是由合金钢或铸铁经加工后制成的。它的下面和两侧面是经过精加工的测量面，框架上镶有水准管。

（2）水准管　水准管是由玻璃制成的，里面装满了一定容积的液体，管壁上标有一定的刻度。

2. 水平仪的测量原理

水平仪在水平或垂直位置时，气泡永远停在水准管的中央位置。如果水平仪倾斜一个角度，气泡就向左或向右移到最高点。根据气泡移动的距离，即可知道水平度或垂直度。如图 1-2 所示，将一读数精度为 0.02mm/1000mm 的水平仪安放在 1m 长的平尺表面上，在右端垫起 0.02mm 高度，平尺便倾斜一个角度 α。此时，水准管气泡的移动距离正好为一个刻度，那么

$$\tan\alpha = \frac{\Delta H}{L} = \frac{0.02}{1000} = 0.00002 \tag{1-1}$$

$$\alpha = 4''$$

按相似三角形比例关系可得，在离左端 200mm 处的平尺下面，高度变化量为

$$\Delta H_1 = L_1 \tan\alpha = 200 \times \frac{0.02}{1000} \text{mm} = 0.004\text{mm} \tag{1-2}$$

3. 水平仪的读数方法

（1）绝对读数法　气泡在中间位置时，读作 0。以零线为基准，气泡向任意一端偏离零线的格数，即为实际偏差格数。一般规定，气泡移动方向与水平仪移动方向相同，读数为正值；反之，读数为负。如图 1-3a 所示，气泡移动量为 +2 格。

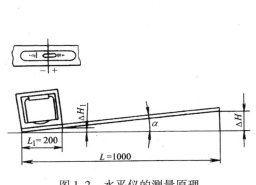

图 1-2　水平仪的测量原理

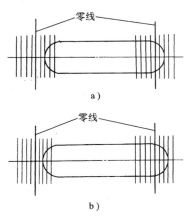

图 1-3　水平仪读数方法
a）绝对读数法　b）平均值读数法

（2）平均值读数法　从两长刻划（零线）为准向同一方向分别读出气泡停止的格数，再把两数相加除以 2，即为读数值。如图 1-3b 所示，气泡偏离右端零线 3 个格，偏离左端零线 2 个格，实际读数为 +2.5 格（习惯由左向右测量），即右端比左端高 2.5 格。平均值读数法较绝对读数法精度高。

4. 水平仪误差的修正

在使用误差较小的水平仪测量设备的水平度时，应在被测量面上原地旋转 180° 进行测量，利用两次读数的结果加以计算修正，其方法如下：

1）测量时，水平仪第一读数为零，在原位置旋转 180° 进行测量，读数也为零，则说明被测表面呈水平状态，水平仪没有误差。

2）测量时，第一次读数为零，第二次读数气泡向一个方向移动，则说明被测表面和水平仪都有误差，并且两者误差值相等，都等于读数值的一半。

3）两次读数都不为零，而且气泡向一个方向移动，这时被测面较高一端高度为两次误

差值的和除以 2，而水平仪误差为两次误差值的差除以 2。

4）如果两次测量的误差方向相反，气泡各向一个方向移动，那么被测面较高一端高度为两次误差值的差除以 2，水平仪本身误差是两次误差的和除以 2。

5. 水平仪的使用维护

1）使用水平仪测量前，必须将被测量表面与水平仪工作表面擦干净，以防测量不准确或擦伤工作表面。

2）使用水平仪时，必须手握仪器的握手，不要用手触动气泡玻璃管，也不要对着玻璃管呼吸，以防影响水平仪的读数精度。看水平仪时，视线要垂直对准气泡玻璃管，否则读数不准。

3）测量过程中，水平仪要轻拿轻放，不允许在设备的被测表面上将水平仪的工作面拖来拖去。在撬动设备或敲打垫铁时，必须将水平仪移开。

4）用水平仪检查立面的铅垂性时，应将其用力均匀地紧靠在设备立面上。水平仪从低温处拿到高温处时，不得立即使用，也不得在暴烈的日光或强烈的白炽灯光照射下使用，以免因温差变化太剧烈使测量值不准确。

5）水平仪使用完毕后，要用干净的擦布擦拭干净，并涂上一层薄薄的机油，放入盒内。水平仪不应保存在潮湿的环境中，以免生锈；仪器盒上不得重压，也不得与锤子等粗糙工具放在一起，避免损坏。

二、合象水平仪

合象水平仪也称为光学合象水平仪，是用来测量水平位置或垂直位置微小角度偏差的角值测量仪，如图 1-4 所示，在机械设备的安装调试和维修检验中，一般用来检验和校正基准工作面的安装水平度和垂直度。如测量机床设备导轨或工作台面的直线度和平面度以及精度较高零部件间相对位置的平行度和垂直度误差等。与框式水平仪相比，其测量范围大，测量精准度高，并能直接读出测量结果，可在与工作表面成一定角度的工件上使用。合

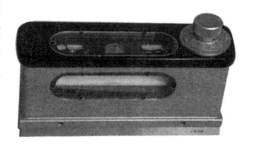

图 1-4　合象水平仪实物图

象水平仪应在规定的环境温度下进行测量作业（一般为 20℃ ±1℃），超过规定的环境温度，其测量精度会受到较大的影响。

（1）合象水平仪的组成及工作原理　合象水平仪主要由微动螺杆、螺母、度盘、水准器、棱镜、放大镜、杠杆以及具有平面和 V 形工作面的底座等组成。

合象水平仪是利用棱镜将水准器中的气汽象符合放大，来提高读数的精确度，利用杠杆、微动螺杆这一套传动机构来提高读数的灵敏度。所以被测量件倾斜 0.01mm/1000mm 时，就可精确地在合象仪中读出（在合象水平仪中水准器主要是起指零的作用）。

（2）技术数据

1）刻度分划值——0.01mm/1000mm。

2）最大测量范围——0 ~ 10mm/1000mm。

3）示值误差：

±1mm/m 范围内—— ±0.01mm/1000mm。

全部测量范围内——±0.02mm/1000mm。

4）工作面平面度偏差——0.003mm。

5）水准器格值——0.1mm/1000mm。

6）工作面（长×宽）——165mm×48mm。

（3）测量与读数方法　合象水平仪在使用前，应先将其底部工作表面及被检验工件的测量表面擦拭干净，然后将合象水平仪轻放在被检工作表面上，等气泡景象完全符合要求后，方可进行读数。由于被检验面可能存在倾斜，引起两气泡景象的不重合，因此需转动度盘进行调整。被检工作表面方向倾斜的正负，由圆刻度盘的旋向确定（在圆刻度盘上已标有"＋"、"－"标记）。两气泡景象重合后，可读出被检工件的倾斜度测得值，同时也可判定工件倾斜的方向。

工件的实际倾斜误差，可通过下式计算得出

$$H = ink$$

式中　H——倾斜度误差值（mm）；

　　　i——合象水平仪刻度分划值（0.01mm/1000mm）；

　　　n——度盘刻线分格读数；

　　　k——合象水平仪工作面的长度（支点距离），一般为固定值，如165mm。

上式可用文字表述为

实际倾斜度＝刻度值×支点距离×刻度盘读数

【例1-1】　设备检修时，用刻度值为0.01mm/1000mm，支点距离为165mm的合象水平仪对某机床导轨进行检测，测得的刻度盘读数为7格，试分析计算该机床导轨面被测段的水平度误差。

由已知，刻度分划值为0.01mm/1000mm，支点距离为165mm，带入式$H = ink$，得

$$H = 0.01/1000 × 165 × 7mm = 0.01155mm$$

（4）使用注意事项

1）合象水平仪使用前，应用汽油把油污洗净，再用脱脂纱布擦干净。

2）温度变化对水准器的位置影响很大，使用时必须与热隔离，以免产生温度造成的仪器误差。

3）测量时旋转度盘必须待两气泡完全符合后，按度盘正负方向的分度值进行读数。

4）如发现合象水平仪的零位不正时，可进行调正，即将合象水平仪放在平稳固定的校准平台上，转动刻度盘使两气泡重合，得第一个读数α，然后将仪器高速转180°，放回原位，重新转动刻度盘使两气泡重合，得第二个读数β，$\dfrac{\alpha+\beta}{2}$值即为该仪器的零位误差（系统误差）。如发现水平仪的零位超差，应重新调整刻度或水准座支承螺钉。此两项工作应由计量检定部门进行。

三、水准仪

水准仪是一种大地测量工作中不可缺少的光学仪器，在机械设备安装过程中经常用来测量设备基础（或垫铁）的标高。

1. 水准仪的构造

（1）水准仪的主要部件　水准仪的构造如图1-5所示，主要包含以下部件。

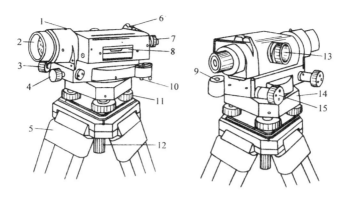

图 1-5　水准仪的构造

1—准星　2—物镜　3—微动螺旋　4—制动螺旋　5—三脚架
6—照门　7—目镜　8—水准管　9—圆水准器　10—圆水准器校正螺钉
11—脚螺旋　12—联接螺旋　13—对光螺旋　14—基座　15—微倾螺旋

1）瞄准器：用来对目标进行粗略的瞄准。

2）物镜：使物体或目标进入望远系统成像。

3）望远镜微动螺旋：当制动螺旋拧紧后，可转动微动螺旋，使望远镜在水平面内进行微小的转动。

4）制动螺旋：制动螺旋拧紧后，可固定望远镜部分在水平方向不再转动。

5）目镜：用来观望物体或目标，并能调节位置，使十字线成像清晰。

6）长水准管：当长气泡在水准管的中间时，说明望远镜的视准轴已水平。

7）圆水准器：用于初步调平仪器的水平度。当圆水准气泡居中时，表示仪器大致水平。

8）脚螺旋：用来粗调仪器的水平。

9）对光螺旋：转动对光螺旋，可使目标的成像清晰。

10）微倾螺旋：转动微倾螺旋时，可使望远镜和长水准器一起在竖直方向作微小转动。

（2）水准仪的主要机构

1）瞄准机构：主要作用是提供一条直的光学视线。在望远镜上方还装有准星和缺口，用于粗瞄准用。

2）调平机构：主要作用是调平视线。调平机构一般由粗调机构和精调机构组成。粗调机构是三脚螺旋调整机构。粗调时，如果水准管气泡居中，则仪器基本水平。粗调完毕后，观察长水准管气泡的情况，如果左右长水准管气泡不符合，如图 1-6a 所示，应转动微倾螺旋进行精调，使长水准管气泡相符合，如图 1-6b 所示。

3）转轴机构：主要用途是描出一个与重力线方向垂直的水平面。

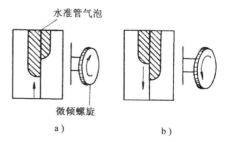

图 1-6　在观察孔中看到的气泡像

2. 水准仪的测量原理

利用水准仪提供一条水平视线，借助于带有刻度的标尺来测量地面两点之间的高差，从而由高差和已知点的高程推算未知点的高程。

如图 1-7a 所示，若已知 A 点的高程 H_A，欲确定 B 点的高程 H_B，则可在 A、B 两点各竖立标尺，将水准仪安置在 A、B 两点中间。当视准轴水平时，得 A 点标尺上的读数 a，B 点标尺上的读数 b，A、B 两点的高差为

$$h_{AB} = a - b \qquad (1\text{-}3)$$

那么 B 点的高程为

$$H_B = H_A + h_{AB} = H_A + (a - b) \qquad (1\text{-}4)$$

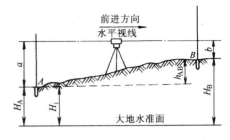

如果按施测时的前进方向区分测点，则 A 点为后视点，读数 a 为后视读数；B 点为前视点，读数 b 为前视读数。因此，上式可写为

$$h_{AB} = 后视读数 - 前视读数 \qquad (1\text{-}5)$$

当 h_{AB} 为正值时，说明 B 点高于 A 点；当 h_{AB} 为负值时，说明 B 点低于 A 点。

上述由高差计算高程的方法称为高差法。

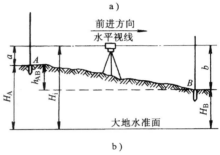

B 点的高程也可通过仪器的视线高程计算得到，即视线高（仪器高）法，如图 1-7b 所示。

图 1-7　水准仪测量原理
a）高差法　b）视线高法

视线高 $\qquad\qquad\qquad H_i = H_A + a \qquad\qquad (1\text{-}6)$

高程 $\qquad\qquad\qquad\quad H_B = H_i - b \qquad\qquad (1\text{-}7)$

利用视线高法，可以很方便地在一个测站测出若干个前视点的高程。

3. 水准仪的操作

（1）安置仪器　首先松开架腿，按需要的高度调节架腿的长度后安稳三脚架，然后取出仪器置于架头上，一只手扶住仪器，另一只手将联接螺旋由三脚架头底部旋入仪器基座，将其连接牢固。架设时尽量使架头基本水平，为粗调创造条件。

（2）粗略整平　如图 1-8 所示，首先松开制动螺旋，用两手按箭头方向同时相对地转动脚螺旋 1 和 2，使气泡由 a 移至 b（气泡移动的方向始终与左手大拇指的移动方向一致），然后再用手转动脚螺旋 3，使气泡移到小圆圈的中心。

（3）调整目标　首先，将望远镜朝向明亮的背景，转动目镜调焦螺旋，使十字线清晰；然后转动望远镜，利用望远镜上的照门和准星瞄准目标，旋紧制动螺旋；而后转动物镜对光螺旋，看清目标。

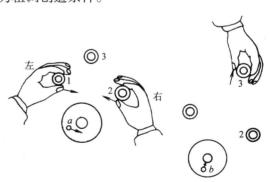

图 1-8　水准仪粗平

（4）精确整平　精平时，转动微倾螺旋，使水准管气泡两端像吻合。

（5）读数　应利用十字横线的中央部分读取读数。读数时应从上往下，即由小往大读，如图 1-9 所示。

4. 水准仪的使用和维护

1）测量时，水准仪应安放在稳定的地方，三脚架的三个脚应插入土中，以免三脚架倾倒。

2）瞄准或读数时，应注意手或身体不要碰到三脚架，扶尺者应将尺子扶正。

3）仪器装到三脚架上时，必须拧紧联接螺旋，以防仪器掉下来造成重大损失。

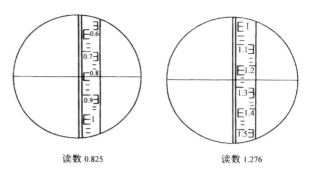

读数 0.825　　　　读数 1.276

图 1-9　测量的读数方法

4）仪器不能在强烈的阳光下暴晒，晴天在野外测量时，必须撑伞保护仪器。

5）仪器使用完毕后，应擦去灰尘和水迹，特别是要注意不准用手摸镜头或去污。

※5. 水准测量内业计算

水准测量外业工作结束后，要检查手簿，计算各点间的高差。经检核无误，才能进行计算和调整高差闭合差，最后计算各点的高程。以上工作，称为水准测量的内业。

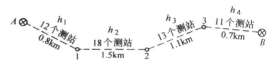

图 1-10　附合水准路线

如图 1-10 所示，A、B 为两个水准点，A 点高程为 56.345m，B 点高程为 59.039m，各测段的高差分别为 h_1、h_2、h_3 和 h_4。

显然，各测段高差之和等于 A、B 两点高程之差，即

$$\sum h = H_B - H_A \tag{1-8}$$

实际上，由于测量工作中存在误差，式（1-8）不相等而有高差闭合差 $f_h = \sum h - (H_B - H_A)$。高差闭合差可用来衡量测量成果的精度，等外水准测量的高差闭合差容许值，规定为

平地　　　　　　　　$f_{h容} = \pm 40 \sqrt{L} \tag{1-9}$

山地　　　　　　　　$f_{h容} = \pm 12 \sqrt{n} \tag{1-10}$

式中　L——水准路线长度（km）；

　　　n——测站数。

若闭合差不超过容许值，说明观测精度符合要求，可进行闭合差调整。现以图 1-10 中的观测数据为例，记入表 1-2 中进行说明。

（1）闭合差的计算　由表 1-2 可得

$$f_h = \sum h - (H_B - H_A) = 2.741m - (59.039 - 56.345)m = +0.047m \tag{1-11}$$

设是山地，故 $f_{h容} = \pm 12 \sqrt{n} = \pm 12 \times \sqrt{54} mm = 88mm$

$|f_h| < |f_{h容}|$，其精度符合要求。

（2）闭合差的调整　在同一条水准路线上，假设观测条件是相同的，可认为各站产生的误差机会是相等的，故闭合差的调整按与测站数（或距离）成正比例反符号分配的原则进行。本例中，测站数 $n = 54$，则每一站的改正数为

$$-f_h/n = -47/54 mm = -0.87mm$$

表 1-2　水准测量结果计算

测段编号	点　名	距离 L/km	测站数 n	实测高差/m	改正数/m	改正后的高差/m	高程/m
1	2	3	4	5	6	7	8
1	A	0.8	12	+2.785	-0.010	+2.775	56.345
2	1	1.3	18	-4.368	-0.016	-4.385	59.120
2	2						54.735
3	3	1.1	13	+1.980	-0.011	+1.969	56.704
4	B	0.7	11	+2.345	-0.010	+2.335	59.039
Σ		3.9	54	+2.741	-0.047	+2.694	
辅助计算	$f_h = +47$mm　　$n = 54$　　$-f_h/n = -0.87$mm　　$f_{h容} = \pm12\sqrt{n} = \pm88$mm							

　　各测段的改正数，按测站数计算，分别列入表 1-2 中。改正数总和的绝对值应与闭合差的绝对值相等。表中的各实测高差分别加改正数后，便得到改正后的高差，列入表中。最后求改正后的高差代数和，其值应与 A、B 两点的高差（$H_B - H_A$）相等，否则说明计算有误。

　　（3）高程的计算　根据检核过的改正后高差，由起始点 A 开始，逐点推算出各点的高程列入表中，最后算得的 B 点高程应与已知的高程 H_B 相等，否则说明高程计算有误。

　　（4）闭合水准路线闭合差的计算与调整　闭合路线各段高差的代数和应等于零，即

$$\sum h = 0 \tag{1-12}$$

　　由于存在着测量误差，必然产生高差闭合差：

$$f_h = \sum h \tag{1-13}$$

　　闭合路线高差闭合差的调整方法、允许值大小，均与闭合水准路线相同，如图 1-11 所示。

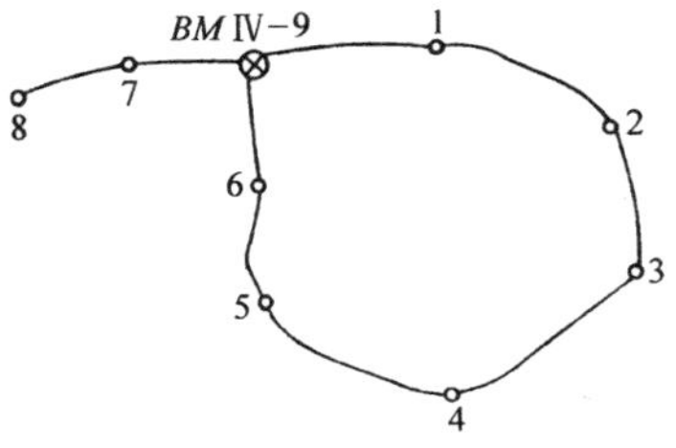

四、经纬仪

　　经纬仪是大地测量中常用的测角仪器，可测量水平角和竖直角。在机械设备安装中，常用于大型设备基础纵横向十字中心线、垂直线的位置测定及地面上两个方向之间的水平角测定等。

图 1-11　闭合水准路线

1. 经纬仪的构造

　　如图 1-12 所示，经纬仪的构造可分为照准部、水平度盘和基座三大部分，现将主要部件分述如下：

　　（1）脚螺旋　用来调平仪器。

　　（2）水平度盘　在度盘上刻有 0°~360° 的刻度，可用来测定水平角。

　　（3）光学对中器　用来使仪器的中心与地面上的测点对准。

　　（4）水平制动螺旋　用来制动水平方向的转动。

　　（5）水平微动螺旋　水平制动螺旋拧紧后，转动微动螺旋，使仪器在水平方向微动。

　　（6）反光镜　打开反光镜，光线就从反光镜反射进仪器中，照亮度盘上的刻度。

（7）读数显微镜　打开反光镜后，就可以在读数显微镜中看到度盘上的刻度。如果读数显微镜中的亮度太暗，可以转动反光镜的位置，使读数显微镜中得到最佳亮度。同时，还可以转动读数显微镜的目镜，使读数显微镜中的刻度线显得非常清晰。

（8）对光螺旋　转动对光螺旋，使目标的像调节到最清晰。

（9）瞄准器　用于望远镜对目标做粗略的瞄准。

（10）目镜　调节目镜的位置，能使十字线的像调节到最清晰。

（11）竖直度盘　可用来测定竖直角。

（12）望远镜制动螺旋　螺旋旋松后，望远镜可绕横轴转动。

（13）望远镜微动螺旋　制动螺旋拧紧后，转动微动螺旋，可使望远镜绕横轴做微小转动。

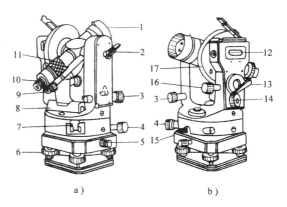

图 1-12　经纬仪的构造

a）正面　b）背面

1—望远镜物镜　2—望远镜制动螺旋　3—望远镜微动螺旋　4—水平微动螺旋　5—轴座联接螺旋　6—脚螺旋　7—复测器扳手　8—照准部水准器　9—读数显微镜　10—望远镜目镜　11—物镜对光螺旋　12—竖直度盘指标水准管　13—反光镜　14—测微轮　15—水平制动螺旋　16—竖直度盘指标水准管微动螺旋　17—竖直度盘外壳

2. 角度测量原理

（1）水平角测量原理　两相交直线 BA、BC 在水平面上投影所夹的角称为水平角，如图 1-13 所示。

为了测量水平角 β 的大小，应在角顶点 B 的铅垂线上任一点安置一个水平刻度盘，BA 和 BC 在刻度盘上的铅垂投影所夹的角就是水平角 β。其数值由刻度上两个相应读数之差求得，即 $\beta = c - \alpha$，如图 1-14 所示。

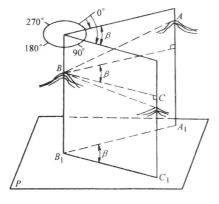

图 1-13　水平角测量原理

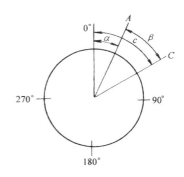

图 1-14　水平角的计算

（2）竖直角测量原理　在某个竖直平面内，视线和水平线的夹角称为竖直角。视线在水平线以上时，所夹的竖直角称为仰角，符号为正；视线在水平线以下时，所夹的竖直角称为俯角，符号为负。如图 1-15 所示，为了测出竖直角的大小，在经纬仪水平轴一端安置一竖直度盘，分别读取照准目标的方向线和水平线在竖直度盘上的读数，两读数之差即为竖直角。

3. 读数方法

（1）分微尺测微器的读数方法　装有分微尺的经纬仪，在读数显微镜内能看到两条带有分划的分微尺以及水平度盘（Hz）和竖直度盘（V）分划的影像，如图1-16所示。水平度盘和竖直度盘上相邻两分划影像的间隔与分微尺的全长相等。由图1-16可以看出，度盘分划值为1°，分微尺全长读数亦为1°。分微尺等分成6大格，每一大格注一数字，从0～6，每大格分为10小格。因此，分微尺每一大格代表10′，每一小格代表1′，可以

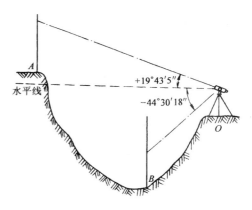

图1-15　竖直角的测量原理

估计0.1′，即6″。因此，度盘读数应为：位于分微尺内度盘分划线的数值，再加上分微尺上零分划线到这根度盘分划线之间的数值，如图1-16所示，其读数应为

水平度盘：$214° + 54′00″ = 214°54′00″$。

竖直度盘：$79° + 06′00″ = 79°06′00″$。

（2）单平板玻璃测微器的读数方法　如图1-17所示，在读数显微镜中能同时看到三个读数窗。上面小窗口有测微尺分划和较长的单指标线，中间窗口有竖直度盘分划和双指标线，下面窗口有水平度盘分划和双指标线度盘，分划值为30′，测微尺上分30大格，由0～30每5大格注一相应数字，每大格又分成3小格，当转动测微轮，使测微尺从0移至30时，度盘分划刚好移动30′，故测微尺上一大格为1′；一小格为20″，可估读2″。

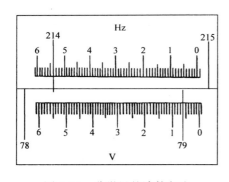

图1-16　分微尺的读数方法

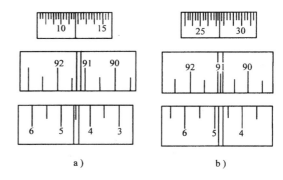

图1-17　单平板玻璃测微器的读数

单平板玻璃测微器的读数方法是：用望远镜瞄准目标后，先转动测微轮，使度盘上某一分划精确移至双指标线的中央，读取该分划的度盘数值，再在测微尺上根据单指标线读取30′以下的分、秒数，两数相加，即得完整的度盘读数。如图1-17a所示，平度盘的读数为$4°30′ + 11′45″ = 4°41′45″$；图1-17b所示的竖直度盘的读数为$91° + 27′30″ = 91°27′30″$。

4. 经纬仪的使用

（1）对中　对中的目的是使仪器中心与测站标志中心位于同一铅垂线上。对中时，可先用垂球大致对中，概略整平后取下垂球，再调节对中器的目镜，松开仪器与三脚架间的联

接螺栓，两手扶住仪器基座，在架头上平移仪器；使分划板上小圆圈的中心与测站点重合，固定中心联接螺旋。平移仪器时，整平可能受到影响，所以整平和对中需要反复交替进行，直至合格。

（2）整平　整平的目的是使仪器竖轴竖直、水平度盘处于水平位置。如图 1-18a 所示，整平时，先转动仪器的照准部，使水准管平行于任意一对地脚螺旋的连线，然后用两手同时相向方向转动两地脚螺旋，使水准管气泡居中，注意气泡的移动方向与左手大拇指移动方向一致；再将照准部转动 90°，如图 1-18b 所示，

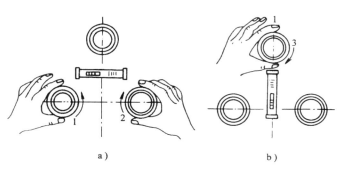

图 1-18　经纬仪的整平

使水准管垂直于原两地脚螺旋的连线，转动另一地脚螺钉，使水准管气泡居中。

（3）调焦和照准　照准就是使望远镜十字线交点精确瞄准目标。照准前先松开望远镜制动螺旋与照准部制动螺旋，将望远镜朝向天空或明亮背景，进行目镜对光，使十字线清晰；然后用望远镜上的照门和准星粗略瞄准目标，使在望远镜内能够看到物像，再拧紧照准部及望远镜制动螺旋；转动物镜对光螺旋，使目标清晰，并消除视差；转动照准部和望远镜微动螺旋，精确照准目标；测水平角，使十字线照准目标的底部。

（4）读数　调节反光镜及读数显微镜目镜，使度盘与测微尺影像清晰，亮度适中，按前述的读数方法读数。

5. 水平角的测量

在对中、整平工作完成后即可进行角度测量。下面介绍测角的基本方法——测回法。

如图 1-19 所示，设要观测 ∠AOB 的角值，先将经纬仪安置在角的顶点 O 上，进行对中、整平，并在 A、B 两点树立标杆或测钎，作为照准标志，然后即可进行测角。测回法测角的步骤如下：

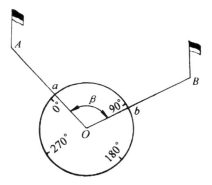

图 1-19　水平角的测量

（1）盘左位置（竖直度盘位于望远镜的左侧，又称正镜）

1）顺时针方向旋转照准部，瞄准左边目标 A，读取水平度盘读数 $a_左$，设为 0°02′30″，记入表 1-3。

2）顺时针旋转照准部，照准右边目标 B，读取读数 $b_左$，设为 95°20′48″，记入手簿，并计算左位置的水平角 $\beta_左$

$$\beta_左 = b_左 - a_左 = 95°20′48″ - 0°02′30″ = 95°18′18″$$

即完成了半测回的工作。

（2）盘右位置（竖直度盘位于望远镜的右侧，又称倒镜）

1）倒转望远镜，先瞄准右边目标 B，读取水平度盘读数 $b_右$，设为 275°21′12″，记入手簿。

2）逆时针方向转动照准部，照准左边目标 A，读取水平度盘读数 $a_右$，设为 $180°02'42''$，计算盘右位置的水平角 $\beta_右$

$$\beta_右 = b_右 - a_右 = 275°21'12'' - 180°02'42'' = 95°18'30''$$

即完成了下半测回的工作。

盘左和盘右两个半测回合称一测回。对于 J_6 经纬仪，当上、下半测回测得的角值之差

$$\Delta\beta = \beta_左 - \beta_右 \leqslant \pm 40''时$$

取其平均值作为一测回值，即

$$\beta = \left[\beta_左 + \beta_右\right]/2 = 95°18'24''$$

有时为了提高测角精度，对角度需要观测几个测回，各测回应根据测回数 n，按 $\dfrac{180°}{n}$ 改变起始方向水平度盘位置，各测回值互差若不超过 $40''$，取各测回的平均值作为最后结果，记入表 1-3。

表 1-3　测回法测水平角

测　站	竖直度盘位置	目　标	水平度盘读数 (° ′ ″)			半测回角值 (° ′ ″)	一测回角值 (° ′ ″)	各测回平均值 (° ′ ″)
第一测回 O	左	A	00	02	30	95 18 18	95 18 24	95 18 20
		B	95	20	48			
	右	A	180	02	42	95 18 30		
		B	275	21	12			
第二测回 O	左	A	90	03	06	95 18 32	95 18 16	
		B	185	21	38			
	右	A	270	02	54	95 18 00		
		B	05	20	54			

6. 竖直角的测量

（1）竖直角的观测

1）将经纬仪安放在测站点的上方，然后进行对中和整平，并量取仪器的高度。

2）先用盘左位置瞄准目标，以望远镜十字线的横线切于目标的顶端。

3）转动测微螺旋，使双竖线夹住竖直度盘的分划线，然后进行精确读数。

4）为了检验和提高观测质量，再用上述同样方法，进行盘右测量。

（2）竖直角的计算公式　根据竖直角的测量原理，竖直角是在竖直面内目标方向线与水平线的夹角，测定竖直角也就是测出这两个方向线竖直度盘上的读数差。当视准轴水平时，不论是盘左还是盘右，正常状态应该是 $90°$ 的整倍数，在观测竖直角之前，将望远镜放在大致水平的位置，观察一读数，然后逐渐仰起望远镜，观测竖直度盘的读数是增加还是减少。若读数增加，则竖直角的计算公式为

$$\alpha = 瞄准目标时的读数 - 视线水平时的读数$$

若读数减少，则

$$\alpha = 视线水平时的读数 - 瞄准目标时的读数$$

图 1-20 为常用 J$_6$ 型光学经纬仪的竖直度盘标记形式，设盘左时视线照准目标的读数为 L，盘右时视线照准目标的读数为 R。

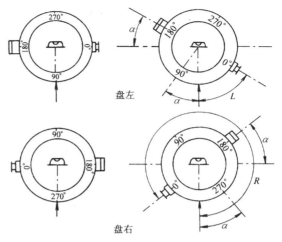

由图 1-20 可知，在盘左位置，视线水平时竖直度盘的读数为 90°。当望远镜仰起时，读数减少；在盘右位置，视线水平时竖盘读数为 270°，当望远镜仰起时，读数增加，根据上例得竖直角计算公式

盘左　　　$\alpha_L = 90° - L$ 　　　(1-14)

盘右　　　$\alpha_R = R - 270°$ 　　　(1-15)

平均竖角值为

$$\alpha = (\alpha_L + \alpha_R) = (R - L - 180°) \quad (1-16)$$

某竖直角测量计算的记录见表 1-4。

图 1-20　竖直度盘标记形式

表 1-4　竖直角的测量计算

测　站	盘　位	目　标	读　数		半测回值	一测回值
			(°′″)		(°′″)	(°′″)
O	盘左	视线水平	90 00	00	37 01 45	37 01 50
		A 点	52 58	15		
	盘右	视线水平	270 00	00	37 01 55	
		A 点	307 01	55		

五、全站仪

全站型电子速测仪简称全站仪，是一种可以同时进行角度（水平角、竖直角）测量、距离（斜距、平距、高差）测量和数据处理，由机械、光学、电子元件组合而成的测量仪器。由于其只需一次安置，仪器便可以完成测站上所有的测量工作，故被称为全站仪。

全站仪的上半部分包含用于测量的四大光电系统，即水平角测量系统、竖直角测量系统、水平补偿系统和测距系统，通过键盘可以输入操作指令、数据和设置参数，各系统通过 I/O 接口接入总线与微处理机相连。

微处理机（CPU）是全站仪的核心部件，主要由寄存器系列（缓冲寄存器、数据寄存器和指令寄存器）、运算器和控制器组成。微处理机的主要功能是根据键盘指令起动仪器进行测量工作，执行测量过程中的检核和数据传输、处理、显示和储存等工作，保证整个光电测量工作有条不紊地进行。输入输出设备是与外部设备连接的装置（接口），使全站仪能与磁卡和微机等设备交互通信、传输数据。

目前，世界上许多著名的测绘仪器生产厂商均生产各种型号的全站仪。

1. 全站仪的分类及主要性能

全站仪除具有与电子经纬仪基本相同的角度（水平角、竖直角）测量功能外，还具有精确的测距功能。在设备安装行业，全站仪以其完美的综合性能、精确的测量精度和高效的数据处理功能，对于精密设备、大型设备、成套生产线设备及建筑钢结构设备等工程的安装质量保障发挥了极为出色的作用。

全站仪一般有以下几种分类方式。

1）根据电子测角系统和电子测距系统的发展进程，全站仪通常可分成两大类：即整体式和积木式。

积木式（Modular）也称组合式，是指电子经纬仪和测距仪既可以分离也可以组合。用户可以根据实际工作的需要，选择测角、测距设备进行组合。

整体式（integrated）也称集成式，是指电子经纬仪和测距仪做成一个整体，不能分离。市场上普遍使用的是整体式全站仪。

2）按测距方式及测距精度的不同，可分为以下种类。

① 按测距精度来分，有Ⅰ级（5mm）、Ⅱ级（5~10mm）和Ⅲ级（>10mm）。

② 按电磁波测距的测程来分，有短程（<3km）、中程（3~15km）和远程（>15km）之分。

③ 按载波类型来分，有采用微波段的电磁波作为载波的微波测距仪和采用光波作为载波的光电测距仪。光电测距仪按其所使用的光源不同，又可分为使用普通光源、激光光源和红外光源（普通光源已淘汰）的测距仪。

采用红外线波段作为载波的测距仪称为红外光电测距仪。由于红外测距仪是以砷化镓（GaAs）发光二极管所发的荧光作为载波源，发出的红外线的强度能随注入电信号的强度而变化，因此它兼有载波源和调制器的双重功能。砷化镓发光二极管具有体积小、亮度高、功耗小、寿命长等优点，而且可以持续发光，所以红外测距仪较之其他光源的测距仪，得到了更为迅速的发展。

2. 全站仪的特点与使用方法

（1）全站仪的主要特点

1）全站仪具有所有现代测量仪器所具备的功能，且操作简单、高效。

2）整定快捷，仅需简单地调平和对中后，仪器开机后便可进入工作状态；仪器具有特定的动态角扫描系统，因此不需要初始化；关机后，仍会保留水平和垂直度盘的方向值；电子气泡有图示显示功能，并能使仪器始终保持精密置平。

3）适应性强。全站仪能在雨天、潮湿、冲撞、尘土和高温等各种恶劣环境作业条件下操作，因此人们可以利用它在十分苛刻的环境下完成作业任务。

4）具有超强的校正和补偿功能。全站仪设有双向倾斜补偿器，可以自动对水平和竖直方向进行修正，以消除竖轴倾斜误差的影响，还可进行地球曲率改正、折光误差以及温度、气压改正。

5）优异的人性化设计，控制面板具有人机对话功能。控制面板由键盘和主、副显示窗组成，除照准以外的各种测量功能和参数，均可通过键盘来实现。仪器的两侧均有控制面板，操作十分方便。

6）具有双向通信功能及与 GPS、RTK 技术联合进行数字化测绘功能，能将测量数据传输给电子手簿或外部计算机系统，也可接受电子手簿和外部计算机的指令和数据，有效保证了测量结果的准确性和可靠性，大大提高了测绘效率。

（2）全站仪的使用　不同类型和型号的全站仪，其具体操作方法会有一定的差异。下面简要介绍全站仪的基本操作与使用方法。

1）水平角的测量方法。

① 按角度测量键，使全站仪处于角度测量模式，照准第一个目标 *A*。

② 设置 *A* 方向的水平度盘读数为 0°00′00″。

③ 照准第二个目标 *B*，此时显示的水平度盘读数即为两方向间的水平夹角。

2）坐标的测量方法。

① 设定测站点的三维坐标。

② 设定后视点的坐标或设定后视方向的水平度盘读数为其方位角。当设定后视点的坐标时，全站仪会自动计算后视方向的方位角，并设定后视方向的水平度盘读数为其方位角。

③ 设置棱镜常数。

④ 设置大气改正值或气温、气压值。

⑤ 量仪器高、棱镜高并输入全站仪。

⑥ 照准目标棱镜，按坐标测量键，全站仪开始测距并计算显示测点的三维坐标。

3）距离的测量方法。全站仪的测距模式有精测模式、跟踪模式和粗测模式三种。精测模式是最常用的测距模式，测量时间约为 2.5s，最小显示单位为 1mm；跟踪模式常用于跟踪移动目标或放样时连续测距，最小显示单位一般为 1cm，每次测距时间约为 0.3s；粗测模式的测量时间约为 0.7s，最小显示单位为 1cm 或 1mm。在距离测量或坐标测量时，可按测距模式（MODE）键选择不同的测距模式。距离测量的基本步骤如下：

① 设置棱镜常数。测距前须将棱镜常数输入仪器中。棱镜常数分为两种，通常所用的国产棱镜为 −30mm，而进口棱镜为 0mm。棱镜常数的设置对测量结果没有太大的影响。因为始终是用这样的一个棱镜来进行测量，就像大气改正气压一样，一般是不需要设置的。至于如何区分棱镜常数，可以看看棱镜的尾端，如果棱镜的锚固螺栓与塑料壳平齐，则为 −30mm，如不是则为 0mm。仪器会自动对所测距离进行改正。

② 设置大气改正值或气温、气压值。光在大气中的传播速度会随大气的温度和气压而变化，仪器设置的一个标准值是 15℃ 和 760mmHg，此时的大气改正值为 0ppm。实测时，可输入适时温度和气压值，全站仪会自动计算大气改正值（也可直接输入大气改正值），并对测距结果进行改正。

③ 量仪器高和棱镜高，并输入全站仪。

④ 测量距离。照准目标棱镜中心，按测距键，开始距离的测量，测距完成时显示斜距、平距和高差。确认结果。

需要注意的是，有些型号的全站仪在距离测量时不能设定仪器高和棱镜高，因此其显示的高差值是被测物与全站仪横轴中心及棱镜中心的高差。

3. TS-800 系列全中文数字键全站仪及其基本操作方法

TS-800 系列全中文数字键全站仪采用简洁、高效、可靠的实时操作系统和图形化用户界面，具有 32 位的微处理器，为测量人员提供了完善、创新的现场测绘数字化的解决方案，可全面地满足用户的需求。它内置大容量内存和各种应用测量程序，功能强大、性能稳定、使用方便，适用于建筑放样、道路放样、地形地籍测量、控制点测设及机电设备安装等测量工作。

TS-800 系列全中文数字键全站仪主机如图 1-21 所示，具有如下特点。

（1）直观的液晶显示 采用简洁、高效、可靠的实时操作系统和图形化用户界面，具

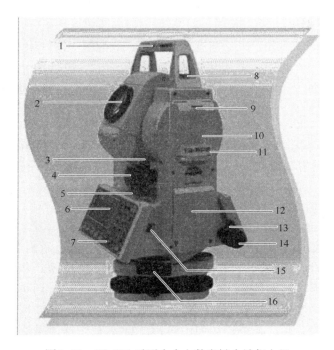

图 1-21　TS-800 系列全中文数字键全站仪主机

1—手柄　2—望远镜　3—垂直制动螺旋　4—垂直微动螺旋

5—长水准仪　6—显示屏　7—全数字/字母键盘　8—手柄固定钮

9—SD 卡插口　10—仪器中心标志　11—仪器型号　12—电池

13—水平制动螺旋　14—水平微动螺旋　15—USB 接口　16—外接电源接口

有 32 位的微处理器，如图 1-22 所示。

（2）32 位 CPU　TS-802 系列全中文数字键全站仪采用的是国际先进的高性能微机系统，32 位 CPU 处理器，把全站仪硬件提升到了一个崭新的阶段，它使全站仪可以高速运算，并且快速处理复杂的图形，可海量存储 150 万组观测数据。

（3）SD 卡插槽设计　TS-802 系列全站仪配有一个 SD 卡插槽，可以将数据直接存

图 1-22　液晶显示

储到 SD 卡上。在办公室需要现场数据时，只需取下卡，即可将数据导入计算机里。

（4）免棱镜测量　TS-800N 系列全站仪的免棱镜测程可达 200m，方便测设不易放置棱镜的目标，且能够快速准确测算出结果，同视准轴的超精细红色安全激光，易于识别测设的目标点。

（5）绝对编码度盘　TS-800A 系列全站仪采用国际著名品牌成熟的绝对编码度盘技术，性能稳定，精度可靠，开机就能测角，不需要初始化，在更换电池时也不用担心角度发生错误。

（6）数字/字符键盘　采用点触式最佳配置数字/字符输入键盘，方便、快捷地应用程序功能，保障事半功倍；内置强大的程序功能，包括数据测算、数据管理、道路测设等标配

功能，可满足所有测量工作的需要；还有快速编码测量等功能可选，方便专业技术人员提高工作效率。

（7）操作界面图形化　形象直观，易学易用，即使是初次使用全站仪的技术人员，也能轻松作业，如图1-23所示。

（8）项目管理　可建立多个数据文件，便于工程项目管理，并可详细地查询每个项目的具体信息。

（9）双轴补偿　采用国际著名品牌的双轴补偿技术，可有效保证测设数据的质量，其形象直观的电子气泡和仪器偏出补偿范围智能提示功能，可避免测记一些错误数据而导致返工。

（10）应用程序　预装了丰富的应用程序，方便市政、线路、渠道等测设工作，如图1-24所示。

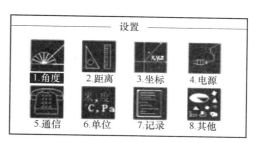

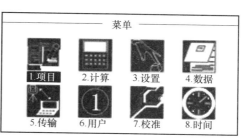

图1-23　全站仪的操作界面

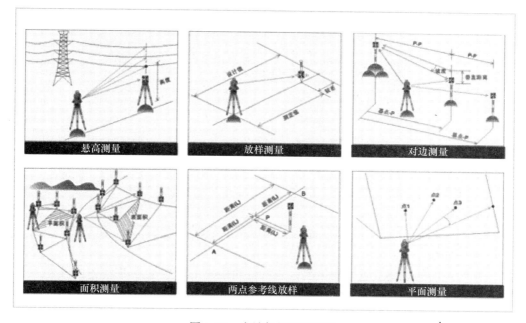

图1-24　全站仪的应用实例

（11）建站功能　具有多种设站模式，方便各种工程需要，且同一地点设一次站即可进行控制、放样等测设，无须做一些重复性的工作。

（12）放样功能　具有多种放样功能，以适应不同的工程，满足各行业的测设需要。

（13）数据管理　可同时（或有选择地）记录坐标数据和原始数据，也可测量平距、高差、坡度、方位角等计算数据，且检索调用方便，还可后续编辑输入数据、仪器高和棱镜高等。

（14）计算功能　内置多种计算功能，基本可实现常用计算器功能，避免读取或输入数据引入的错误，大大提高工作效率。

（15）偏心测量　多种偏心测算功能，方便测算无法直接测量到的目标。

（16）道路软件　内装道路测量软件，满足用户道路设计与放样的各种工程要求。

（17）悬高测量　在测定点的下方设立一个基准点，并对该基准点进行测量，转动测距部至目标点，即可测出目标点的高度。

（18）对边测量　在基准点对各个目标点进行测量，确定各个目标点之间的水平距离、垂直距离、斜距和坡度百分比，仪器可架在任意观测点作为基准点。

（19）面积测量　测量 3 个点，即可解求出 3 点所围的面积，连续测量的三角形的面积可以累加，所以可以测量较大的面积。

（20）平面测量　对平面上的任意两点（确定一垂面）或任意 3 点（确定一斜面）进行测量，则只要旋转测距部测量即可得到该点与该平面的偏移量。

（21）放样测量　输入放样点的坐标，可计算出棱镜点与设计点的距离差及角度差，并指示棱镜点与设计点方位上的差别，以便于棱镜点最终放到设计点上。

（22）两点参考线放样　根据两点确定一条参考线，可测得棱镜点在水平面上与该线的垂直距离及在该参考线上垂足与参考线两端点的距离。

TS-800 系列全中文数字键全站仪的主要型号及性能参数见表 1-5。

表 1-5　TS-800 系列全中文数字键全站仪的主要型号及性能参数

型　号	测角精度	测角方式	角度显示	测距精度	测程/m
TS-802	2″	光电增量式	1″/5″	±2mm + 2ppm	2500
TS-805	5″	光电增量式	1″/5″	±2mm + 2ppm	2500
TS-802A	2″	绝对编码式	1″/5″	±2mm + 2ppm	2500
TS-805A	5″	绝对编码式	1″/5″	±2mm + 2ppm	2500
TS-802N	2″	绝对编码式	1″/5″	±2mm + 2ppm	200（免棱镜）5000（单棱镜）

六、钢卷尺

钢卷尺是测量距离的常用工具，而距离测量是测量的基本工作。

1. 量距的方法

（1）平坦地面的距离丈量　丈量前，先将待测距离的两个端点 A 和 B 用木桩（桩上钉一小钉）标志出来，然后在端点的外侧各立一标尺（图 1-25），消除直线上的障碍物后，即可开始丈量。

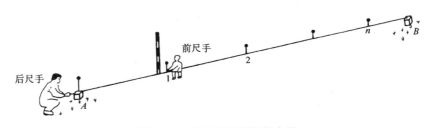

图 1-25　平坦地面的距离丈量

丈量工作一般由两人进行，后尺手持尺的零端位于 A 点，并在 A 点上插一测钎，前尺手持尺的末端并携带一组测杆的其余 5 根（或 10 根），沿 AB 方向前进，行至一个尺段处停下。后尺手以手势指挥前尺手将钢卷尺拉在 AB 直线方向上，并以尺的零点对准 A 点。当两人同时把钢卷尺拉紧、拉平和拉稳后，前尺手在尺的末端刻线处竖直地插下一测钎，得到点 1，这样便量完了一个尺段。随之后尺手拔起 A 点上的测钎与前尺手共同举尺前进，同法量出第二个尺段。如此继续丈量下去，直至最后不足一整尺段时，前尺手将尺上某一整数分划线对准 B 点，由后尺手对准 A 点在尺上读出读数，两数相减，即可求得不足一个尺段的余长，设为 q。则 AB 水平距离可按下式计算

$$D = nL + q \tag{1-17}$$

式中　　n——尺段数；

　　　　L——钢卷尺长度；

　　　　q——不足一整段尺的余长。

为了防止丈量错误并提高量距精度，距离要往返丈量。上述为往测，返测时要重新进行定线，取往返测距离的平均值作为丈量结果。量距精度以相对误差 K 表示，通常化为分子为 1 的分数形式

$$K = \frac{|D_{往} - D_{返}|}{D_{平均}} \tag{1-18}$$

（2）倾斜地面的距离丈量

1）平量法：沿倾斜地面丈量距离，当地势起伏不大时，可将钢卷尺拉平丈量。如图 1-26 所示，丈量由 A 向 B 进行，甲立于 A 点，指挥乙将尺拉在 AB 方向线上，甲将尺的零端对准 A 点，乙将尺子抬高，并且目估使尺子水平，然后用垂球尖将尺段的末端投于地面上，再插以测钎。

2）斜量法：当倾斜地面的坡度比较均匀时，如图 1-27 所示，可沿着斜坡丈量出 AB 的斜距 L，测量地面倾斜角 α，然后计算 AB 的水平距离 D。显然 $D = L\cos\alpha$。

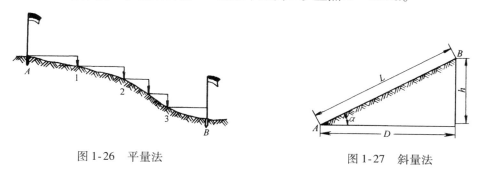

图 1-26　平量法　　　　　　　　　　　图 1-27　斜量法

※2. 距离测量结果的修正计算

（1）尺段长度计算

1）尺长改正：钢卷尺出厂时，尺本身就包含了一定的误差，在长期使用后，因各种条件的影响，尺长也将会出现变化，致使钢卷尺的实际长度不等于其名义长度。如尺面名义长度为 30m，但实际上并不真正等于 30m，这样就产生了一个差值，这个差值称为尺长改正数。使用这样的钢卷尺丈量的结果必然含有累计性误差，所以应进行尺长改正。

一整尺段的尺长改正数为 $\qquad\Delta l = L' - l \qquad\qquad\qquad$ (1-19)

总距离的尺长改正数为 $\qquad\Delta L = L\dfrac{L' - l}{l} \qquad\qquad\qquad$ (1-20)

式中　l——某钢卷尺丈量时的名义长度（m）；

$\quad\ L'$——某钢卷尺的实际长度（m）；

$\quad\ L$——用某钢卷尺丈量的长度（m）。

如某一名义长度为30m的钢卷尺，用某钢卷尺丈量的长度为30.002m，则此尺的尺长改正数为

$$\Delta l = L - l = (30.002 - 30.000)\text{m} = +0.002\text{m}$$

【例1-2】　用名义长度为30m，尺长改正数为 -0.025m 的钢卷尺量得某直线的长度为265.456m，求直线的实际长度。

解：$\qquad D = L + L\dfrac{L' - l}{l} = \left(265.456 + 265.456 \times \dfrac{-0.025}{30}\right)\text{m} = 265.235\text{m}$

2）温度改正：钢卷尺的长度是随温度的变化而变化的，当用钢卷尺丈量时的温度和鉴定该钢卷尺的温度不一致时，就应考虑温度改正，其温度改正数为

$$\Delta L_t = \alpha(t - t_0)L \qquad\qquad\qquad (1\text{-}21)$$

式中　α——钢卷尺的线胀系数，一般为 $0.0000115/℃ \sim 0.0000125/℃$；

$\quad\ t$——丈量时的温度（℃）；

$\quad\ t_0$——鉴定时的温度，一般为 $+20℃$；

$\quad\ L$——用某钢卷尺丈量的长度（m）。

【例1-3】　丈量一直线长度为265.456m，丈量时的温度为 $+30℃$，求温度改正数及直线的实际长度（取 $\alpha = 0.0000125/℃$）。

解：温度改正数为：$\Delta L_t = \alpha(t - t_0)L = 0.0000125/℃ \times (30 - 20℃) \times 265.456\text{m} = 0.0332\text{m}$

直线实际长度为：$D = L + \Delta L_t = (265.456 + 0.0332)\text{m} = 265.489\text{m}$

3）倾斜改正：当地面是一个倾斜的平面时，可用钢卷尺沿地面量 A、B 两点间的倾斜距离 L，但倾斜距离 L 大于水平距离 D，故应考虑改正数。

如图1-28所示，其倾斜改正数为

$$\Delta L_h = -\dfrac{h^2}{2L} \qquad\qquad (1\text{-}22)$$

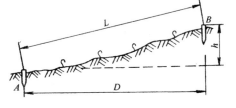

图1-28　平坦地区的距离丈量

式中　h——A、B 两点的垂直高差（m）；

$\quad\ L$——A、B 两点的倾斜距离（m）。

【例1-4】　用钢卷尺量得倾斜距离 L 为75.234m，用水准仪测得高差为 $h = 0.562$m，求 A、B 两点的水平距离。

解：$D = L - \dfrac{h^2}{2L} = \left(75.234 - \dfrac{0.562^2}{2 \times 75.234}\right)\text{m} = (75.234 - 0.002)\ \text{m} = 75.232\text{m}$

（2）计算全长　将各个改正后的尺段长和余长相加起来，便得距离的全长。

七、罗盘仪

罗盘仪是用来测定磁方位的仪器，可以用来确定工程测量所得两点连线方向。

1. 直线定向

设备安装工程中，为确定地面两点间平面位置的相对关系，仅仅量得两点间的水平距离是不够的，还需要知道这两点连线的方向，才能把它们的相对位置确定下来。在测量工作中，一条直线的方向是根据某一标准方向来确定的。确定一条直线与标准方向的关系，称为直线定向。在测量工作中，常用的标准方向有下面几种。

（1）真子午线方向　通过地面上一点，指向地球南北极的方向线，就是该点的真子午线方向。真子午线方向是用天文测量的方法确定的。

（2）磁子午线方向　磁针在某点上自由静止时所指的方向线，就是该点的磁子午线方向。

如图 1-29 所示，由于地球的两磁极与地球的南北极不重合（磁北极约在北纬 74°、西经 110°附近；磁南极约在南纬 69°、东经 114°附近）。因此，地面上任一点的真子午线方向与磁子午线方向是不一致的，两者的夹角 δ 称为磁偏角。磁子午线北端在真子午线以东为东偏，δ 为 "＋"；以西为西偏，δ 为 "－"。

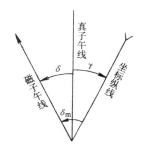

图 1-29　标准方向的表示

（3）坐标纵线（轴）方向　测量中常以通过测区坐标原点的坐标纵线为准，测区内通过任一点与坐标纵轴平行的方向线，称为该点的坐标纵线方向。

如图 1-29 所示，真子午线与坐标纵线间的夹角 γ 称为子午线收敛角。坐标纵线北端在真子午线以东为东偏，γ 为 "＋"；以西为西偏，γ 为 "－"。

2. 直线方向的表示法

（1）方位角　测量工作中，常采用方位角表示直线的方向。由标准方向的北端起，顺时针方向量到某直线的夹角，称为该直线的方位角，角值为 0°～360°。由于采用的标准方向不同，直线的方位角有如下三种。

1）真方位角：从真子午线方向的北端起，顺时针至直线间的夹角，称为该直线的真方位角，用 A 表示。

2）磁方位角：从磁子午线方向的北端起，顺时针至直线间的夹角，称为磁方位角，用 Am 表示。

3）坐标方位角：从平行于坐标纵轴的方向线的北端起，顺时针至直线间的夹角，称为坐标方位角，以 α 表示。

测量工作中的直线都具有一定的方向，如图 1-30 所示，以 A 点为起点、B 点为终点的直线 AB 的坐标方位角 α_{AB} 称为直线 AB 的坐标方位角。而直线 BA 的坐标方位角 α_{BA} 称为直线 AB 的反坐标方位角。由图 1-30 中可以看出，正、反坐标方位角间的关系为

$$\alpha_{BA} = \alpha_{AB} \pm 180° \tag{1-23}$$

（2）象限角　由坐标纵线的北端或南端起，顺时针或逆时针至直线间所夹的锐角，并注出象限名称，称为该直线的象限角，用 R 表示，角值为 0°～90°。如图 1-31 所示，直线 01、02、03、04 的象限分别为北东 R_{01}、南东 R_{02}、南西 R_{03} 和北西 R_{04}。

（3）坐标方位角和象限角的换算关系　由图 1-32 可以看出，坐标方位角与象限角的换算关系见表 1-6。

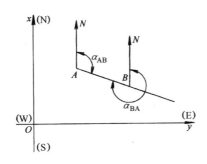

图 1-30　正、反坐标方位角互换

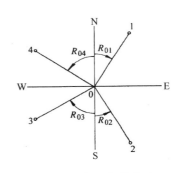

图 1-31　象限角的表示

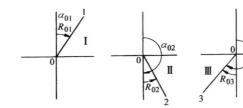

图 1-32　坐标方位角与象限角的互换

表 1-6　坐标方位角与象限角的换算关系

直线方向	由坐标方位角推算象限角	由象限角推算坐标方位角
北东，第 I 象限	$R_{01} = \alpha_{01}$	$\alpha_{01} = R_{01}$
南东，第 II 象限	$R_{02} = 180° - \alpha_{02}$	$\alpha_{02} = 180° - R_{02}$
南西，第 III 象限	$R_{03} = \alpha_{03} - 180°$	$\alpha_{03} = 180° + R_{03}$
北西、第 IV 象限	$R_{04} = 360° - \alpha_{04}$	$\alpha_{04} = 360° - R_{04}$

3. 罗盘仪及其使用

在小测区建立独立的平面控制网时，可用罗盘仪测定直线的磁方位角，作为该控制网起始边的坐标方位角，将过起始点的磁子午线当作坐标纵线（轴）。罗盘仪的构造和使用方法如下：

（1）罗盘仪的构造　如图 1-33 所示，罗盘仪主要由望远镜、刻度盘和磁针三部分组成。

1）望远镜。望远镜是瞄准目标用的照准设备，为外对光式。对光时转动对光螺旋、望远镜物镜即前、后移动，使物像与十字线网平面重合，目标清晰。望远镜一侧装有竖直度盘，用以测量竖直角。

2）刻度盘。刻度盘为铜或铝制的圆盘，最小分划为 1° 或 30′，每 10° 作一注记。注记形式有两种：一种是按逆时针方向从 0°～360°，如图 1-34 所示，称为方位罗盘；一种是南、北两端为 0°，向两个方向注记到 90°，并注有北（N）、东（E）、南（S）、西（W）字样，如图 1-35 所示，称为象限罗盘。由于使用罗盘测定直线方向时刻度盘随着望远镜转动，而磁针

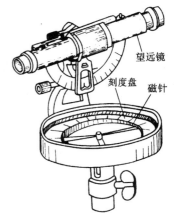

图 1-33　罗盘仪的构造

望远镜
刻度盘
磁针

始终指向南北不动，为了在度盘上读出象限角，所以东、西注记与实际情况相反。同样，方位角是按顺时针从北端起算的，而方位罗盘的注记是自北端按逆时针方向注记的。

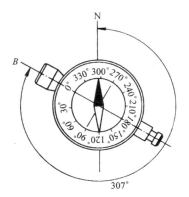

图 1-34　方位罗盘仪

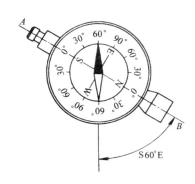

图 1-35　象限罗盘仪

3）磁针。磁针是用人造磁铁制成的，其中心装有镶着玛瑙的圆形球窝，在刻度盘的中心装有顶针，磁针球窝支在顶针上，可以自由转动。为了减少顶针的磨损和防止磁针脱落，不使用时应用固定螺旋将磁针固定。我国处于北半球，磁针北端因受磁力影响而下倾，故在磁针南端绕有铜丝，使磁针水平，并借以分辨磁针的南北端。

（2）罗盘仪的使用　用罗盘仪测定直线的方位角（或磁象限角）时，先将罗盘仪安装在直线的起点，对中、整平，松开磁针固定螺旋放下磁针，再松开水平制动螺旋，转动仪器，用望远镜照准直线另一端点上所立的标杆，待磁针静止后，如刻度盘的 0°对向目标时，读出磁针北端所指的刻度盘读数，即为该直线的磁方位角（或磁象限角）。

使用罗盘仪时，应注意避免任何铁器接近仪器，选择测站点应避开高压线、车间和铁栅栏等，以免产生局部吸引而影响磁针的偏转，造成读数的误差。使用完毕，应立即固定磁针，以防顶针磨损和磁针脱落。罗盘盒内还装有水准器，用来整平罗盘仪。

八、常用仪器在安装工程测量中的应用

1. 测设的基本工作

在前面已经提到，距离、水平角和高程是确定地面点位的三个基本要素。建筑物的测设工作，实际上是以施工控制点或已有建筑物为依据，按图样上已知的水平距离、水平角和高程，即将设计建筑物、构筑物的特征点（如轴线的交点）测设于实地上。因此，测设的基本工作就是测设已知水平距离、已知水平角和已知高程。

（1）测设已知长度上的水平距离　测设已知长度上的水平距离，是从一个已知点开始，沿给定方向，量出设计的水平距离，在地面上定出另一端点的位置。其测设方法如下：

1）一般方法：如图 1-36 所示，设 A 为地面上的已知点，D 为设计的水平距离，要在地面上沿给定 AB 方向上测设出水平距离 D，以定出线段的另一端点 B。具体做法是从 A 点开始，沿 AB 方向用钢卷尺边定线边丈量，按设计长度 D 在地面上定出 B′点的位置。为了提高测量精度，应进行往返丈量，若相

图 1-36　水平距离的测设

对误差在允许范围（1/3000～1/2000）内，则取其平均值 D'，并将端点 B' 加以改正，求得 B 点的最后位置。改正数 $\Delta D = D - D'$。当 ΔD 为正时，向远离 A 点方向（外）改正；反之，向靠近 A 点方向（内）改正。

2）精密方法：当测设精度要求较高时，可按设计水平距离 D 在地面上概略定出 B' 点，然后按精密量距方法，精确量取 AB' 的距离，并加尺长、温度和倾斜三项改正数，求出 AB' 的精确水平距离 D'。若 D' 与 D 不相等，则按其差值 $\Delta D = D - D'$ 沿 AB 方向改正，以 B' 点为准进行改正。当 ΔD 为正时，向外改正；反之，则向内改正。

（2）测设已知数据的水平角　测设水平角是根据地面上已有的一个方向，按设计的水平角值，用经纬仪在地面上定出另一个方向。其测设方法如下：

1）一般方法：如图 1-37 所示，设 OA 为地面上的已知方向线，要在 O 点以 OA 为起始边，顺时针方向测设出给定的水平角 β。其测法是：将经纬仪安置于 O 点，盘左位置，将水平度盘配置在 $0°00'00''$，瞄准 A 点，松开照准部制动螺旋，顺时针方向转动照准部，使水平度盘读数为 β，沿视线方向在地面上定出 B_1 点；为了检核和提高测设精度，转动望远镜成盘右位置，重复上述操作，并沿视线方向标出 B_2 点。若 B_1、B_2 两点不重合，则取 B_1、B_2 之中点 B，则 $\angle AOB$ 即为设计的角值。

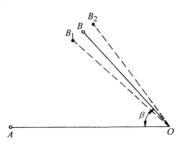

图 1-37　水平角测设的一般方法

2）精密方法：当测设水平角的精度要求较高，用 J_6 经纬仪按一般方法难以满足要求时，可先用盘左（或盘右）定出 B_1 点，如图 1-38 所示，再用测回法对 $\angle AOB$ 观测若干测回。测回数由精度要求决定，取各测回的平均值 β_1。当 β 与 β_1 的差值 $\Delta\beta$ 超过限差（$\pm 10''$）时，则需改正 B_1 的位置。改正时，先根据角值 $\Delta\beta$ 和 OB_1 的边长，计算出垂直距离

$$B_1B = OB_1\tan\Delta\beta = OB_1\frac{\Delta\beta''}{\rho''} \qquad (1-24)$$

式中的 $\rho''{}^{\ominus} = 206265''$。

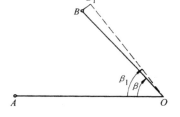

图 1-38　水平角测设精密方法

例如，求得 $\Delta\beta = 48''$，$OB_1 = 50.00\text{m}$，则

$$B_1B = (50 \times 48 \div 206265)\ \text{m} = 0.012\text{m}$$

然后过 B_1 点作 OB_1 的垂线，再从 B_1 点沿垂线方向向左量取 0.012m，定出 B 点，则 $\angle AOB$ 即为设计的 β 角。

作垂线 B_1B 时应先注意方向，当 β 小于 β_1 时，$\Delta\beta = (\beta_1 - \beta) > 0$，$B$ 点在 OB_1 的左侧，如图 1-38 所示；反之，$\Delta\beta = (\beta_1 - \beta) < 0$ 时，B 点在 OB_1 的右侧。

（3）测设已知高程的点　测设给定的高程是根据附近一个已知高程的水准点，用水准测量的方法，将设计高程测设到地面上。

如图 1-39 所示，将水准仪安置在已知水准点 A 点和待测设点 B 点之间，后视 A 点水准

$\ominus$　ρ'' 为弧度换算为角度秒的值，1 弧度 $= \dfrac{360°}{2\pi} \times 60' \times 60'' = 206265''$。

尺的读数为 a，要在木桩上标出 B 点设计高程 H_B 的位置，则 B 点的前视读数 $b_{应}$ 为视线高减去设计高程。

即
$$b_{应} = (H_A + a) - H_B \qquad (1-25)$$

测设时，将 B 点水准尺贴靠在木桩上的一侧，上、下移动尺子，直至尺读数为 $b_{应}$，再沿尺子底面在木桩侧面画一红线，此线即为 B 点设计高程 H_B 的位置。

若测设的高程点和水准点之间的高差很大，可用悬挂钢卷尺来代替水准尺，以测设给定高程。如图 1-40 所示，设已知水准点 A 的高程为 H_A，要在基坑内侧测设出高程为 H_B 的 B 点位置。现悬挂一根带重锤的钢卷尺，零点在下端，先在地面上安置水准仪，后视 A 点读数 a_1，前视钢卷尺读数为 b_1；再在坑内安置水准仪，后视钢卷尺读数为 a_2，当前视尺读数恰在 b_2 时，沿尺子底面在基坑侧面钉设木桩，则木桩顶面即为 B 点设计高程 H_B 的位置。B 点应读前视尺读数 b_2 为

$$b_2 = H_A + a_1 - b_1 + a_2 - H_B \qquad (1-26)$$

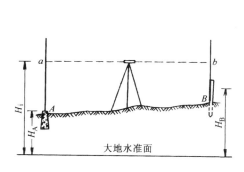

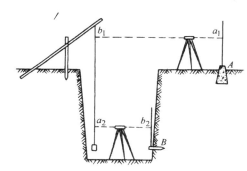

图 1-39　已知高程点的测设（一）　　　　　　图 1-40　已知高程点的测设（二）

（4）测设已知的坡度线　在平整场地、铺设管道及修筑道路路面等工程中，经常需要在地面上测设给定的坡度线。坡度线的测设是根据附近水准点的高程、设计坡度和坡度线端点的设计高程，用高程测设的方法将坡度线上各点的设计高程标定在地面上。测设方法有水平视线法和倾斜视线法两种。

1）水平视线法：如图 1-41 所示，A、B 为设计坡度线的两端点，其设计高程分别为 H_A 和 H_B，AB 设计坡度为 i。为使施工方便，要在 AB 方向上每隔距离 d 钉一木桩，要求在木桩上标定出坡度为 i 的坡度线，施测方法如下：

① 沿 AB 方向，桩定出间距为 d 的中间 1、2、3 的位置。
② 计算各桩点的设计高程：
第 1 点的设计高程　　　　　　　$H_1 = H_A + id$
第 2 点的设计高程　　　　　　　$H_2 = H_1 + id$
第 3 点的设计高程　　　　　　　$H_3 = H_2 + id$
B 点的设计高程　　　　　　　　$H_B = H_3 + id$
或　　　　　　　　　　$H_B = H_A + iD$ （检核）
坡度 i 有正有负，计算设计高程时，坡度应连同其符号一并运算。
③ 安置水准仪于水准点 BM_{II} 附近，后视读数 a，得仪器视线高 $H_i = H_{II} + a$，然后根据

各点的设计高程，计算测设各点的应读前视尺读数 $b_应 = H_i - H_设$。$b_应$ 为各点水准尺读数；H_i 为仪器视线高；$H_设$ 为各点设计高程。

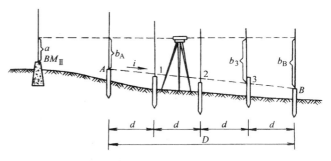

图 1-41 用水平视线法测设坡度线

④ 将水准尺分别贴靠在各木桩的侧面，上下移动尺子，直至尺读数为 $b_应$ 时，便可利用水准尺底面在木桩上画一横线，该线即在 AB 的坡度线上。或立尺于桩顶，读得前视读数 b，再根据 $b_应$ 与 b 之差，自桩顶向下划线。

2）倾斜视线法：如图 1-42 所示，AB 为坡度线的两端点，其水平距离为 D，设 A 点的高程为 H_A。要沿 AB 方向测设一条坡度为 i 的坡度线，则先根据 A 点的高程、坡度 i 及 A、B 两点间的距离 D 来计算 B 点的设计高程，即 $H_B = H_A + iD$；再按测设已知高程的方法，将 A、B 两点的高程测设在地面的木桩上；然后将水准仪安置在 A 点上，使基座上的一个脚螺旋在 AB 方向上，其余两个脚螺旋的连线与 AB 方向垂直。如图 1-42 所示，量取仪器高 i 处，此时，仪器的视线与设计坡度线平行。随后在 AB 方向的中间各点 1、2、3 的木桩侧面立水准尺，上下移动水准尺，直至尺上读数等于仪器高 i 时，沿尺子底面在木桩上画一红线，则各桩红线的连线就是设计坡度线。

如果设计的坡度很大，超出水准仪脚螺旋所能调节的范围时，可用经纬仪测设。

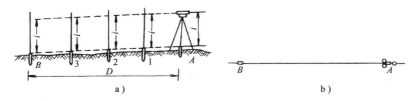

a）   b）

图 1-42 用倾斜视线法测设坡度线

2. 设备定位和测量

决定一个物体的空间位置，需要有三个坐标数值。在设备安装中，设备的定位同样需要三个坐标值，这三个数值在施工图上一般都已给出。如何将图样上给出的数据实测到设备安装的构筑物或基础上，保证设备安装的位置、标高正确，是设备安装施工的关键一步。机械设备的放线定位，是保证设备能按施工图样的要求，准确地安装在车间或构筑物中的关键一步工作。放线的失误将导致返工，给企业和工程带来不必要的损失。作为单台，无关联设备的放线、定位一般采用钢卷尺、角度尺测量就可完成。但在一些机械设备安装中，由于工艺的要求，设备必须安装在同一轴线上，如轧钢设备和喷漆工艺设备等；有一些设备生产工艺上并没有严格的同轴性要求，但从设备的布局上和安装施工工艺上则要求多台设备安装在同一轴线上，例如，在一个空气压缩站内设计安装空气压缩机 5 台（图 1-43），如果设备不安装在一条轴线上（或标高上），将给工艺配管带来困难。

下面就以一个空压站为例，说明设备放线定位的方法，如图 1-43 所示。

在一个空压站内，设计安装同型号空气压缩机 5 台，空气除油器 5 台，室外安装储气罐

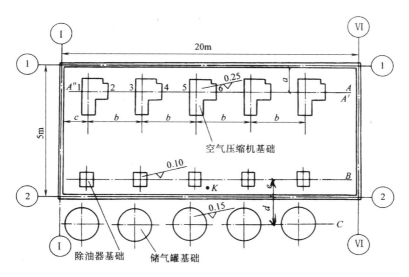

图 1-43　空压站平面图

5 台，图样给出了设备间距及与建筑物的距离、标高等有关尺寸。测量方法：首先，按施工图给出的设备安装主轴线（一般为电动机轴线）距建筑物的墙内侧距离尺寸 a，在车间地面上量出 A' 和 A'' 两点，量取时必须保证尺身垂直于车间墙即①—①轴线。所量取的 A'、A'' 点一般应在设备基础外侧；第二步，将经纬仪架设到 A' 点，架头挂线垂对中 A' 点，整平仪器，瞄准 A'' 固定照准部，纵向转动望远镜，在每个基础的两边用铅笔在镜中十字线投到的地方做出定线的标记点 1、2、3、4、…，用墨线将这些点连接 12，34，56，…，这就是设备的横轴线，这些线段与 $A'A''$ 的连线重合；第三步，根据施工图给出的距墙轴线 I—I 墙壁内侧的尺寸 c 和设备间距尺寸 b，逐一量取纵轴线上的两点并用墨画好，这就是设备的纵轴线。经过上述三步，空气压缩机的纵、横轴线就放到设备基础上了；第四步，按设备底座图画出设备底座的外轮廓线。这样，空气压缩机的安装平面位置就定下来了。

标高的测定：设备安装的标高一般是按照车间内地坪面标高为 ±0.00m 设计的。首先在车间内选择一点作为仪器架设点，一般选择仪器架设点的要求如下：

1）距每台设备基础的距离应尽可能相等。

2）最远测点距仪器一般应控制在 40m 内为宜。

3）通视良好，无遮挡物在视线上。

将测定空气压缩机基础标高的水准仪架设点选在 K 点，整平仪器，将标尺放在车间地坪上（图 1-44），测出标尺读数（在安装工程测量时应在标尺上加装一个刻度值为 mm 的钢直尺），设为 1.65m，再将标尺放在基础上测出标尺读数为 1.43m。

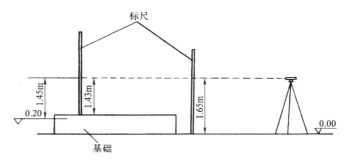

图 1-44　基础标高测量

$$1.65m - 1.43m = 0.22m$$

基础实际标高为 0.22m，设计要求标高为 0.25m。

$$0.22m - 0.25m = -0.03m$$

基础实际标高比设计标高低 0.03m（即 30mm）。考虑施工时还要设置垫铁找平设备，基础低 30mm 符合要求。

然后将标尺分别竖立在基础四周侧面，仪器瞄准测定，上下移动标尺，当读数为 +1.45m 时，在基础侧面紧靠标尺底画一条横线。这条线是车间内标高 +0.20m 的位置，用红油漆涂成一个倒置三角形。三角形的底线与已画好的横线重合，并注明标高，这个标高是作为空气压缩机安装时随时检测安装标高用的检测标记，如基础过低时可降低检测标高，但必须注明高程，以防 5 台空气压缩机不在同一平面上。基础标高确定后，根据测定的标高将基础铲平，设置好垫铁后就可进行设备的安装就位工作。在车间的建筑物上也应同时做出一个标高标记，作为测量除油器、储气罐基础用。

除油器、储气罐的放线，也可按上述方法进行，但应注意标高测定应按照已测定到建筑物上的标高为依据引测，不能再以地坪进行测量。

※3. 相关设备的安装测量

有一些设备，主机定位后与其相连的一些辅助设备和主机轴线成一定角度，对这类设备在安装辅机时，必须以主机轴线为准，按设计角度进行放线。如有一台 6m 的龙门刨床，床面运动传动机组与主轴线夹角为 37°，如图 1-45 所示。其测量方法如下：

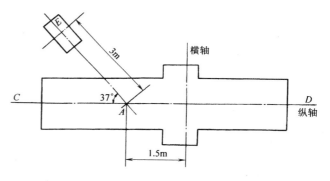

图 1-45　龙门刨床基础图

1）首先放出刨床的纵横轴线，由纵横轴线交点向安装传动机组的一侧在纵轴线上量取 1.5m 设计给定的传动机组轴线与刨床刨身纵轴线交点位置的距离，并做出标记，设为 A 点，如图 1-45 所示。

2）将经纬仪架到 A 点，架头挂线垂对中整平仪器，瞄准纵轴的 C 点（C 点为纵轴起始边上的一个端点），测设一个顺时针方向的 37°角，得到 E 点，再用墨线将 E 点与 A 点相连，就是传动机组的轴线。

3）按图样给出的距离尺寸，进行基础处理及设备安装。

球罐的基础测量如图 1-46 所示。设球罐的 5 个基础的编号分别为 1#、2#、3#、4#、5#，测量时，先将 5 个基础用水准仪测量抄平；在 1# 和 5# 基础上按图样给出的几何尺寸找出中心点，并应保证所要求的 3.5m 的间距。

然后，将经纬仪架到 1# 基础的中心点上，用线垂对中，整平仪器，瞄准 5# 基础中心（即起始边）并与镜中十字线重合。测设水平角 108°（因正五边形每个内角为 108°），向 2# 基础投点，量取间距，两线交点就是 2# 基础的中心点。

最后再将经纬仪依次架到 2#、3#、4#、5# 基础上进行测量，放出每个基础的中心点，测完后，角度闭合就可进行球罐的安装了。否则，要重新进行测定。

※4. 工业锅炉基础检测

工业锅炉设备的各个部件由多个不同高度的基础支承，这些部件相互关联、相互影响。这类设备的基础测量安装标高如测量不准，设备安装后将不能正常运行。

下面以 SHL-10-13 型锅炉基础测量的正确性为例说明其测量方法。锅炉基础由钢架基础、炉墙基础、炉排基础等几部分组成，在这几部分基础上分别安装锅炉设备的各个构件，组成锅炉总体，如图 1-47 所示。其基础测量的方法和步骤如下：

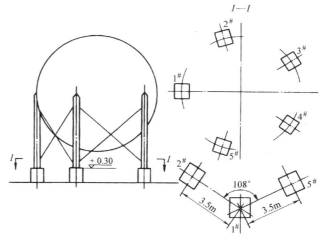

图 1-46　球罐的基础测量

1）按施工图要求，首先放出设备的纵横轴线，即锅炉中心线和汽包中心线，并依次在各基础预埋件上放出各钢架柱、墙基础的十字定位轴线，这些轴线可直接用钢卷尺进行测量。

2）架设水准仪于锅炉基础的前方，整平仪器，将水准尺置于已放出的钢架、墙壁基础轴线上，分别在各个预埋件定位轴线上依次测量，并在基础平面图上标明各点所测读数，按测量记录找出最高的基础点，并以此点为锅炉安装的 ±0.00m 标高。设该点尺读数为 a，以此对各基础读数进行计算。大于 a 值表明预埋件低，小于 a 值表明预埋件高，差值是基础需要垫高的实际尺寸。因为选定的是最高的预埋件基础为基准点，测计后，其他基础预埋件都应是低的，这样便于施工时找平（如同时安装几台锅炉时要选一个基准点，做好标记，准备其他锅炉测量时引用）。

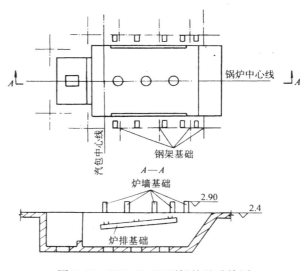

图 1-47　SHL-10-13 型锅炉基础检测

3）由于图样给定炉墙基础高于钢架基础 0.5m，所以测量炉墙基础时要注意。测量时要做好记录，然后按施工图给出的高差和实测结果对基础进行找平，找平后应进行复测，检查找平达到要求的程度，直至符合要求为止。

※5. 安装中的高程测量

前面讲的是在设备安装时，通过对基础的测量发现高差并消除它，使得设备能在一个平面上进行安装。下面讲如何按设计要求保证高程的测量。

如水泥厂的回转窑，设备体积大，有的窑体长达 100m 有余。这类大型设备的基础也由多个独立基础组成，整个窑体由几个组托轮组支承，使窑体倾斜一定的角度。根据这一要求，在安装施工时，就必须把基础按各自的标高进行测定，使得它们保持在同一斜面上。测量时，应按基础间距准确地测出各个基础的相对高程。测量时，首先根据图样给出的基准标高，计算出低端托轮架的安装标高，按此标高用水准仪在各个基础的四周侧面作出低于设计水平线 50mm 的水平基准点（这是为了在施工时便于随时检验安装的高程，并要注明实际标高），使各基础上都有一个在同一平面的标记，然后根据图样给定的斜度和基础间距计算出各基础的相对高程，并在各基础上相应地量取高程尺寸，用角度尺在基础侧面画出所求的斜度线。另外，在安装窑体托轮架时，用平行线法将托架标高确定后，就可进行窑体的安装。现有一台水泥回转窑，设备长 107m，由 5 个基础支承，如图 1-48 所示，窑体倾斜 2°，基础间距 25m，每个基础上平面高程为 873mm。其测量方法和步骤如下：

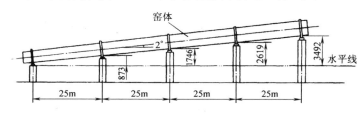

图 1-48　回转窑安装示意图

1）用高精度水准仪在各个基础四周测出同一水平基准点，考虑基础土建施工的高度偏差，可测低一些，设没测的水平线低于设计水平线 50mm。

2）根据每个基础的相对高程尺寸，逐一在基础轴线上量取所需的尺寸，并画出墨线，这条线应平行于水平线。

3）过每个基础的高程线与基础轴线的交点画出窑体的斜度线。

4）根据画出的斜度线加上降低的 50mm，对基础进行检验和修整，符合设计要求后就可进行托架的安装，如图 1-49 所示。

※6. 设备安装高程测量

在一些设备的安装过程中，竖向布置上有着一定的要求。设备的安装标高（高程）要求准确，如直立式碳化炉工程，设备分别安装在车间的几个不同层高的混凝土结构和基础上，施工中不能从下到上逐步施工，这

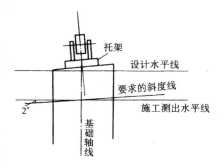

图 1-49　托架基础测量

就要求施工前准确地把标高（高程）逐一引测到各层上，作为施工和检测的依据，而各层上的设备安装，按测出的高程标记来控制。

【例 1-5】　测直立式碳化炉各层设备的基础标高。用钢卷尺悬吊法，将钢卷尺一端固定在车间的外屋檐上（在车间窗口位置）、钢卷尺零端在最下边，挂上重锤（图 1-50），用水准仪进行引测，测出各基础的实际标高。

如：A 设备基础标高（高程）为：　$H_A = \pm0.00 + a - b + c - d$

B 设备基础标高为：　$H_B = \pm0.00 + a - b + e + f$

式中的 a、b、c、d、e、f 均为尺读数。

测出基础的标高（高程）后再与设计标高进行核对，高的要铲去，低的要垫起，对设

备基础进行修整后，就可进行安装施工了。

※7. 塔架类设备的安装

随着经济的发展和技术的进步，大型设备安装工程日趋增多，数百吨重的塔型设备，数十米高的立式炉窑，在化工冶金建材等行业广泛应用。

在一般标准设备（如大型镗床、插床、立式车床、龙门刨）的安装过程中，垫铁群可用大型平尺进行找平；在一些塔架设备的安装中，垫铁群同样需要先找平后再安装。例如化工厂的火炬塔高达百米以上，重量上百吨，整个塔体由三个基础支撑，基础间距达 10m（图 1-51）。这类设备在吊装就位前，首先必须把垫铁找平，保证其在同一水平面内。如果找不平，设备就位后就会产生倾斜，再想调整将十分困难。其测量方法和步骤如下：

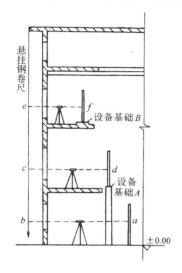

图 1-50　钢卷尺悬吊法高程传递

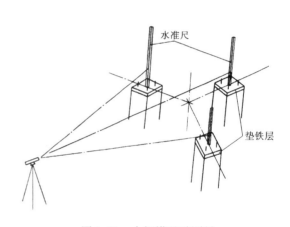

图 1-51　火炬塔基础测量

1）用 DS_1 高精度水准仪以最低的一个基础或局部为准，铲平基础放好垫铁，并将垫铁顶面找平。

2）架设水准仪，测出已找平垫铁上平面水准尺的读数，并以此读数为准测出其他两个基础的高差，减去应垫垫铁的高度，即为基础高出的尺寸，将基础高的部分铲去即可（这类大型设备一般不做二次灌浆垫层。在设备有安装标高要求时，应用加高垫铁的方法找平）。

3）分别将每组垫铁组本身找平，再用水准仪对各个垫铁组进行测量，调整垫铁高度，使各组垫铁都垫到同一平面内。

4）固定垫铁后，就可进行吊装施工。如不能马上吊装就位，应在吊装时进行复测。

※8. 钢结构的安装测量

在一些钢结构设备的安装工程中，设备的底座预先就必须埋在混凝土基础中。在安装设备时，将设备吊装就位找正后与预埋底座进行焊接施工。下面以广场照明用的高杆灯结构安装测量为例，其方法是：先将预埋在混凝土中的设备底座清理干净，找出安装定位线，焊上定位块，如图 1-52 所示，必要时要找平预埋件，在设备上和基底上都要画出对应的安装定位线。设备上的定位线要延长至设备顶端，作为校正位置和方向用。设备吊装就位后，一般用两台经纬仪进行校正，仪器应设在设备的纵横轴线上，距设备约为设备高的 1.5 倍处。整平仪器，固定照准部，瞄准底部已画出的定位线逐渐抬高望远镜，检查轴线是否一直在视线上，如有偏差，则指挥吊装人员调节牵绳。正镜观测使柱定位、找正后，立即倒转望远镜再测定一次。如正、倒镜观测结果有偏差，则取其中数点再进行调整，直至竖直为止。在进行测量时，由于仰角大，因此要特别注意使经纬仪的气泡居中。设备校正后要立即焊牢，以固定设备。如果设备在画定位线有困难时，可用设备竖直的外轮廓进行找正测定。

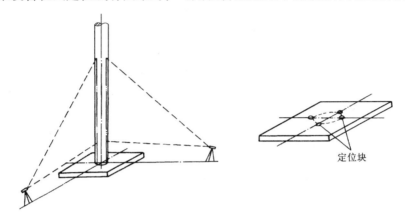

图 1-52　钢结构的吊装找正

钢结构平台、高层建筑的钢柱安装也可按此法进行测量。

如结构安装有绝对标高要求时，要先将基础标高进行测定，然后按点的高程测量办法进行。

第三节　设备在安装位置上的检测

设备在其安装位置上的检测是安装工程中最重要的内容之一，也是安装工程中技术性较强的环节。

机械设备在安装位置上的检测工作主要包括下列内容：机器和设备及其零部件的直线度、平面度；机器和设备及其零部件的垂直度；两个或两个以上的安装表面间的平行度；两个或两个以上的安装表面间的同轴度及垂直度；某一个或几个安装表面与基准面、基准线的跳动。

一、安装工程中的几何公差

安装工程中的几何公差包括两个内容：形状公差与位置公差。

1. 形状公差

形状公差是设计给定的要求，是指单一实际要素的形状所允许的变动全量。若测得零件的实际形状误差值小于形状公差值，则零件形状合格。

2. 位置公差

位置公差是指关联实际要素的位置对基准所允许的变动全量。位置公差又分为定向公差、定位公差和跳动公差三种。

（1）定向公差　是指关联实际要素对基准在方向上允许的变动全量。

（2）定位公差　是指关联实际要素对基准在位置上允许的变动全量。

（3）跳动公差　是指关联实际要素绕基准轴回转一周或连续回转时所允许的最大跳动量。

3. 我国制定的形状公差与位置公差见表1-7。

表1-7　形状与位置公差表

分　类	项　　目	符　号	分　类	项　　目	符　号
形状公差	直线度	—	位置公差	定向	平行度	//
	平面度	▱			垂直度	⊥
	圆度	○			倾斜度	∠
	圆柱度	⌀		定位	同轴度	◎
	线轮廓度	⌒			对称度	═
	面轮廓度	⌓			位置度	⊕
				跳动	圆跳动	↗
					全跳动	↗↗

4. 几何公差中几个误差的基本概念

（1）直线度与直线度误差　直线度表示被测零件的线要素直不直的程度。直线度误差是指包容实际线且距离为最小的两平行线间的距离。

（2）平行度与平行度误差　平行度是指零件上的被测要素（面或直线）相对于基准要素（面和直线）不平行的程度。平行度误差是指包容被测实际要素（平面、直线或轴线）并平行于基准要素（平面、直线或轴线），且距离为最小的两平行平面间的距离。

（3）垂直度与垂直度误差　垂直度是指零件上的被测要素（面或线）相对基准要素（面或线）不垂直的程度。垂直度误差是指包容被测实际要素（表面、直线或轴线）并垂直于基准要素（平面、线或轴线），且距离为最小的两平行平面之间的距离。

（4）同轴度与同轴度误差　同轴度表示零件的有关要素（如轴与轴、孔与孔、轴与孔之间）要求同轴的程度，即控制实际轴线与基准轴线的偏离程度。同轴度误差是指以基准轴线定位，包容被测实际轴线直径的圆柱内的最小区域。

二、常用仪器和测量方法在安装工程测量中的应用

1. 直线度检测

直线度是实际线的形状对理想直线的偏差。对于理想直线，安装中常用的有如下三种。

（1）以贴切直线作为理想直线

1）刀口形直尺看光隙法。刀口形直尺又称样板直尺，是直边比较精密的直尺。把刀口形直尺靠在机件上，对光观看，若不见漏光，说明两者的边在同一直线上；若可见光隙，可根据光隙大小判断直线度偏差的情况。

2）塞尺法。用光隙法不能得出具体数字，可用塞尺求得较精确数值。所测得最大值即为直线度误差。

3）放样平台：铆工和弯管工都在放样平台上检测管子和型钢的直线度。

（2）以两端点连线作为理想直线

1）单向弯曲。如图1-53所示，锅炉立柱的直线度允差为 $a = 1/1000\text{mm}$，全长为 $b = 15\text{mm}$。在安装现场对长度大的构件，一般用拉线测量，即从两个端点拉一条线，测量构件凸凹处与拉线之间的距离。

2）双向弯曲。如图1-54所示为用端点连线法检测双向弯曲构件的直线度误差，其值应是端点连线上、下最大数值的和（图中为 $b + c$）。

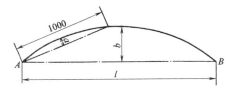

图1-53　以端点连线求直线度误差

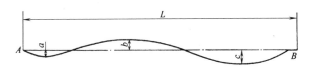

图1-54　双向弯曲端点连线求直线度误差

（3）以符合最小条件的包容线为理想直线　用水平仪测量长表面的直线度。将水平仪在每连续测量段上的测得读数值在坐标纸上绘制曲线图，再按图上曲线来检查单位长度上和全长上的直线度，如图1-55所示。图中横坐标表示导轨测量长度（m），纵坐标为偏差（mm），用0.02/1000的水平仪等距离（500mm）测量，各读数见表1-8。

表1-8　水平仪读数

检具位置	0 - 1	1 - 2	2 - 3	3 - 4	4 - 5	5 - 6	6 - 7	7 - 8
水平仪读数	0	$+\dfrac{0.032}{1000}$	$+\dfrac{0.016}{1000}$	$+\dfrac{0.040}{1000}$	0	$-\dfrac{0.020}{1000}$	$-\dfrac{0.032}{1000}$	$+\dfrac{0.020}{1000}$

2. 平行度检测

（1）内径千分尺法　如图1-56所示，将千分尺在1、2两位置测得的读数差除以1、2两位置的距离 L，其结果即为平行度误差。

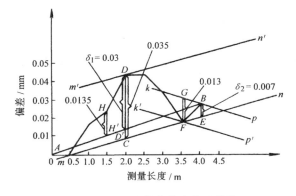

图1-55　导轨直线度偏差曲线

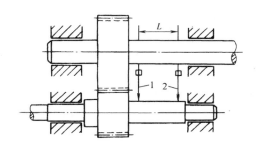

图1-56　用内径千分尺测平行度

1、2—千分尺读数位置

（2）拉钢丝卡尺法　如图1-57所示，先使钢丝2与轴1垂直，即使 $a_1 = a_2$，然后检查钢丝 2 与轴 3 的指针在 180° 的两位置处的间隙，即 b_1 是否等于 b_2，其平行度误差为 $\dfrac{\Delta b_{12}}{2R}$。

（3）用百分表测平行度　检验龙门铣床水平铣头的主轴中心线对工作台面的平行度时，先在主轴锥孔中插一根检验棒（图 1-58），后将百分表放在工作台面上，百分表的测杆与检验棒的上母线触及，移动百分表进行检验。偏差应以检验棒旋转 180° 两次测得结果的算术和的一半计算。

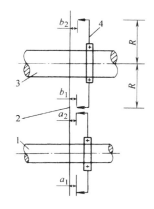 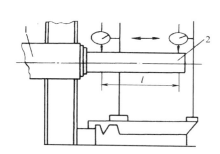

图 1-57　用拉钢丝卡尺法测平行度

1、3—轴　2—钢丝　4—卡尺

图 1-58　百分表测平行度

1—主轴　2—检验棒

（4）用水平仪测平行度　图 1-59 所示为用水平仪和检验平尺检测机床导轨平行度误差的示意图。以其中的 V 形导轨作为基准，测量另一导轨对基准导轨的平行度误差。测量时，在 V 形导轨上放一根圆棒，在平导轨上放一平尺。在平尺和圆棒上面再垂直放一根平尺，整个测量系统构成了一个检验桥，在与导轨垂直的平尺上面放上一个水平仪，然后逐次移动检验桥，观察水平仪气泡的移动情况。

3. 同轴度的检测

（1）检测轴对孔的同轴度　用塞尺或内径千分尺检测各部间隙和两端间隙相等或其误差不超过有关规定，则可判断轴对孔的同轴度满足与否。

（2）检测两孔的同轴度　一般通过轴孔拉钢丝的方法，用内径千分尺测孔壁与钢丝间的距离。测量时，应在孔壁的两端水平和铅垂方向测出四组数值，若除去钢丝挠度因素的影响，四个数值相等，则表示两孔同轴。

（3）检测轴与轴的同轴度　同心轴的连接大多通过联轴器实现。因此检测两轴的同轴度可用检测联轴器的同轴度替代。联轴器的同轴度应满足的两个内容：一个是联轴器间的轴向距离 x 在平面各点上均应相等；另一个是两半联轴器周边相对各点的径向间隙 y 应相等，如图 1-60 所示。

测量联轴器的同轴度误差时，还可按图 1-61 所示，将安装在一个半联轴器上的百分表测头与另一个半联轴器的外圆周表面接触，将圆周分成 4 等分或 8 等分，转动联轴器，记录百分表的

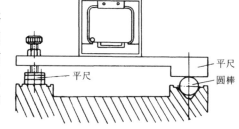

图 1-59　用水平仪和检验平尺检测平行度误差

读数，百分表每两个对称位置读数差的一半之和的平均值，即为联轴器的径向同轴度误差。

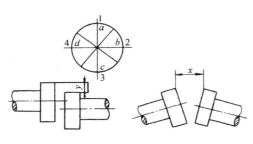

图 1-60　联轴器的找正

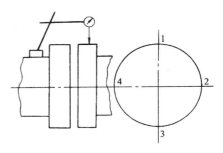

图 1-61　测量联轴器的径向同轴度误差

4. 平面度的检测

平面是由直线确定的。平面度检测主要是在平面上选定几条直线检测其直线度。安装中常用的平面度检查方法是着色法。将被检平面涂上颜色，放在校准平尺或平板上研磨，根据接触研点数判断是否符合要求。对要求不很高的表面，还可用刀口形直尺的刃从多个方向紧贴被测表面，观察透光情况或用塞尺来进行平面度检测判断。

5. 水平度的检测

1）在加工面的平面上放水平仪直接测量。

2）把水平仪放在平尺上，平尺两端放等高垫块（块规）或特殊垫铁对设备进行检测。

3）用光学仪器，如自动准直仪和水准仪等对有一定距离、不在同一体的设备的等高水平面进行检测。适用于测距较远而平尺又不够长的情况。若精度要求不高，可用水准仪检测，钢直尺作为观测目标；精度要求较高，可用自动准直仪检测。

4）用液体连通器测量大间距的水平。这种方法较为方便。液体宜用鲜艳颜色（如蓝色或红色）。当被测设备精度要求不高时，可用钢直尺测量读数；对精度要求高的设备，可用测微螺旋读数。

对一般设备，被测平面较小，测点测出的水平度数值即可代表设备的水平度；对于较长的设备，如长度大于 3m 的机床导轨等，水平度应采用作运动曲线方法测得；对于钢结构、行车轨道等，多用水准仪测量，以标高的形式表示。

6. 铅垂度的检测

1）用水平仪在铅垂面上直接测量。

2）用经纬仪测量。

3）吊线锤测量。

7. 垂直度的检测

（1）用直角尺检测　当检测的两要素（线或面）距离较近，高度不大时，可直接用 90°角尺靠测，如图 1-62a 所示，其垂直度偏差可根据光隙大小判断或用塞尺检查。若需测出垂直度的准确数值，如检验龙门铣床水平铣头的垂直移动对工作台的垂直度，可用百分表进行，如图 1-62b

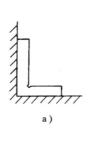
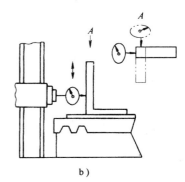

图 1-62　用直角尺检测垂直度

a）直接测量　b）移动百分表测量

所示。

（2）用水平仪直接检测

（3）回转法

1）拉线法：如图 1-63 所示，要测量轴与拉设基准线的垂直度时，可在轴上固定一卡尺，当其转至靠近基准线时，测出卡尺与基准钢丝的距离 C_1；转 180° 后，测得 C_2，则垂直度误差为 $\left| \dfrac{C_1 - C_2}{2R} \right|$。

2）百分表法：如图 1-64 所示，如要检测摇臂钻床主轴中心线对底座工作面的垂直度时，可在底座工作面上按纵横向放置平尺，在主轴上固定一个百分表，其测杆顶在平尺面上，旋转主轴 180°，分别在 a_1、a_2 和 b_1、b_2 位置上进行检测。其垂直度偏差用 $\dfrac{\Delta a}{2R}$ 和 $\dfrac{\Delta b}{2R}$ 计算。

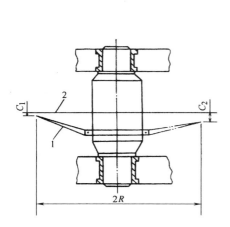

图 1-63　拉线法测垂直度误差

1—卡尺　2—基准钢丝线

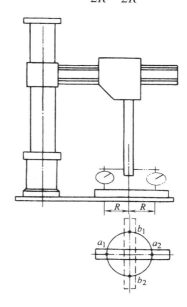

图 1-64　百分表法测垂直度

3）对角线法：如图 1-65 所示，如炉排安装时，要求 $ABCD$ 成一矩形，两块墙板等长，即 $AB = CD$。安装时，可用拉对角线的方法进行检测。已知图示墙板间距的公差为 $\pm 3\text{mm}$，即 $|AD - BC| \leqslant \pm 3\text{mm}$。但如果仅仅 $AD = BC$，并不一定表示 $AD \perp DC$，$AB \perp BC$，安装中还应测量 AC 和 BD 的长度是否相等才能验证。

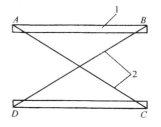

图 1-65　对角线法测垂直度

1—墙板　2—基准钢丝线

第四节　设备安装起重与搬运常识

设备的搬运是指将重物沿着水平的地面或者坡度不大的斜面，从一处移到另一处的作业。起重是沿着垂直于地面的方向，将重物从低处移至高处，或者从高处移至低处的作业。

一、起重技术及其发展

起重技术是指在安装施工现场改变被安装设备与构件的平面和空间位置，按设计和安装施工方案的要求，将其准确地安装或就位到预先规定位置所进行的作业。

起重技术是工程建设中的重要施工技术之一，尤其在建筑工程、设备安装工程和桥梁建设等工程中，它更是影响工程安全、质量、进度和施工成本的关键技术之一。

随着我国工业化、城镇化进程的加快和大型公用设施建设的发展，国内大型设备与构件的安装工程项目也日益增多。由于工业与民用构筑物和生产装置的大型化、现代化，使得设备与钢构件不断向大、高、重、新、精、尖、柔、难方向发展，安装施工作业环境也越来越复杂，对起重技术提出了更高、更严格的要求，整体安装技术显示出了突出的优越性。

计算机控制整体液压提升起重技术的推广应用是我国起重技术的一次创新，使设备整体安装技术得到了改进与创新，并在发展中日趋成熟。这项新技术对于加快施工进度、提高工程质量、确保施工安全和降低成本具有重要意义。

1. 液压提升起重技术在建筑工程施工中的应用

随着我国现代化建设进程的不断推进和发展，工程建设技术的进步和工程材料、设备的不断引进应用，建筑结构正向超高层、大跨度、钢结构方向发展，起重技术是这些结构施工中不可缺少的关键施工技术。

在建筑领域里，针对超高层、大跨距、巨型钢结构工程的施工，广泛应用了计算机控制整体液压滑移就位技术。

计算机控制整体液压滑移就位技术是采用液压爬行装置—液压爬行器作为构造物滑移的驱动设备。液压爬行器为组合式结构，一端以楔形夹紧块与滑移轨道连接，另一端以铰接点形式与滑移工装（胎架）或设备、构造物件连接，中间利用液压缸与柱塞在液压作用力的驱动下，产生相对位移爬行。

2. 液压提升起重技术在设备安装工程施工中的应用

起重技术是安装工程中的三大关键技术之一（起重、焊接、调试），在安装工程中占有特殊的地位。随着我国工业建设的发展和安装工程的"四化"（标准化、工厂化、大型化、集成化），吊装的重量直线上升，难度越来越大，对安全、进度、成本的要求进一步提高。

（1）液压爬行器的应用　钢桥陆地拼装整体滑移就位。如图 1-66 所示为沪宁高速公路钢桥陆地拼装整体滑移就位时，主桥采用下承式简支钢桁架梁一跨跨越，钢桥跨度为 88m，高度为 11m，宽度（单幅四车道）为 21.5m，整桥质量为 1300t。安装方法：钢桥在一侧引桥上进行现场组装，使用工具式导梁，用自锁型液压爬行器（图 1-67）牵引进行整体拖拉过河就位。

图 1-66　沪宁高速公路钢桥陆地拼装整体滑移

图 1-67　液压爬行器

（2）液压提升装置的应用　如图1-68所示为我国2006年采用多台液压提升装置组合的计算机控制集成提升方法，成功将国家数字图书馆总质量达10 388t的钢质桁架整体吊装就位时的施工现场。

图1-68　多台液压提升装置组合吊升钢质桁架

3. 液压提升装置简介

（1）液压提升装置的组成及工作原理　计算机控制的液压提升装置由液压提升器、液压泵站及液压油循环输送系统和计算机控制系统等组成。

液压提升装置中，液压提升器是计算机控制整体液压提升吊装技术的核心设备。液压提升器由顶部的上锚具机构、中部的穿心式提升液压缸、下部的下锚具机构和钢绞线等组成，待吊装提升的构件通过地锚与钢绞线相连。其升降过程为：当下锚具机构夹紧钢绞线时，上锚具机构松开，主液压缸空载上升或下降，大型构件不动；当上锚具机构夹紧钢绞线时，下锚具机构松开，使主液压缸带载上升或下降。如此循环反复，大型构件便上升或下降至预定的高度，如图1-69和图1-70所示。

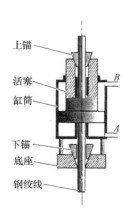

a)

b)

图1-69　液压提升锚具机构

a）液压提升器构造示意　b）液压提升器

图1-70　液压提升装置应用实例

（2）液压提升装置主要部件的结构特点　液压提升器根据其设计结构，可分为间歇式工作方式和连续式工作方式，如图 1-71 所示。

图 1-71a 所示为间歇式提升锚具机构。该机构锚具液压缸的活塞杆与主液压缸的活塞杆是用螺纹联接在一起的，由两者止口定位并承压，用紧定螺钉加铜衬防松。锚具缸缸筒与压锚板用螺栓连成一体，其间弹簧、弹簧座和锚片螺钉紧紧相扣。每个锚片螺钉连着一块锚片，3 块锚片成一组插在锚环的锥形孔中，锚环置于锚具液压缸活塞杆中并固定。紧锚时，锚具液压缸缸筒带动压锚板将锚片压入锚环，压锚力很有限，它只是将锚片与钢绞线抱住，最终锚片锁紧钢绞线是靠负载的作用，负载带钢绞线和锚片一起嵌入锚环，锚片的锥面与锚环孔的锥面如斜锲一样，负载越大，锲得越紧；松锚时，锚具液压缸已处于浮动状态，钢绞线顶开或拨开锚片，接着压锚组件上升，锚片螺钉将锚片悬吊在压锚板上，维持松锚状态。压锚弹簧通过弹簧座维持一个使锚片压向锚环的力。

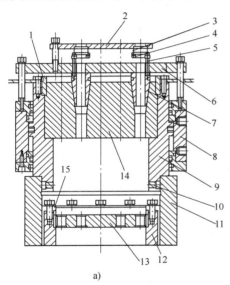
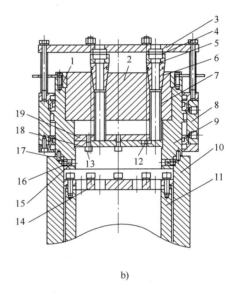

a)　　　　　　　　　　　　　　　　　　b)

图 1-71　液压提升器的脱锚机构

a）间歇式液压提升器的脱锚机构　　　　　b）连续式液压提升器的脱锚机构

1—锚环压环　2—压簧板　3—压锚弹簧　　　1—锚环压环　2—锚环　3—压锚片　4—压锚弹簧
4—弹簧座　5—锚片螺钉　6—压锚板　　　　5—弹簧座　6—锚片　7—套筒　8—锚具液压缸缸筒
7—锚片　8—锚具液压缸缸体　9—锚具液　　9—锚具液压缸活塞杆　10—主液压缸活塞杆
压缸活塞杆　10—紧定螺钉　11—主液压缸　　11—内缸套　12—联接螺栓　13、15—螺钉
活塞杆　12—内缸套　13—多孔隔板　14—锚环　　14—多孔隔板　16—卡键　17—定位销
15—隔板压环　　　　　　　　　　　　　　18—顶板　19—压板

从以上锚具机构的紧、脱锚作用原理可以看出，该结构较为复杂，要求每组锚片螺钉位置高低一致，以保证一组锚片同步压下或脱开。在脱锚过程中，若出现某组锚片卡住锚环脱不开的意外情况，这组螺钉就容易被拉断。有弯曲缺陷的钢绞线在压锚过程中往往使 3 片锚片不能同步压下，导致锚片卡在锚环中因受力不均而被挤坏。

由于锚具液压缸在行使紧锚、脱锚功能时，压锚力和脱锚力很有限，4MPa 的油压已足够，因为紧锚和脱锚主要是靠钢绞线在负载转换过程中受到压力或拉力顶开或拨松锚片来完成。锚具液压缸的压力只是行使锚片的初始压紧和维持松锚状态，锚具液压缸油压太高，会带来安全隐患。显然，在负载转换过程中，由于上、下锚具交替紧、松锚而使重物呈现停顿、再起动状态，产生附加惯性力，不仅使生产效率低下，并使安全性受到一定影响。

连续式液压提升器（图 1-71b）的脱锚机构在紧锚时，缸筒带动压锚板以及与之连在一体的压板和顶板一起向下运动，锚片插入锚环，压锚弹簧受压，最终负载通过钢绞线将锚片锁紧。为保证锚片充分压入，锚片锁紧后，套筒与锚片根部仍留有一定的间隙。脱锚时，将锚具缸的进出油口连通，使锚具缸呈浮动状态，钢绞线拨松或顶开锚片后，锚具缸上油口进油，使锚具机构维持松锚状态。

改进设计后的脱锚机构由于去掉了锚片螺钉并设置了套筒，不仅减少了锚片压入和顶出时受力的不均匀性，而且还提高了钢绞线在其中的稳定性，因此工作可靠。

4. 液压提升装置的使用注意事项

1）推荐夏季选用 L-HM46 或相近黏度的液压油，冬季选用 L-HM32 或相近黏度的液压油。

2）工作油温 20～80℃。

3）系统清洁度直接影响元件的可靠性，加油前，油箱、管路应充分清洗并用高压气吹净，泵和电动机所在的液压系统应设过滤装置，其过滤的最大固体物应 ≤25μm。

4）正确安装各油道，防止污物进入系统。

5）液压提升器安全阀的压力，必须按照使用说明书要求执行。

二、机电设备安装中吊装工艺的选择

1. 设备安装中常用的吊装方法

起重施工的吊装方法很多，且各有其特点，一般可如下分类。

（1）按设备的就位形状分　有散装、整体吊装和综合整体吊装三类。散装法又可分为正装（顺装）法和反装（倒装）法。散装中的正装法，高处作业多，安全度差，施工工期长，施工管理要求高，但一次起重量小，所使用的机索吊具的尺寸规格小，起升高度不降低；散装中的反装法，高处作业少，安全度好，质量又易保证，但一次起重量大，起升高度降低。散装法在大型薄壁容器的制作安装上应用很广泛。

综合整体吊装安装所需的吊装时间短，大大减少了高空作业，但吊装操作难度大。这种吊装方法的最大优点是能在地面上做的事情可以全部做完，因而是化工企业的静止塔类设备吊装的发展方向。

（2）按设备的整体竖立形式分　有滑移法和旋转法两类。滑移法是在设备尾部装上滚排，通过前牵后溜，随着起吊滑车组的起升而向前移动，直至脱排就位。这种方法滑车组的最大受力发生在设备脱排腾空时，因此需严格校核滑车组的强度。旋转法是在横放设备的底部与基础之间用铰轴连接，再用绳索系好设备上部，起吊使设备绕铰轴旋转竖起设备。这种方法滑车组的最大受力发生在设备抬头时。

（3）按设备的就位形式分　有抬吊、正吊、夺吊和侧偏吊。

（4）按吊装使用的机械分　有自行式起重机和桅杆式起重机两大类。自行式起重机的缺点是起重量、起升高度及幅度都不够大。桅杆式起重机的优点是具有万能性；缺点是桅杆运、搬、拆、装等辅助施工工期长，劳动强度大。目前在条件受限及在一些大型设备的吊装中，桅杆式起重机仍有应用。

2. 吊装方法的选择依据

吊装方法的选择，一般可根据具体情况确定，主要参考以下几点。

1）被吊设备的条件和要求。

2）设备安装的部位和周围环境。

3）现有的机索吊具的情况。

4）吊装施工技术力量和技术水平。

5）经济性及工期要求。

3. 起重吊装工艺的发展方向

（1）机具大型化　随着设计、制造水平的提高，近年来起重机械朝高、大方向发展。如德国布湟公司制造的 K1000 桁架吊臂汽车式起重机，其最大起重量 1000t，主副臂总长 203m。

（2）机械简单、通用化　研制简单易制、高效多能的机械。

（3）扩大预装配范围，减少高空作业　扩大被吊设备和构件的预装配范围，使设备和构件由个别部件的分散吊装转为大部件组合吊装，直到采用整体吊装的方法，可以减少高处作业量，提高安装质量和效率，有利于安全生产。

（4）向技术密集型发展　随着现代科技的发展、现代化的管理及微机在系统工程中的应用以及新技术和新材料的出现，起重与搬运工作将朝着高科技和技术密集型方向发展。

（5）机械专业化　提高机械三化的程度，实行专业化生产。

三、安装工程中常用的起重工具

安装工程中常用的起重工具有索具、吊具和起重机。

1. 索具

（1）麻绳

1）麻绳的种类和性能。麻绳是由植物纤维大麻先捻成线股，再由线股捻成绳索。麻绳的线股有 3 股、6 股和 9 股三种。麻绳按原料不同一般可分为白棕绳、混合麻绳和线麻绳三种，其中以白棕绳的质量为优。

白棕绳又有涂油与不涂油的区别。浸油后的棕缆绳防潮、防腐蚀性能提高，但重量略增，纤维变硬，挠性较差，强度约降低 10% ~ 20%。不浸油的白棕绳强度和挠性较好，但易受潮、易腐蚀。

2）破断拉力和安全因数。

$$[F] = \frac{S_p}{K} \tag{1-27}$$

式中　$[F]$——麻绳使用时的允许拉力（N）；

　　　S_p——麻绳的破断拉力（N）；

　　　K——麻绳的安全因数。

【例1-6】　有直径为 $d = 20\text{mm}$ 的 Ⅱ 级白棕绳，若用来起吊设备，允许吊重为多少？$[K = 5，S_p = 21.1\text{kN}]$，此时按下式求得允许拉力

$$[F] = \frac{S_p}{K} = \frac{21.1}{5}\text{kN} = 4.22\text{kN}$$

吊重

$$m = \frac{F}{g} = \frac{4.22 \times 10^3}{9.8}\text{kg} = 430\text{kg}$$

在现场工作中，往往只知道要起吊设备的重量即 [m]，需要求出选用麻绳的直径，故可按麻绳受力时的强度条件计算

$$[F] = A[\sigma] = (\pi/4)d^2[\sigma] \tag{1-28}$$

所以

$$d = \sqrt{\frac{4}{\pi}\frac{[F]}{[\sigma]}}$$

式中　　A——麻绳的横截面积（mm^2）；

　　　　d——使用麻绳的直径（mm）；

　　　[σ]——麻绳的许用应力（MPa）。

【**例 1-7**】　用一根白棕绳起吊 3kN 的重物，问需选用多大直径的麻绳？（[σ] = 10MPa，[F] = 3000N）

$$d = \sqrt{\frac{4}{\pi}\frac{[F]}{[\sigma]}} = \sqrt{\frac{4 \times 3000}{\pi \times 10}}mm = 19.55mm$$

（2）钢丝绳

1）钢丝绳的性能和规格。钢丝绳又称钢索，可作为起重、牵引绳索之用。通常使用的钢丝绳由 6 股组成，每股分别由 19 根、37 根和 61 根钢丝组成。

2）钢丝绳的允许拉力和安全因数。为了保证起重作业的安全，给予钢丝绳一定的强度储备，所以允许拉力是按钢丝绳的破断拉力来计算的，

即

$$[F] = \frac{S_p}{K} \tag{1-29}$$

式中　　[F]——钢丝绳的允许拉力；

　　　　S_p——钢丝绳的破断拉力，见表 1-9；

　　　　K——安全因数，见表 1-10。

表 1-9　6×37 钢丝绳的破断拉力 S_p

直　　径		钢丝抗拉强度/MPa				
钢丝绳/mm	钢丝/mm	1400	1550	1700	1850	2000
		钢丝绳破断拉力/kN				
8.7	0.4	39.00	43.20	47.30	51.50	55.70
11.0	0.5	60.00	67.50	74.00	80.60	87.10
13.0	0.6	87.80	97.20	106.50	116.00	125.00
15.0	0.7	119.50	132.00	145.00	157.50	170.50
17.5	0.8	156.00	172.50	189.50	206.00	223.00
19.5	0.9	197.50	218.50	239.50	216.00	282.00
21.5	1.0	243.50	270.00	296.00	322.00	348.50
24.0	1.1	295.00	326.50	258.00	390.00	412.50
26.0	1.2	351.00	388.50	426.50	464.00	501.50
28.0	1.3	412.00	456.50	500.50	544.50	589.00
30.0	1.4	478.00	529.00	580.50	631.50	683.00

注：钢丝绳折减系数为 $\Psi = 0.82$。

表 1- 10　钢线绳的安全因数 K

用　　途	安全因数	用　　途	安全因数	用　　途	安全因数
用作缆风绳	3. 5	手动起吊设备	4. 5	用作捆扎	8 ~ 6
缆索起重承载绳	3. 75	机动起吊设备	5 ~ 6	用作载人的升降机	14

在现场作业时如缺少钢丝绳破断拉力数值表，则破断拉力可按以下经验公式估算

$$S_\mathrm{p} = 540d^2 \frac{\sigma_\mathrm{b}}{1400} \qquad (1\text{-}30)$$

式中　d——钢丝绳直径（mm）；

　　　σ_b——所用钢丝绳钢丝的抗拉强度（MPa）。

【例 1-8】　一直径为 28mm，规格 6×37 的钢丝绳，其钢丝的抗拉强度为 $\sigma_\mathrm{b} = 1700\mathrm{MPa}$ 时，若采用手动起吊重物，问该绳安全起吊时允许的拉力是多少？用经验公式估算该钢丝绳起吊重物的允许拉力是多少？

解：第一步求该绳安全起吊允许的拉力。

查表可得，$\phi = 28\mathrm{mm}$，$\sigma_\mathrm{b} = 1700\mathrm{MPa}$，求得 $S_\mathrm{p} = \sum A\sigma_\mathrm{b}\Psi = 500. 5 \times 0. 82\mathrm{kN} = 410. 41\mathrm{kN}$，手动起重时取 $K = 4. 5$。

$$[F] = \frac{S_\mathrm{p}}{K} = \frac{410. 41}{4. 5}\mathrm{kN} = 91. 2\mathrm{kN}$$

第二步：求经验公式估算钢丝绳起吊允许拉力。

$$S_\mathrm{p} = 540d^2 \frac{\sigma_\mathrm{b}}{1400}$$
$$= 540 \times (28)^2 \times \frac{1700}{1400}\mathrm{kN}$$
$$= 423. 4\mathrm{kN}$$

令 $K = 4. 5$，则 $[F] = \dfrac{S_\mathrm{p}}{K} = 423. 4\mathrm{kN}/4. 5 = 94. 1\mathrm{kN}$

2. 吊具

（1）钢丝绳夹头　钢丝绳夹头又称钢丝绳扎头，是用来夹紧钢丝绳末端或将两根钢丝绳夹在一起的吊具。常用的钢丝绳夹头是臼齿式。

臼齿式钢丝绳夹头又称骑马式扎头，如图 1-72 所示。使用时要注意选用适合于钢丝绳直径的夹头，直径大小不适合就无法夹接和锁紧。夹接时要拧紧螺栓，直到钢丝绳直径变形达到椭圆形为限。夹头 U 形弯曲部要扎在活绳头那一边，不能扎在主绳上，如图 1-73 所示。使用钢丝绳夹头的数目和间距可参考有关规范。

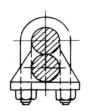

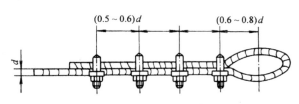

图 1- 72　臼齿式夹头　　　　　　　　　　　图 1- 73　夹头的固定

（2）卸扣　卸扣也称卡环、卸甲或起重卡环。

卸扣在起重工作中可直接吊挂重物或用于（千斤绳）吊索与滑轮组连接，或吊索与其他设备连接的工具。现场可根据 U 形螺栓和横销的平均直径来估算使用时的允许载荷。

$$[F] = 46d_{\mathrm{cp}}^2 \tag{1-31}$$

式中　$[F]$——允许使用载荷（kN）；

d_{cp}——U 形螺栓和横销的平均直径（mm）。

（3）吊索　吊索又称千斤索或千斤绳，是用来捆绑重物并与吊钩相挂的索具，通常采用柔软钢丝绳制造，一般采用 $6 \times 61 + 1$ 的钢丝绳，任何情况下也不允许采用低于 $6 \times 37 + 1$ 的钢丝绳。

吊索的直径根据所吊的重物、吊索根数和吊索与水平面夹角的大小来决定。吊索与水平面夹角与吊索的内应力成反比。夹角越小，吊索内应力越大，并且它的水平分力对起吊物体产生很大的压应力，所示要求夹角不得小于 30°。

使用吊索时，可分别采用单支、双支、四支或多支的形式。

使用吊索时应注意下列几项内容。

1）吊索与物体之间应加放垫块，以防止吊索或物体磨损。

2）为了避免起吊物体在空间旋转，应尽量不用单根吊索。

3）应避免吊索长短不同、受力不均、钢丝少许破断等现象。

（4）平衡梁　平衡梁是一种用型钢制成的横梁，能够在起吊大型精密机件和超长设备时保持其稳定和水平。平衡梁能承受由于倾斜吊装所产生的水平分力，减少起吊时设备所承受的压力，降低起吊高度。常见的平衡梁有以下几种。

1）槽钢型平衡梁。槽钢型平衡梁由槽钢、吊车、吊环板、加强梁和螺栓组成。这种平衡梁的分布板提吊点可以前后移动，以适应起吊不同重量和长度的机件，如图 1-74 所示。

2）管式平衡梁。管式平衡梁是由无缝钢管和加强板焊接而成的，如图 1-75 所示。

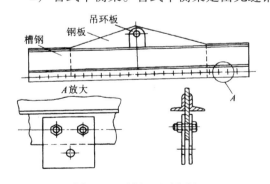

图 1-74　槽钢型平衡梁

图 1-75　管式平衡梁

3）桁架式平衡梁。如图 1-76 所示。

3. 起重机

在安装工程中，为了起吊机器和设备及其部件、零件，广泛使用起重机。按结构特点，可以将起重机分为手动链式、电动葫芦式、桥式、桅杆式、移动式、履带式和塔式等。

（1）手动链式起重机　手动链式起重机又称手拉葫芦或"斤不落""倒链"。在安装现场中，链式起重机与三脚起重架配合起来使用，起吊小型机器和设备。

（2）电动葫芦　电动葫芦由起升机构和运行小车两部分组成，如图1-77所示。

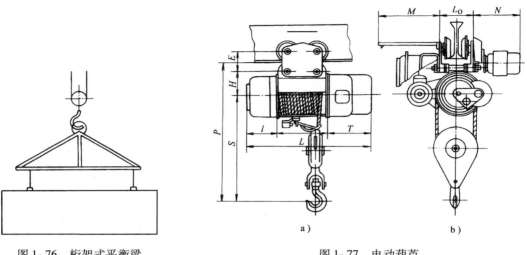

图1-76　桁架式平衡梁

图1-77　电动葫芦
a）CD型　b）MD型

（3）桥式起重机　桥式起重机又称行车，主要构造有桥架、桥架运行机构、起重小车、起升机构和操作室等，其外形如图1-78所示。起重机的桥架可沿车间两侧柱子上的轨道相对车间作纵向运动，小车可沿起重梁上的导轨相对车间做横向运动，小车上的起重钩又可作上下垂直运动，以满足车间内物体各个方向的起吊工作。

（4）桅杆式起重机　桅杆式起重机按使用材料不同可分为木桅杆、管式桅杆和金属结构式桅杆。如图1-79所示，该桅杆起重机由旋转桅架、动臂、转盘和三台卷扬机组成。三台卷扬机分别用来起升物品、提升动臂和旋转桅架。

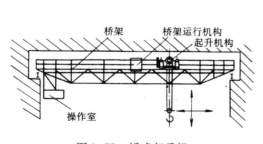

图1-78　桥式起重机

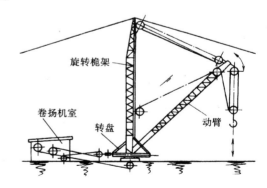

图1-79　桅杆式起重机

四、起重吊装工艺在设备安装时的应用实例

1. 双桅杆整体滑移法吊装工艺

双桅杆整体滑移法吊装，适用于吊装重量、高度和直径等都较大的设备。这种方法是安装工地上最常用、最典型的一种整体吊装法。在起吊时，每根桅杆可由一台（单式滑车组）或两台（双式滑车组）卷扬机来牵引，要求卷扬机司机在操作时互相协调。另外，在塔底裙座处一般要加滚排，并且要前牵后溜，防止塔体向前移动速度不均匀使吊装中产生颤动或向前移动速度过快而造成设备与基础相撞。

2. 用支撑回转铰链扳倒桅杆法吊装设备

用支撑回转铰链配合桅杆或自行式起重机来吊装大型设备是近年来国内外普遍使用的方法，已积累了一些经验。图1-80所示为用支撑回转铰链扳倒桅杆法扳起火炬塔架的示意图。

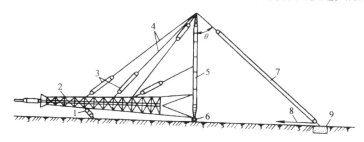

图1-80 用支撑回转铰链扳倒桅杆法扳起火炬塔架示意图
1—平衡滑车 2—塔身 3—牵引滑车组 4—牵绳 5—人字桅杆
6—回转铰链 7—扳起滑车组 8—至卷扬机的跑绳 9—地锚

吊装时，桅杆的根部放在设备的支撑运转铰链轴线上或放在设备重心与支撑回转铰链之间，在桅杆端部与设备之间用固定长度的钢丝绳联系起来。在吊装过程中，设备与桅杆一同围绕铰链回转，设备被扳起来，桅杆被扳倒。这种安装方法特别适用于安装各种塔架，如架空索道的塔架、高压输电线路的塔架及冷却水塔等。

这种吊装方法的优点是所用的桅杆高度和重量都不大，制造时省工、省料。缺点是支撑回转铰链比较笨重，承受的水平力比较大，所用的钢丝绳直径比较大，不能把设备安装到较高的基础上。

3. 用跨步式液压提升装置吊装立式静置设备

这种提升装置也要采用回转铰链，只是当设备绕回转铰链提升时是通过两个跨步式液压提升机构来实现的。这两个机构分别安装在两付支承桅杆上，桅杆之间用两副横梁连接，被起吊的设备利用回转铰链支承在横梁上。两副桅杆是金属的焊接结构，一边有许多凹形槽，凹形槽在提升机构的卡爪下面，卡爪通过弹簧的作用只能上、不能下，如图1-81所示。两副桅杆位于被起吊设备的两侧，下端由铰链式的杆端支承。两副桅杆的底座用钢丝绳与起吊设备的回转铰链底盘连接起来，由设备、承重桅杆、钢丝绳和回转铰链四部分构成一个三角连环机构，该机构只利用内力进行起吊设备，如图1-82所示。

这种装置的优点是无需笨重的起重滑车组与地锚等设施，装置本身的体积小、质量轻，而工作时可产生很大的推力，平稳而且安全、可靠，便于在施工现场狭窄的条件下使用。缺点是液压提升装置的结构比较复杂，

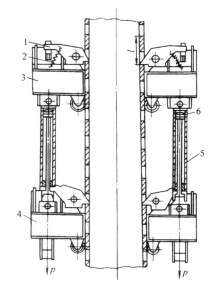

图1-81 跨步式液压提升机构
1—支撑卡爪 2—弹簧 3—上托架
4—下托架 5—液压缸 6—活塞

对密封性要求高，制造成本较高，操作也比较复杂。

4. 无锚点吊装法

此法的特点是桅杆滑车组在被起吊设备上的绑扎吊点和桅杆底座的支撑点位于同一个垂直平面内，因而起重滑车组可以支撑着门架使它倒不下来，可以省去缆风绳和大部分锚桩。这种起重工具的特点是可以自己吊起桅杆。开动卷扬机，桅杆以其底座铰链为轴旋转，逐步地通过许多实际上不平衡的位置，最后达到临近直立的位置。卷扬机继续开动，起重滑车组便开始起吊，设备进入不稳定平衡的位置。在设备起吊的过程中，桅杆通过起扳滑车组逐渐放倒，最后用制动滑车组将设备就位，如图1-83与图1-84所示。

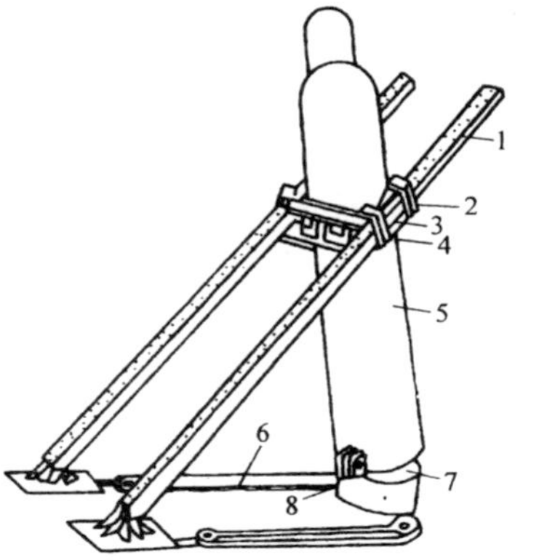

用无锚点法吊装立式静置设备和构件时，由以下三个基本步骤组成。

1）吊装设备和构件前先将门式桅杆或双桅杆自行吊起。

图 1-82　用跨步式液压提升机构
起吊重型设备示意图

1—有凹槽的桅杆　2—上托架　3—液压缸
4—托架　5—设备　6—滑车组
7—基础　8—回转铰链

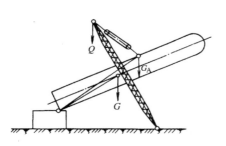

图 1-83　用无锚点吊装法
起吊设备示意图

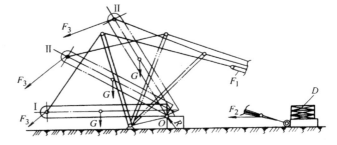

图 1-84　用无锚点吊装法起吊受力分析示意图

F_1—起重滑轮组受力　F_2—卷扬机牵引力　F_3—制动滑轮组受力
R—回转铰链反力　G—设备重力　D—活动地锚

2）将设备或构件吊到不稳定平衡部位。

3）将立式静置设备或构件吊装到设计位置，同时放倒桅杆。

这种吊装方法的优点是：

1）不需很多的锚桩、缆风绳和卷扬机。

2）吊装场地占地面积小。

3）吊装时不用在设备下部铺设轨道。

4）起吊机具构造简单，安装比较容易。

缺点是：

1）桅杆底座如下沉时，整个吊装系统稳定性受到较大的影响。

2）吊装质量超过250t时，在桅杆底座下必须设置基础，同时在支撑回转铰链处产生较大的作用力。

3）安装高度超过60m的设备，不宜用此方法。

4）操作技术要求比较高，必须配备熟练的工人。

思考题与习题

1-1 机械设备安装工程主要有哪些工作内容?

1-2 机械设备安装工程施工现场的主要工种有哪些? 各工种应具备哪些操作技能?

1-3 机械设备安装工程的一般施工管理程序有哪些?

1-4 绘图说明水准测量的基本原理。

1-5 设 A 点为后视点, B 点为前视点, A 点高程为 87.452mm, 当后视读数为 1.267m, 前视读数为 1.663m 时, 问 A、B 两点的高差是多少? 并绘图说明。

1-6 简述水准仪在施测中的程序。

1-7 经纬仪由哪些部分组成? 说明各部分的功能。

1-8 试述测回法测角的操作步骤。

1-9 整理用测回法观测水平角的手簿 (表 1-11)。

表 1-11 测回法观测手簿

测　站	竖盘位置	目　标	水平度盘读数	半测回角值	一测回角值	各测回平均值
第一测回 O	左	1	0°00′06″	—	—	—
		2	78°48′54″	—	—	—
	右	1	180°00′36″	—	—	—
		2	258°49′06″	—	—	—
第二测回 O	左	1	90°00′12″	—	—	—
		2	168°49′06″	—	—	—
	右	1	270°00′30″	—	—	—
		2	348°49′12″	—	—	—

1-10 为什么测量水平角时要在两个方向上读数,而测竖直角只要在一个方向上读数?

1-11 已知一点距山顶的水平距离为 200m, 用经纬仪测得山顶的仰角为 47°36′, 山顶上有一微波塔, 塔顶的仰角为 55°07′, 求该塔的高度。

1-12 检测水平度有哪些方法?

1-13 检测垂直度有哪些方法?

1-14 直线度的检测方法有哪些?

1-15 如何检测同轴度?

1-16 如何检测平行度?

1-17 用一根三股白棕绳吊 3kN 的重物, 需选用多粗的绳子?

1-18 钢丝绳的钢丝破断拉力总和与钢丝绳本身的破断拉力是否相等? 为什么?

1-19 直径为 28mm, 规格 6×37 的钢丝绳, 其钢丝的抗拉强度为 $\sigma_b = 1700MPa$, 若采用手动起吊重物, 问该绳安全起吊时的允许拉力是多少?

第二章　设备安装的基本工艺过程

第一节　设备安装前的准备工作

一、设备的开箱

设备出厂时，大多是经过良好包装的。设备运抵现场后，将设备的包装箱打开，以备检查和安装，这道工序就称为设备开箱。根据设备的大小和运输条件，有的是整体装箱，有的是分散（解体）装箱，个别大型设备不装箱。

设备开箱时，应尽量做到不损伤设备和不丢失附件；尽可能减少箱板（或包装箱）的损失。为此，必须注意以下问题。

1）开箱前，应查明设备的名称、型号和规格，核对箱号和箱数以及包装情况，最好将设备搬至安装地点附近，以减少开箱后的搬运工作。

2）开箱时，应将箱顶板上的灰尘扫除干净，防止灰土落入设备内。一般先拆顶板，查明情况后，再拆除其他箱板。应选择合适的开箱工具，不要用力过猛，以免损伤设备。设备在箱内的固定方式一般如图 2-1 所示。

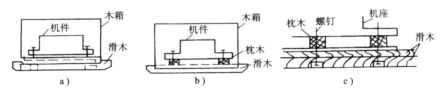

图 2-1　设备在箱内的固定方式
a）直接固定在滑木上　b）滑木上有枕木　c）滑木和枕木相连法

3）卸箱板时，应注意周围设备或人员的安全。

4）设备上的防护物和包装，应按施工工序适时拆除。防护包装如有损坏时，应及时采取措施修补，以免设备受损。

二、清点检查

设备开箱后，安装单位应会同有关部门人员对设备进行清点检查，要求有如下三个：第一，检查设备的零件、部件和附件是否齐全；第二，检查设备有否损坏；第三，清点检查完毕后，应填写设备开箱检查记录单，设备由安装单位保管。清点时应注意以下几点。

1）按设备制造厂提供的设备装箱单进行。

2）核实设备的名称、型号和规格，必要时应对照设备图样进行检查。

3）核对设备的零件、部件、随机附件、备件、工具、出厂合格证和其他技术文件是否齐全。

4）检查设备的外观质量，如有缺陷、损伤等情况，应做好记录，并及时进行处理。

5）设备的运动部件在防锈油料未清除前，不得转动和滑动，因检查除去的油料，检查后应及时涂上。

设备开箱检查只能初步了解其外观质量及缺损情况，要查出所有的缺陷和问题，需在此后的各施工工序中进行。

三、设备及零部件的保管

安装单位在对设备和零、部件进行保管时要注意以下几点。

1）对设备和零、部件应进行编号和分类，一般不得露天放置。

2）暂时不安装的设备和零、部件，应把已检查过的精加工面重新涂油，以免锈蚀，并采取保护措施，防止损伤。

3）经过切削加工的零、部件，应放置在木板架上。

4）零、部件的码放应按安装先后顺序进行，以免安装时翻乱。

5）易碎、易丢失的小零件、贵重仪表和材料均应单独保管，但要注意编号，以免混淆和丢失。

四、进口设备的验收与管理

改革开放后，随着国外先进设备的引进，由于其价值昂贵，对从事这些设备安装的人员提出了更高的要求，不仅对引进设备在技术和管理方面需要较高的素质，还需要了解进口设备的接运、商检、保管维护和安装调试等工作。

1. 签订合同

引进国外设备通常是由外贸部门代替用户向国外订货。订货成交后，由外贸部门与外商签订贸易合同。该合同是同外商进行交涉的法律依据。

合同的内容主要包括：外商应交付的内容与范围；交付方式（包括交货地点）；价格；验收的方法和依据；双方承担的权利和义务。在合同中，一般规定有两个保证期。

（1）索赔期　索赔期也称品质降次保证期。通常情况下，如发现引进设备质量、规格、数量存在问题，应在规定期限内对外商提出索赔。索赔期的期限长短是根据设备的复杂程度、国际惯例和用户要求确定的，一般是从设备到达我国卸货港后，从船上卸到码头上之日算起 20~90 天。

（2）保证期　保证期也称使用保证期。如果发现引进的设备质量不合格或零件存在缺陷等，按合同的规定，责任在售方。因此，在保证期内可对外商提出索赔。保证期是从设备的卸毕日期起 3~12 个月，有时也可以从设备安装调试后（由外商委派安装人员）6~12 个月提出索赔。

2. 接运

进口设备从国外经长途转运到中国港卸货。计算合同规定的两个保证工期是从设备到中国港口后的日期开始算起的，因此进口设备的接运工作十分重要，最好派专人在港口负责联系接运。

3. 商检

所谓商检，就是进口商品检验的简称。国外设备到厂后应尽快进行商检工作。做好这项工作对于维护国家利益、监督外商履行合同、防止外商投机诈骗、确保进口设备高质量及时安装投产，具有重要的政治、经济意义。

根据外贸部"进口物质检验和索赔办法"规定，进口设备由订货部门负责组织检验，商品检验局经过必要的核实或实验后出具证明。

进口设备的商检工作是在当地商品检验局指导下进行的。

4. 保管维护

对于进口设备开箱商检后，短期内无安装条件的，或安装后短期内又不能投入生产的，要设专人做好保养维护工作。

对于外商提供的和随设备带来的技术资料，包括图样、样本、说明书、合格证、装箱单、有关函件等，要交到资料部门翻译复制、保管；随设备带来的专用工具、量具及备品备件，应清点入账，分别交职能部门保管。

第二节　基础放线与设备就位

一、基础放线

1. 设备基础及其验收

（1）设备基础及分类　设备基础的作用是把设备牢固地固定在需要的位置，保证设备的正常运转和设备安装的几何精度，以承受设备本身的重量、载荷和传递设备运转时产生的摆动、振动力，并把这些力均匀地传递到土壤中。基础还可以吸收和隔离机器运转时产生的振动，防止共振现象的产生，保证设备能长久地正常运行。

设备基础的类型有以下几种。

1）根据基础的所用材料不同，可分为素混凝土基础和钢筋混凝土基础。

2）根据基础所承受载荷的性质，可分为静载荷基础和动载荷基础。

3）根据基础的结构和外形的不同，可分为单块式基础和大块式基础。单块式基础是根据工艺需要单独进行浇注建造的设备基础；大块式基础是建成连续的大块，以供多台邻近设备安装的设备基础。大型设备通常安装在单独建造的基础上。如图2-2所示为大型机床设备基础图。

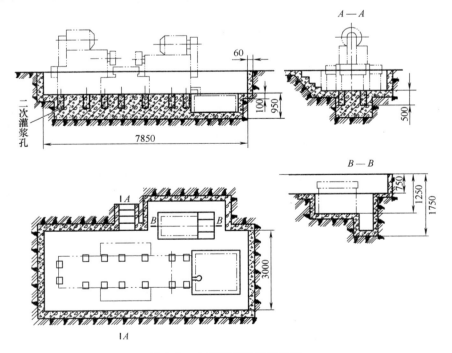

图2-2　大型机床设备基础图

（2）设备基础的验收　由于设备的基础一般由土建单位负责浇注施工并负责保证其质量，因此基础施工完成后，设备安装单位必须对基础进行必要的检查验收，方可用于设备的就位安装。尤其是对精度高、转速快、振动大的机床设备，基础的刚度是设备综合刚度极为重要的部分。基础工程的检查验收工作，具体由安装单位根据设计要求和技术规范进行，主要有以下检查内容。

1）设备基础质量合格证明书核查。土建施工单位应根据安装单位提供的有关设备基础的技术文件，结合生产工艺和实际地质资料最终设计并完成基础的浇注和养护工作，安装单位根据基础施工单位提供的基础质量检验报告资料，对混凝土配比、混凝土养护及混凝土强度进行核查，核查其是否满足设备设计的需要和有关标准的要求。

2）设备基础混凝土强度检查。确认基础的混凝土强度是否达到设计强度要求，如果对设备基础的强度有怀疑，可用回弹仪或钢珠撞痕法对基础的强度进行复测。混凝土基础强度检查的方法有三种：一是撞痕法，二是反弹法，三是压强法。混凝土基础的质量有不符合要求的，应向有关部门提出处理意见。采用钢球撞痕法检验混凝土强度的具体方法，是在被检测的基础混凝土上铺两张白纸，白纸之间垫上一张复写纸，将钢球举到一定高度时（落距）让其自由下落到白纸上，测量白纸上的撞痕直径（图2-3），对照经验数据，即可对应地查得混凝土强度值。

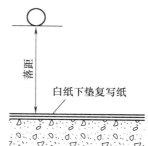

图2-3　用钢球撞痕法检测基础混凝土强度

有关混凝土强度和钢球撞痕关系的经验数据见表2-1。

表2-1　混凝土强度和钢球撞痕关系的经验数据

钢球直径/mm	落距/m	混凝土强度/MPa				
		4	6	8	11	14
		钢球撞痕直径/cm				
50.8	2	1.4	1.3	1.2	1.10	1.02
	1.5	1.25	1.17	1.10	1.00	0.92
38.1	2	1.08	0.96	0.90	0.80	0.74
	1.5	0.96	0.88	0.83	0.75	0.71

3）设备基础的外观检查。主要查看基础表面有无蜂窝、麻面、裂纹及露筋等质量缺陷。

4）设备基础的尺寸检查。一般情况下，设备安装基础的尺寸是由设备生产厂家根据设备使用性能要求和底座的结构形状，在所提供的设备使用说明书中给定的。安装单位对设备基础的尺寸检查的主要项目有基础的坐标位置，基础各个平面的标高，基础平面的外形尺寸，凸台上平面的外形尺寸，凹穴尺寸，平面的水平程度，基础的铅垂程度，预埋固定地脚螺栓的标高和中心距，预埋固定地脚螺栓孔中心的位置偏差、深度和孔壁铅垂程度，预埋活动地脚螺栓锚板的标高、中心位置，带槽锚板和带螺纹锚板的水平程度等。

基础的平面尺寸应比机床底座的外部尺寸略大，这既可增加基础的刚度，又方便机床的调整。通常，车床基础的每边比车床底座大100～300mm；刨床的基础每边比底座大200～500mm；磨床的基础每边比底座大200～700mm。

基础平面尺寸的安装螺孔至基础边缘应不少于200mm。

5）机械设备平面位置和标高对安装基准线的允许偏差见表2-2。

表2-2　机械设备的平面位置和标高对安装基准线的允许偏差

项　　目	允许偏差/mm	
	平面位置	标高
与其他机械设备无机械联系的	±10	+20 −10
与其他机械设备有机械联系的	±2	±1

6）设备基础的预压试验。对重型设备或负载较大的设备基础进行预压试验，是为了防止设备安装后，由于基础的不均匀下沉，造成设备安装精度的丧失而采取的预防措施。

基础预压试验采用的方法是用重量等于设备自重及其允许承载物最大重量总和的1.25～2倍的钢材、砂子或石子等预压重物，均匀地压在基础上，观察设备基础在一定时间里的下沉可能性和下沉情况。一般预压时间为3～5天。在预压期间要昼夜不断，每隔2h观测并记录基础的下沉情况。观测点不少于基础周围均布的四个标高点。观测时间从加压开始直到基础不再继续下沉为止。设备基础的尺寸和位置的质量要求见表2-3。

表2-3　设备基础的尺寸和位置的质量要求

序　　号	检查项目名称	允许误差值/mm
1	基础坐标位置	±20
2	基础各个不同平面的标高	−20～0
3	基础上平面外形尺寸	±20
	凸台上平面外形尺寸	−20
	凹坑尺寸	+20
4	基础顶面平面长度误差（含地坪面需安装机床的部分）	
	每米长度上	5
	全长	10
5	基础顶面垂直方向上的误差	
	每米长度上	5
	全长	10
6	预埋地脚螺栓误差	
	螺栓顶部标高	0～20
	中心距（根部与顶部测量）	±2
7	预留地脚螺栓孔	
	中心距	+10
	螺栓孔深度	0～20
	孔壁的垂直度	10
8	预埋活动地脚螺栓锚板	
	顶面标高	0～20
	中心距	±5
	平面度（带槽锚板）	5
	平面度（带螺纹孔的锚板）	2

2. 地脚螺栓

地脚螺栓的作用是固定设备，使设备与基础牢固地联接在一起，以免工作时发生位移、振动和倾覆。

地脚螺栓、螺母和垫圈通常随设备配套供应，并在设备说明书中有明确的规定。

通常情况下，每个地脚螺栓配置一个垫圈和一个螺母，但对振动剧烈的设备应安装锁紧螺母或双螺母。

（1）地脚螺栓的分类

1）根据地脚螺栓的长度分。

① 短地脚螺栓用来固定轻的、没有剧烈振动和冲击的设备，其长度为 100~1000mm。

② 长地脚螺栓用来固定重的、有剧烈振动和冲击的设备，其长度为 1000~4000mm。长地脚螺栓大多和锚板一起使用，锚板用钢板焊成或用铸铁铸造。

2）根据地脚螺栓与基础的连接形式分。

① 死地脚螺栓：不可拆，属于短地脚螺栓。常用的死地脚螺栓头部多成开叉式和带钩的形状，如图 2-4 所示。带钩的死地脚螺栓还在钩孔中穿上一根横杆，以防止转动和增大抗拔能力。

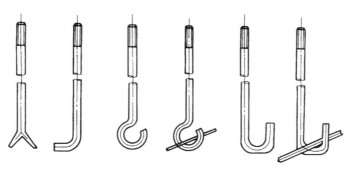

图 2-4　死地脚螺栓

② 活地脚螺栓：可拆，属于长地脚螺栓。所谓活地脚螺栓，是指地脚螺栓与基础不浇混在一起，基础内预先留出地脚螺栓的预留孔，并在孔下端埋入锚板，如图 2-5 所示。

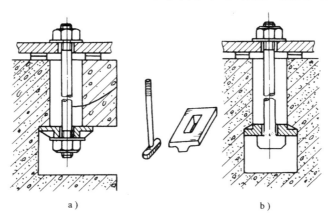

a）　　　　　　　　　　　　　　b）

图 2-5　活地脚螺栓

a）双头螺纹式　b）"T"形头式

它的形状分为两种：一种是螺栓两端带有螺纹，都使用螺母；另一种是顶端有螺纹，下端呈"T"字形。双头螺纹式活地脚螺栓安装时必须拧紧，以免松动；T形头式活地脚螺栓安装时，必须在螺栓顶端上打上方向性记号，以确保在插入锚板后将螺栓转动90°的正确性，使矩形头正确放入锚板槽内。

③ 锚固式地脚螺栓：锚固式地脚螺栓又称为膨胀螺栓，如图2-6所示。

（2）地脚螺栓的安装　安装前，应将地脚螺栓上的锈垢油污等清除干净（但螺栓部分仍应涂上油脂），以保证地脚螺栓灌浆后能与混凝土结合牢固。

1）死地脚螺栓的一次灌浆法。在浇灌设备基础时，同时也将地脚螺栓浇灌好的方法称为一次灌浆法，如图2-7所示。此方法的优点是地脚螺栓与混凝土的结合力强，增加了地脚螺栓的稳定性、坚固性和抗振性；缺点是安装时需要使用地脚螺栓固定架，安装后不便于调整。

图2-6　锚固式地脚螺栓

2）死地脚螺栓的二次浇灌法。在浇灌基础时，预先在基础内留出地脚螺栓的预留孔，在安装设备时再把地脚螺栓安装在预留孔内，然后用混凝土或水泥砂浆把预留孔浇灌满，使地脚螺栓固定的方法称为二次浇灌法，如图2-8所示。二次浇灌法的优点是地脚螺栓容易调整，缺点是现浇灌的混凝土与原基础结合不够牢固。

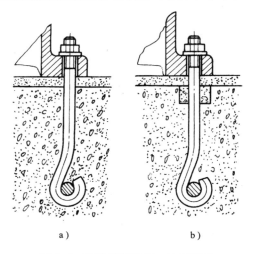

图2-7　死地脚螺栓的一次灌浆法
a）全部预埋法　b）部分预埋法

图2-8　死地脚螺栓的
二次浇灌法

死地脚螺栓的二次浇灌法是常用的一种方法，安装时应注意以下几点。

① 地脚螺栓的垂直度偏差不超过 10mm/1000mm。

② 地脚螺栓离预留孔的距离不小于15mm（$a \geqslant 15$mm）。

③ 地脚螺栓底端不应碰预留孔底。

3）活地脚螺栓的安装。在设备安装前，首先要将锚板安装好。锚板应平整牢固，然后将地脚螺栓放入预留孔内，设备就位后将地脚螺栓拧紧。地脚螺栓孔内多用干砂充满。

4）锚固式地脚螺栓的安装。锚固式地脚螺栓安装时，首先应在已施工完的基础上钻出螺栓孔，螺栓孔比螺栓最粗部分大、比膨胀后的直径小；然后装入螺栓并锚固，再灌入以环氧树脂为基料的粘结剂。粘结剂的配比可查有关手册。

（3）地脚螺栓偏差的处理 地脚螺栓发生的偏差情况不同，处理的方法也不同。常见的地脚螺栓偏差处理方法如下：

1）地脚螺栓中心距偏差的排除。

① 当地脚螺栓中心线偏差在 10mm 以内时，可用氧乙炔焰将螺栓根部烤红，再用锤打（敲打螺纹部位时，要套上螺母）或用千斤顶矫正。

② 当中心距偏差在 10～30mm 范围内时，可用錾子去除螺栓周围的混凝土，其深度为螺栓直径 d 的 8～15 倍，然后用氧乙炔焰烤红，用锤或千斤顶矫正，并在弯曲后的螺杆处加焊钢板加固，如图 2-9a 所示。

③ 当两地脚螺栓中心距偏大或偏小且中心距又不大时，可用如图 2-9b 所示的方法处理。

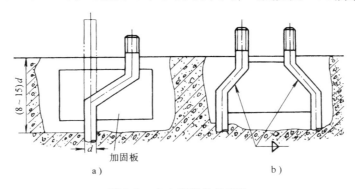

图 2-9　中心距偏差的排除

a）单地脚螺栓的矫正　b）双地脚螺栓的矫正

对于直径大于 30mm 的地脚螺栓，当发生较大偏差时，若用烤红煨弯的方法有困难，可按图 2-10 所示的方法处理。即将螺栓切断成两段，用一块厚度等于偏差值的钢板焊在两螺栓中间，两侧再焊上两块加固钢板。加固钢板的长度不应小于螺栓直径的 3～4 倍。

2）地脚螺栓标高偏差的处理。若地脚螺栓过高，可割去一部分，再攻上螺纹。不允许用增加垫圈数量和厚度的办法来处理。

若地脚螺栓高不够而偏差不大（≤15mm），可用氧乙炔焰将地脚螺栓烤红，在螺杆上套上一段钢管，垫上垫圈，套上螺母并拧紧（图 2-11a），借拧紧螺母的力量将螺杆烤红

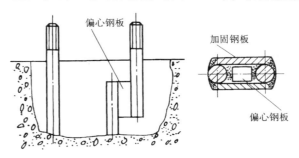

图 2-10　大直径地脚螺栓偏差的处理方法

部分拉长（图 2-11b）。此时注意烤红的螺杆部分应尽量长些，拉长部分必须焊上 2～3 块钢板加固，如图 2-11 所示。

如果地脚螺栓标高低于设计要求 15mm 时，不能用加热的方法拉长，可在螺栓周围开一个深坑，在距底 100mm 处将螺杆割断，另再焊上一根精加工的螺杆，并用钢板或圆钢加固。加固长度应为螺栓直径的 4～5 倍，如图 2-12 所示。

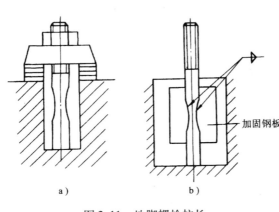

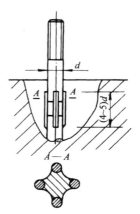

图 2-11　地脚螺栓拉长　　　　　　　　　图 2-12　地脚螺栓的接长

3）地脚螺栓"活拔"的排除。"活拔"是指拧紧地脚螺栓时用力过大，将地脚螺栓从基础中拔了出来。要排除这种现象，须将螺栓腰部的混凝土凿去，在螺杆上焊两条交叉的钢筋（图 2-13），然后补灌混凝土，待混凝土硬化后再拧紧地脚螺栓。

（4）紧固地脚螺栓时的注意事项

1）紧固地脚螺栓时，螺母下面应放垫圈，螺母与垫圈之间及垫圈与设备底座间应接触良好。

2）"T"形头式活地脚螺栓在紧固前一定要查看其标记，保证使 T 形头与钢板的长形孔成正交。

3）拧紧地脚螺栓应在混凝土强度达到规定强度的 75% 以后进行。

4）拧紧螺母后，螺栓必须露出螺母 1.5～5 个螺距长度。

5）紧固地脚螺栓时，应从设备中间开始，然后往两边交错对角进行，如图 2-14 所示，同时施力要均匀，即对称均匀紧固，禁止拧紧完一边再拧紧另一边或顺序渐次紧固。全部拧紧完后，要按原次序再拧紧一遍。

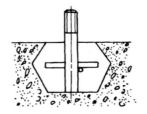

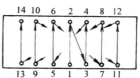

图 2-13　地脚螺栓松动的处理方法　　　　　图 2-14　地脚螺栓的拧紧次序

6）紧固地脚螺栓时，应使用标准长度的扳手，只有 M30 以上的螺栓才允许加套管增加扳手长度。这样既可保证拧紧，又可防止因施力过大而损坏螺纹或地脚螺栓"活拔"。

3. 垫铁

设备安装在基础上，常在设备与基础之间放一些垫铁（垫板），这种设备安装方法称为有垫铁安装法。

（1）垫铁的作用

1）通过对垫铁组厚度的调整，使设备达到所要求的标高和水平度。

2）增加设备在基础上的稳定性。

3）把设备的重量和运转过程中产生的负荷均匀地传给基础，减少振动。

4）便于进行二次灌浆。

（2）垫铁的分类　垫铁按其材质可以分为铸造垫铁和钢制垫铁两类。若按其形状来分，可以分为平垫铁、斜垫铁、开口垫铁和调整垫铁。

1）平垫铁。平垫铁（图2-15）的厚度可根据实际情况而定。

2）斜垫铁。斜垫铁的形状如图2-16所示。

斜垫铁的斜度为1/10～1/20，同组斜垫铁的斜度必须一致。斜垫铁应与平垫铁配合使用。

3）开口垫铁。开口垫铁常用在设备以支座形式安装在金属结构或地坪上，且支承面积较小。垫铁的基本尺寸一般与设备底脚相等。若需要焊接固定时，可长出20～40mm，其开口宽度 $D = d + (2 \sim 5)$ mm，其中 d 为地脚螺栓的直径。如图2-17所示为开口及开孔型垫铁。

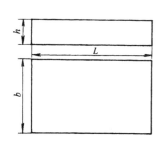 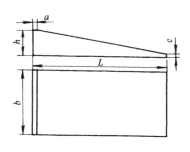 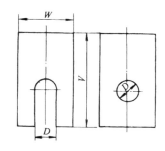

图2-15　平垫铁　　　　　图2-16　斜垫铁　　　　　图2-17　开口及开孔型垫铁

4）调整垫铁。调整垫铁一般用于精度要求较高的金属切削机床的安装中。它一般由设备制造厂设计制作，作为附件随机床带来。如图2-18所示为三块式调整垫铁。

（3）垫铁的布置

1）垫铁的布置原则。

① 每个地脚螺栓旁至少有一组垫铁。

② 垫铁应尽量靠近地脚螺栓。

③ 相邻两组垫铁的距离不宜超过1000mm。

④ 每一组垫铁的面积均应能承受设备传来的负荷。

2）垫铁的布置方式。

① 标准垫法（图2-19）。标准垫法是把垫铁放在地脚螺栓的两侧，是布置垫铁的基本方法。

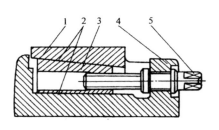

图 2-18　三块式调整垫铁

1—升降块　2—调整块滑动面

3—调整块　4—垫座　5—调节螺栓

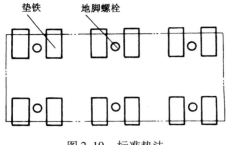

图 2-19　标准垫法

② 十字垫法（图 2-20）。十字垫法一般多用于小型设备，且设备底座较小，地脚螺栓间距较近的情况。

③ 井字垫法（图 2-21）。井字垫法多用于设备底座近似于方形，而设备底座又较十字垫法的底座大的情况。

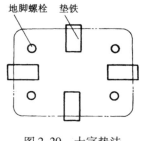

图 2-20　十字垫法

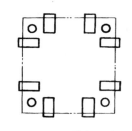

图 2-21　井字垫法

④ 辅助垫法（图 2-22）。当地脚螺栓间距较远时（即间距超过 500～1000mm），应在地脚螺栓之间的中间位置加一组垫铁，称为辅助垫铁，这种布置垫铁的方式称为辅助垫法。另外，对拼接的大型机座，例如大型龙门刨床的床身，在接缝两边必须各垫一组垫铁。

⑤ 混合垫法（图 2-23）。当设备底座形状较为复杂且有的地脚螺栓间距较大时采用的一种垫铁布置方式。

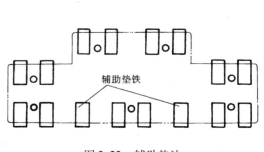

图 2-22　辅助垫法

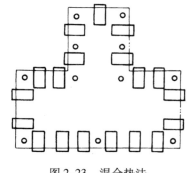

图 2-23　混合垫法

3）放置垫铁时应注意的事项。

① 要使垫铁与基础接触良好，常用的方法：一是铲平法，即在混凝土基础上放置垫铁的地方用扁铲或其他工具铲研平整，故又称为研磨法；二是在放置垫铁的位置上凿个坑，用高强度水泥砂浆固定一垫铁，并找平。

② 尽量减少每个垫铁组的块数，一般不超过五块，并少用薄垫铁。放置时，厚的垫铁放在下面，薄的放在上面，最薄的放在中间。

③ 当平垫铁和斜垫铁混合使用时，平垫铁放在下面，斜垫铁放在上面。

④ 垫铁不得有飞边；垫铁组内垫铁应排列整齐；斜垫铁和可调垫铁在设备找平后，还应有调整余量。

⑤ 垫铁组的总高度一般为 30～100mm。过高会影响设备的稳定性，也增加了二次灌浆的工作量；过低时，不便于二次灌浆。

⑥ 各垫铁组顶面标高应符合设计要求，其误差应符合规范要求。

⑦ 设备找平后，垫铁应露出设备底座外缘。平垫铁露出 10～30mm；斜垫铁应露出10～50mm。垫铁组（不包括单块垫铁）伸入设备底座面的长度应超过设备的地脚螺栓中心。

⑧ 不承受主要负荷的垫铁组（主要负荷主要由灌浆层承受）可使用单块斜垫铁；承受主要负荷的垫铁组，应使用成对垫铁，即把两块斜度相同而斜向相反的斜垫铁沿斜面贴合在一起使用，且伸入设备底座面的长度超过地脚螺栓孔，调平后灌浆前相互点焊。承受主要负荷并在设备运行时产生较强连续振动的垫铁组不应采用斜垫铁而只能采用平垫铁。

⑨ 在拧紧地脚螺栓后，每组垫铁的压紧程度应一致。对高速运转、受冲击负荷较大的设备，用 0.05mm 塞尺检查垫铁与底座间的间隙，从垫铁两侧塞入的总长度不得超过垫铁长（宽）的 1/3。

⑩ 设备找正后，对钢制垫铁，应将垫铁组内的垫铁互相焊牢；对可调垫铁，其螺纹部分和调整滑动面上应涂以耐水性较好的润滑脂。

二、设备就位

正确地找出并划定设备的安装基准线，然后根据这些基准线将设备落位到正确的位置上，这项工作在设备安装中统称为放线就位。放线就位包括下列内容：基准线的确定及基础放线；设备上中心线的划定；设备的起重搬运；吊装就位；找正（设备中心线与基础中心线吻合）与找标高。

1. 基础放线

（1）安装基准线 决定一个物体的空间位置，需要三个坐标数值。所以，安装基准线一般有平面位置基准线（纵向和横向轴线）和标高基准线。

确定安装基准线的依据是施工图，一般是根据有关建筑物的轴线、边缘或标高线确定设备的安装基准线。对于不同的设备，放线的要求不同。

（2）平面位置安装基准线的放线方法

1）确定基准中心点。安装基准线一般都是直线，因此要划定一条安装基准线，只需要确定两个基准中心点就可以了，它们是依据建筑物来划定的。

基准中心点要选定两个，其间距要足够大，以减少误差。将两个基准中心点连接起来，就构成安装基准线。平面位置的安装基准线至少有两条：纵向线和横向线。根据上述原则，就可以划定出任意平面位置的安装基准线。

2）基准线的形式。确定了基准中心点后，就可根据点放线。放出的线一般有以下几种形式。

①用墨斗绷线画墨线。这种方法误差较大，且距离长时难度大，时间久了也容易消失。

②用点代替线。在安装中有时不需要整条线时，可画几个点来代替。画点时可先拉线，在需要的地方画上点后再去掉线。也可用经纬仪投点。要求高时，可埋设中心标板。

③用光线代替线时可用光学仪器，如自动准直仪、水准仪、经纬仪、激光准直仪等光学仪器的光线代替画墨线和拉线等办法。

④拉线。这是安装中放平面位置基准线常用的方法。如对联动设备的轴线，由于轴线较长，放线有误差，可架设钢丝替代设备的中心基准线。

（3）标高基准点　一般对标高要求不高的设备，不设置标高基准点；而对标高要求严格的设备，要在设备附近设置若干标高基准点，作为检测设备标高用。

标高基准点一般有两种形式。

1）简单标高基准点。在设备基础附近的墙或柱子上的适当部位处，分别用墨或红漆画上标记，然后用水准仪测出各标记的具体标高数值，并注明在该标记附近。

2）钢制预埋基准点（图2-24）。中心标板和钢制标高基准点。最好在土建单位灌筑基础时由安装单位协助埋设，埋设的位置距设备上的观测点越近越好，以便于观测。

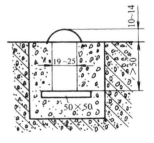

图2-24　钢制预埋基准点

（4）激光投线仪及其应用　随着科技发展，集光、机、电于一体的高科技产品——激光投线仪广泛应用在我国现代化建设工程施工和机电设备安装工程施工中，有效地提高了放线精度和工作效率。

激光投线仪为三自由度框架结构，是在可以360°方位转动的水平调节底座组件上安装一个支架，支架下部安装基准激光水平直线组件，支架上部安装二自由度转动激光直线组件。激光投线仪及其放线作业如图2-25a所示，图2-25b、c所示为某型号激光投线仪及大小比较示意。

在现代建筑与装饰装修行业和各种工程施工中，放线与定位是一种最重要的基本工作。激光投线仪可以同时放出两条长达20m的红色激光直线，一条由基准激光水平组件放出基准水平直线，另一条由转动激光直线组件放出任意高度角和任意方位角的水平线或水平平行线组以及垂直线、垂直线平行线组及任意斜线。它改变了落后的人工水平划线的定位方法，使繁难的放线工作变得轻松快捷。

激光投线仪适用于建筑、装饰装修、工程安装、涵桥隧道及其他各种需要直线定位的施工工程，同时也为工程监理提供了一种理想的检测验收工具。

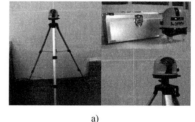

a)

b)　　　　c)

图2-25　激光投线仪
a）激光投线仪投线
b）主机　c）大小比较

1）激光投线仪的特点。

① 体积小巧，便于携带。

② 方便牢固地锁紧装置，便于运输和保存。

③ 上仰的铅垂光能增加光线的有效使用范围。

④ 磁性支架使仪器便于在各种场地安放。

⑤ 小型三角基座可随意调整水平及竖直角度。

⑥ 仪器倾斜到超出补偿范围时，激光线自动熄灭报警。

⑦ 便携式三脚架更扩大了其使用效果。

2）激光投线仪适用的工程种类。

① 机电设备安装基础纵横基准、标高基准放线、成套生产线设备的安装放线。

② 建筑轻钢房架、龙骨、天花板施工放线。

③ 给排水系统及消防管路架设，电气线路、空调通风管路。

④ 室内装饰装修如隔间、门窗框施工；大理石、砖地施工；木工装潢、吊顶、地板施工。

⑤ OA 系列办公室整体施工等各项需要垂直线、水平线等相关工程。

3）某型号激光投线仪的主要性能及技术参数见表2-4。

表 2-4　某型号激光投线仪的主要性能及技术参数

激光功率/mW		2.5 ~ 3
激光波长/nm		635（红色）
误差范围		≤1′（±1.4mm/5m）
补偿范围/(°)		±6
报警范围/(°)		±5
工作半径/m		20
"ON"按键次数对应的仪器工作状态	按1次	水平光亮，指示灯为绿色
	按2次	铅垂光亮，指示灯为绿色
	按3次	全亮，指示灯为绿色
	按4次	全亮，指示灯为红色
	按5次	关机
工作温度/℃		−10 ~ +40
电源		3节5号碱性电池
连续工作时间/h	单束	25
	全亮	12.5
仪器尺寸/（mm×mm×mm）		78×55×85
仪器净重/g		240

2. 设备划线

设备的中心位置是由中心线决定的。在安装前必须在设备上找出有关中心，或找出有关中心线上的两点。设备就位找正中心位置时，就是使这些点与基础基准线重合。

设备找中心一般根据加工面进行，其方法有以下几种。

1) 利用地脚螺栓孔找中心，对于安装位置要求不高的设备，可根据设备底座上的地脚螺栓孔找出设备中心线。

2) 用设备上的精确螺栓孔找中心。

3) 用设备上的轴或圆孔找中心。

4) 利用设备上精加工的平面找中心。

5) 对塔类设备用管口位置与基础位置相一致找中心。

3. 设备就位

设备就位是根据安装基准把设备安置在正确位置上，包括纵、横位置和标高。

（1）设备的就位　设备就位首先是需要使用起重机械把待安装设备吊运到安装位置上，使机座安装孔套入地脚螺栓，平稳地安放在设备基础的垫铁上。设备就位作业应完成以下主要工序内容。

1) 设备安装就位起吊前的检查。设备起吊前应认真检查起重设备、起重机具以及拉索、吊索的捆扎情况，起重吊装指挥人员及操作人员的配备和到位情况，安全措施及应急方案。

2) 设备预起吊。当一切检查工作结束，所有各项准备工作就绪并符合预定方案后，即可进行设备的预起吊。设备预起吊的目的是检查前面各项准备是否完全合格，如发现问题，应立即纠正或处理。

预起吊时，应先开动起重机缓慢将设备吊起，直到绷紧钢丝绳吊索为止。停车检查吊索连接是否可靠以及其他各处捆扎、连接情况是否良好。若一切正常，再开动起重机，将设备吊离地面0.2m左右停止，再一次检查起重设备和被吊设备的各部位有无变形或其他安全问题。

3) 正式起吊。预起吊正常之后，可开始正式起吊。起吊时，必须注意控制起吊速度，正式起吊应尽量保持较低的起吊高度水平前进，一般为0.2~0.5m。若前进方向有障碍，可缓慢起动上升，越过障碍后再降到离地0.5m左右的高度作水平移动，并保持匀速移动。

为了防止向前移动时被吊设备左右摇摆，应在设备的适当部位用绳索捆绑，由安装人员控制其在吊运中的平稳性。在吊运过程中，应时刻注意观察起重机、绳索和吊钩等的工作情况，防止意外事故的发生。

4) 设备的就位。设备吊运到安装位置后，在落下之前，应将设备底座的螺栓安装孔对准基础上的地脚螺栓（对二次浇注的地脚螺栓，应从预留孔内将地脚螺栓由设备底座下方向上穿过联接螺孔），然后将设备缓缓降下，平稳地安放到基础上布置好的垫铁上。

正式起吊就位过程中，如发现安装孔与地脚螺栓的位置不相吻合，应及时采用地脚螺栓修正的相应方法予以修正。

设备就位后，应注意调整其外部尺寸与车间墙、柱及其他设备间的相对位置，使之满足平面布局图的要求。

（2）检测设备平面位置的方法

1) 线锤、钢直尺量中心线法（图2-26）。在所拉设的安装基准线上挂线锤，设备上搁钢直尺，看垂线是否在设备中点。

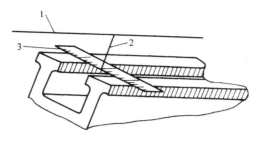

图 2-26　线锤、钢直尺量中心线

1—安装基准线　2—线锤　3—钢直尺

2）样板法（图 2-27）。有些底座间隔较宽的设备，可用专门制作的样板代替钢直尺。

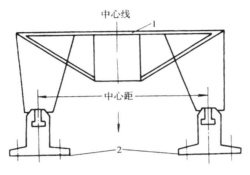

图 2-27　利用样板法找中心

1—样板　2—机座

3）线锤对冲眼法（图 2-28）。当设备上有冲眼作为定位基准时，可在拉设的安装基准线上挂两个线锤，看两垂线是否与冲眼对准。

4）挂边线法（图 2-29）。对一些圆形机件，对中心不大容易对准，可用挂边线法，使吊线沿圆形表面下垂，测量垂线间的距离。如图 2-29 所示圆形机件中心距安装基准线的水平距离为 $L + D/2$。

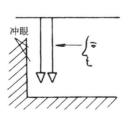
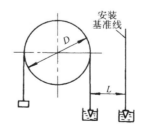

图 2-28　线锤对冲眼法　　　　图 2-29　挂边线法

5）内径量具测量法（图 2-30）。对圆筒形零件，可以将安装基准线穿过机件中心，然后用测量内径的量具在其两端各测上、下、左、右互成 90°的四个位置。若 $a_1 = a_2 = a_3 = a_4$，$b_1 = b_2 = b_3 = b_4$，则表示中心已对准。

（3）测设备标高的方法　检测设备的标高主要是检测设备上的定位基准与标高基准点

70

间的相对高差，一般有以下几种方法。

1）加工面的标高。设备上有明显的加工表面，可直接用来作为测量标高用的平面。如图 2-31 所示为检测机床底座的标高。

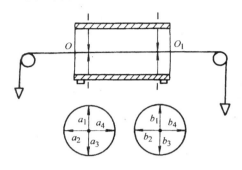

图 2-30 内径量具测量法

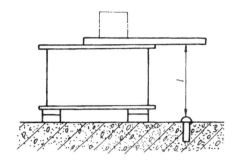

图 2-31 检测机床底座的标高

2）曲面的标高。从设备图上找出与弧面底相切的水平面标高，检测时用平尺引出。由于平尺不能与弧面贴合，可用塞尺精确测量弧面底部与平尺间的间隙，从而求出曲面的标高，如图 2-32 所示。

3）轴的标高：如图 3-33 所示。

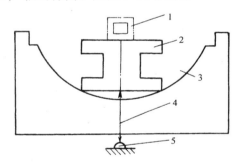

图 2-32 曲面的标高

1—水平仪 2—平尺 3—曲面机件
4—直尺 5—标高基准点

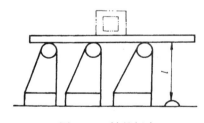

图 2-33 轴的标高

用水准仪测标高最简单，但要考虑在设备上能否放标尺（一般安装时，多用钢直尺代替标尺），且有放水准仪的地方。

调整标高时，可以用斜垫铁、调整垫铁和千斤顶。

4. 设备的初平

设备的初平就是在设备就位后（不再水平移动），初步地将设备的水平度大体上调整到接近要求的程度，习惯上也称找平。一般情况下，这时设备还没有彻底清洗，地脚螺栓还没有二次灌浆，设备找平后不能紧固，因此只能对设备初平。如果地脚螺栓是预埋的，那么设备就位后，即可进行清洗，一次找平（精平），可省去初平这道工序。

找平工作是设备安装中最重要而且要求严格的工作，任何设备都必须进行找平。找平的主要工具是水平仪。设备找平的关键问题不仅在于操作，水平仪的位置也很重要。同找标高一样，放置水平仪也需要有基准面，但找平的基准面应选择精确的、主要的加工面。

（1）找平的基本方法

1）在精加工平面上找平。这是最普通的找平方法，纵横两方位找平都在这个面上（找标高也在这个面上）。如图 2-34 所示为设备底座的找平。

2）在精加工的立面找平。有些设备除找水平外，还应找立面的铅垂度。

3）在床面导轨上找平。这是机床设备的一般找平方法。

4）轴承座找平。当轴未装入轴承座时，可在轴承中找平。

5）利用样板找平。有些设备没有放水平仪的位置，但是有精加工的斜面。在这种情况下，可以制作样板，使样板贴在加工面上，再用水平仪找平。如图 2-35 所示。

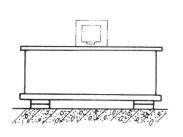
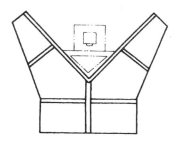

图 2-34　设备底座的找平　　　　　图 2-35　利用样板找平

有些设备如重型机床导轨横断面呈 V 形或 U 形，必须制造精密的特制垫块或圆棒，然后再搁置平尺和水平仪找平，如图 2-36 所示。

（2）设备水平的三点调整法　设备水平的三点调整法是一种快速找标高和水平的方法，因为它与设备的接触点只有三点，恰好组成一个平面，调整起来既方便又精确，如图 2-37 所示。

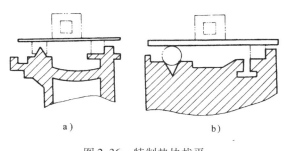
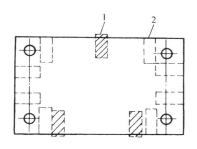

图 2-36　特制垫块找平　　　　　　图 2-37　三点调整法
a）V 形垫铁　b）圆棒垫块　　　　　1—调整垫铁　2—永久垫铁

调整时，首先在设备底座下选择适当的位置放入三组调整垫铁，用以调整设备的标高和水平度。调整后可使设备标高略高于设计标高 1～2mm；然后将永久垫铁放入预先安排的位置，其松紧程度以锤子轻轻敲入为准，各组永久垫铁松紧程度应一致；最后撤出调整垫铁，使设备落在永久垫铁上。

采用三点调整法调整设备时，要注意以下两点。

1）选择三点位置时，要特别注意设备的稳定，设备的重心水平投影应在所选三点组成的三角形内。

2）要根据设备的重量和基础的耐压强度，慎重选择三个支点下面的面积。底板总面积要有足够的大小，以保证支点处的基础不被破坏。如果三支点不够稳妥时，可以适当增加辅助支点，但这些辅助支点不起主要的调整作用。

（3）设备初平时的注意事项

1）在较小的测定面上可直接用水平仪检查；大的测定面上应先放上等高垫块和平尺，然后用水平仪检查。平尺与测定面间应擦干净，并用塞尺检查，互相接触要良好。

2）使用水平仪时，应正反（旋转180°）各测一次，以修正其本身的误差。

3）测定面如有接头时，一定要检查接头处的水平度。

（4）初平复查　初平复查时，可采用设备中心、标高、水平联合找法。

设备的中心、标高和水平是决定设备安装位置的三个基本条件，三者必须同时达到要求。但是三者是互相影响互相关联的。例如找水平时，可能使中心与标高变动；同样，找标高时，另外两项也可能产生偏差。因而在实际调整中，不可能把这三项操作同时或单独完成，只能采取分别进行、互相照顾、渐近达到的方法。在实际中，常用下列两种方法之一：一是先找中心，再找标高，最后找水平，如此周而复始，循环渐进，直到中心、标高、水平三者都达到要求；另一种是先找标高，再找水平，最后找中心，同样要周而复始，循环渐进。两种方法的具体操作方法如下：

第一种方法：将设备吊装就位以后，首先将设备上的中点对准基础中心线（找正）；然后在基准线的一端调整垫铁，将此端标高找好（找标高）；最后找水平，借调整垫铁来调整设备的水平度（找水平）。找好水平后，复查中心和标高，再复查水平度。三者基本找好后，在底座下安装永久垫铁，撤去调整垫铁。垫铁去掉后再复查，若不合格则再调整。

第二种方法：与第一种方法大致相同，只是顺序不一样。它是先将设备一端标高找好后再找水平，将水平和标高复查好，塞好垫铁后再对准中心线找中心。这种方法多用于地脚螺栓预埋及中心线要求不太严格的场合。

在联合找平时，要求合理选择使用找中心、找标高和找水平的各种方法。

第三节　设备的拆卸、清洗和装配

设备就位固定后，就可着手设备的拆卸和清洗工作。拆卸和清洗是设备安装中不可缺少的重要工作。这些工作的好坏，直接影响到设备的使用寿命和生产的质量。

一、设备的拆卸

1. 拆卸的准备工作

设备或部件拆卸前要做好相应的准备工作，做到有条不紊地进行，禁止盲目地拆卸。

1）拆卸前要很好地熟悉拆卸设备或部件的图样，了解其构造、零件与零件间的相互关系，牢记需拆卸零件或部件的位置和作用。

2）拆卸前，要根据结构的情况研究并确定拆卸的方法和步骤，保证设备和零部件的完好和拆卸工作顺利进行。

3）拆卸前，应根据确定的拆卸方法准备好需要用的机械、工具和材料，以保证拆卸工作顺利进行。

2. 拆卸的方法

（1）击卸　击卸是一种最简单也最常见的拆卸方法，常用的工具是锤子（一般为0.5～

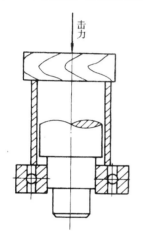

1kg），有时也用木锤、铜锤或大锤。另外，击卸还常用冲子和垫块。安装工地上常用纯铜棒（$\phi20 \sim \phi35$mm）代替冲子，用铜、铝板或木块做垫块。

击卸时，应根据不同结构采取不同的方法和步骤。

1）轴上零件的击卸：较为典型的是带轮、联轴器和滚动轴承等的击卸。

如图 2-38 所示为用套管击卸滚动轴承的情形。锤击的力量应施加在滚动轴承内圈上，若施加在外圈上，可导致轴承损坏。

如图 2-39 所示为用冲子击卸滚动轴承的情形。当然施力也应加在内圈上，但打击的力量不能太大太猛，而且每击一次，就要移动一下位置，使内圈四周都受到均匀的打击力量，否则会使轴承发生偏斜、卡死或损坏轴承。

2）击卸孔中衬套：滑动轴承衬套和滚动轴承外圈在孔中多属过盈配合，从孔中取出它们，也常采用击卸的方法。击卸时，在衬套上垫上垫块，用锤打击垫块，使衬套卸击，如图 2-40 所示。击卸时应左右对称、交换敲击，不许只敲击一边。

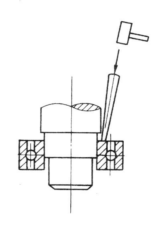

图 2-38 用套管击卸滚动轴承　　图 2-39 用冲子击卸滚动轴承　　图 2-40 击卸孔中衬套

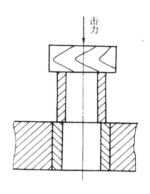

3）小型轴承盖的击卸：普通小型轴承盖的拆卸，常采用对称地打入斜铁的办法，如图 2-41 所示。

（2）压卸和拉卸　压卸和拉卸与击卸比有很多优点，它施力均匀，力的大小和方向容易控制，能拆卸较大的零部件和过盈量较大的零部件，且损坏零件的情况较少。其缺点是压卸和拉卸需要相应的机械和工具。

（3）加热和冷却的拆卸　一般材料都有热胀冷缩的特性，可利用加热的方法使孔的直径扩大，用冷却的方法使轴的直径缩小，从而使装配件间的过盈量减少或者产生间隙，达到拆卸的目的。

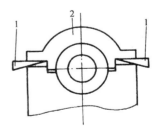

图 2-41 小型轴承盖的击卸
1—楔铁　2—瓦盖

3. 拆卸的注意事项

1）拆卸前，必须了解清楚设备、零部件的结构、连接和固定方式，不明情况者不准拆卸。

2）拆卸时，要做好印记、标记等工作，特别细小的零件用油纸包好，挂牌保存。

3）拆卸的顺序与装配顺序相反，一般先外后内、先上后下、将整体拆成部件或组合件、再将部件或组合件拆成零件。

4）拆卸时，必须将零件的回转方向、大小头、厚薄端辨别清楚。

5）拆下的零件，应根据零件的形状和特点分别采用适当的方式保存好，不要胡乱堆放，一般都放在本机上。

6）拆卸时，要特别注意安全，工具必须坚固，操作必须准确。

7）不可拆卸的或拆卸后要降低质量的零部件应尽量不卸，如过盈配合、密封连接、铆接、加热装配的机件等；对标有不准拆卸标记的设备或零部件，则禁止拆卸（如铅封的零部件）。

二、设备的清洗

1. 设备清洗的一般知识

（1）清洗的目的和要求　设备安装过程中的清洗是指清除和洗净零件表面的油脂、污垢和粘附的机械杂质，它是伴随设备就位、装配和找正找平过程进行的。对需要的或规定的测量基准面应立即清洗。装配时，与有关零件相连的零件，清洗后应立即装配。在试运转及调试过程中，凡涉及的零部件均要清洗，不准拆卸的部位可不打开清洗。对清洗的要求有以下几点。

1）清洗工作必须认真仔细地进行，选择好清洗方案。对机件间的配合不当，制造上的缺陷，运输、存放期间造成的变形和损坏等，都必须在清洗工作中发现并予以处理。

2）清洗的场地要清洁。

3）清洗以前，要熟悉和弄清设备的性能、结构和润滑系统，做好准备工作；准备所需的工具、材料和放置机件的木箱、木架以及装配需要的压缩空气、水、电、照明及安全防火设备等；准备好各种清洗设备所需的清洗剂和清洗油等。

（2）清洗的步骤

1）初洗（也称粗洗）：主要去除设备上的旧油、污垢、漆迹和锈斑。旧油和污垢一般用软金属片（铝或铜）和竹片等刮掉；对粗加工面上的漆迹可铲刮；对精加工面上的漆迹可用溶剂洗掉。

2）细洗（也称油洗）：初洗后的机件，用清洗油将渣子、脏物等冲洗干净。必要时，还可用热油烫洗，但油温不宜超过120℃。

3）精洗（也称净洗）：是用洁净的清洗油最后洗净，也可用压缩空气吹净一次后再用油洗。

2. 常用的清洗方法

（1）擦洗　擦洗是用棉布、棉纱等浸上清洗液对机件进行清洗的方法。这种方法多用于初洗和细洗，是一种安装现场常用的方法，但效率低，劳动强度大。

（2）浸洗　浸洗是将机件放入盛有清洗液的容器中浸泡一段时间并进行清洗的一种方法。

（3）喷洗　喷洗是利用清洗机清洗的一种方法，适用于污垢较重和半固体油污的清洗。

（4）油孔的清洗　油孔在机械设备上起着润滑油通道的作用。

在清洗油孔前，首先应根据图样核对油孔的直径和位置是否正确，油孔应畅通无阻，如不合乎要求，应及时处理。

对于通道不长的细孔，清洗时可用铁丝带着沾有汽油的布条，在油孔中通几次，把孔里面的铁屑、油污等清除掉，然后注入洁净的油冲洗一遍，最后用压缩空气吹净。对于通道较长的油孔，可先用带布的铁丝尽量来回通，然后用压缩空气吹除，待出口端吹出的空气干净后，再以干净的油冲洗。

清洗时应用棉布和丝绸布，禁止使用棉纱。用铁丝布料通孔时，要防止铁丝断在油孔中或布条遗留在孔中。

清洗后的油孔应用沾有干油的木塞堵住，以免杂物、灰尘等侵入。清洗时不能损伤油孔的加工质量，带螺纹的孔螺纹应完好无损。

（5）滚动轴承的清洗　滚动轴承是精密配合件，多用于转速高、负荷大的支承位置，故其内部必须十分清洁，润滑良好，否则会引起轴承运转不良、发热、磨损加快，甚至发生烧毁咬死等事故。因此，滚动轴承使用前必须彻底清洗。清洗时可先用软质刮具将原有的润滑脂刮掉，然后进行浸洗或用热油冲洗，有条件的可用压缩空气吹除一次，最后用煤油或汽油进行冲洗，直至清洁为止。若采用擦洗法清洗滚动轴承时，应使用棉布、丝绸布或泡沫塑料，不能使用棉丝。清洗后的滚动轴承经检查合格后应涂上新的润滑油或润滑脂并妥善保管。

3. 常用的清洗液

（1）溶剂汽油　溶剂汽油是一种良好的清洗剂，对油脂、漆类的去除能力很强，是最常用的清洗剂之一。汽油的沸点较低，易燃、易挥发，使用时要注意安全。在汽油中加入2%～5%的油溶性缓释剂或防锈油，可使清洗的零件具有短期防锈能力。

（2）煤油　煤油是一种良好的清洁剂，其清洗能力不如汽油，挥发性与易燃性均比汽油低，适用于一般机械零件的清洗。精密的零件一般不宜用煤油进行最终清洗。

（3）轻柴油　密度较轻的一种柴油，是高速柴油机用的燃料，黏度比煤油大，也常用作一般的清洗剂。

（4）机械油、汽轮机油和变压器油　使用这类油剂时，一般将其加热后使用效果比较好，但温度不得超过120℃。

（5）化学水清洗液　化学水清洗液是一种人工配制的清洗液，含有表面活性剂，具有良好的清洗油脂和水溶性污垢的作用。这种清洗液配制方便，稳定耐用，无毒性，不易燃，成本便宜，使用安全。

化学水清洗液清洗金属零件有洁净表面的作用，是因为这种清洗液中的表面活性剂分子对油脂与污垢的润滑作用、乳化作用、分散作用和增溶作用。当然，往往是某一种作用比较显著，所以联合使用会取得显著的清洗效果。

（6）碱性清洗液　碱性清洗液是一种成本较低的除油脱脂清洗剂，使用时一般加热至60～90℃进行清洗，效果良好。使用时，浸洗或喷洗5～10min，再用清水冲洗。

（7）清洗漆膜溶剂　用于清除构件表面的漆膜。

4. 脱脂与除锈

将设备或零件上的油脂彻底去除的工序称为脱脂。设备上需要在忌油条件下工作的部分，必须经过脱脂。所谓忌油就是遇到油会有危险，如纯氧和浓硝酸等，遇到油就要爆炸，故脱脂工作在安装某些设备时就显得十分重要。

（1）脱脂应注意的事项

1）由制造厂已脱脂并封闭良好的设备、管路和附件，安装时可不脱脂。但已被油脂污染的件，则应根据具体情况再脱脂。

2）有明显油迹或污垢的脱脂件，可先用汽油或其他方法清洗，然后再用脱脂剂脱脂。

3）脱脂和装配用的工具和量具等，必须按脱脂件的要求先进行脱脂。工作服、鞋、手套等劳保用品均应干净无油。

4）部件应拆成零件后再进行脱脂。小零件脱脂时，可浸没在脱脂剂中 5～15min （此时脱脂容器应加盖，以减少蒸发）。纯铜垫片应经退火脱脂。

5）大容器内面的脱脂，用喷头喷淋脱脂剂冲洗。喷淋时需采取安全措施。大件的金属表面可用洁净棉纱蘸脱脂剂擦洗。

6）一般容器或管子脱脂时，可用灌浇法。灌入脱脂剂的数量不得少于其容积的 15%，并加以旋转或反复倾斜，使所有表面能均匀与脱脂剂接触，每处的接触时间不得少于 15min。

7）非金属衬垫脱脂时，应用对密封无腐蚀性的溶剂浸泡 20min 以上。石棉衬垫脱脂可在 300℃ 左右温度下灼烧 2～3min （不得用有烟的火焰）。

8）脱脂时，应保持脱脂场所的干净，并注意不使脱脂剂流洒在地面。使用有毒脱脂剂时，应在露天或有通风装置的室内进行，并穿戴必要的劳动保护用具。使用易燃脱脂剂时，应有防火措施并不得吸烟，不得有火花及灼热物等。使用浓硝酸应遵守有关的专门规范要求。

9）脱脂剂应装在密封容器里放置在阴凉、干燥的室内，不同的脱脂剂不要随便混合。

10）四氯化碳和二氯乙烷遇水和空气时，能腐蚀有色和黑色金属，故脱脂件应预先干燥。

11）脱脂后应将脱脂件干燥，并不得再与油脂接触。

12）经过脱脂并检验合格的设备、管路及其附件，应封包良好，以保持洁净，不得再染上油污，否则应重新脱脂。

（2）除锈　设备在运输或保管过程中，往往会出现生锈现象。所以在清洗或装配时，对加工面和接合面必须进行仔细检查，对较精密的机件要使用放大镜观察。发现有锈蚀时，应将锈清除干净。另外，在安装现场非标设备制作安装完毕后，也要先除锈后再防腐。

当金属在大气中受到氧、水分及其他有害杂质的侵蚀时，引起金属的腐蚀或变色，称为金属的腐蚀或生锈。

5. 锈蚀的分类和除锈要求

（1）锈蚀按其程度分以下四类

1）微锈（初锈）：金属光泽消失，仅呈灰暗迹象。

2）轻锈（浮锈）：金属已经变色并出现锈迹。

3）中锈（迹锈）：金属表面已存在粉末状锈蚀物。

4）重锈（层锈）：金属已经被严重腐蚀。

（2）除锈要求

1）对微锈和轻锈应将锈迹除尽，使金属呈现原有光泽。

2）对中锈机件，应将已腐蚀的金属物除掉，将零件表面打磨光滑，允许有斑状或云雾状的痕迹存在。

3）对严重锈蚀的机件，应根据情况决定是否需要更换。允许继续使用的零件，应将锈层除掉，锈迹打磨干净，保留锈坑或锈斑存在，但要做好记录。

4）经除锈处理过的机件，应尽量保持结合面的粗糙度和配合精度。

5）除锈后的机件，应用煤油或汽油清洗干净，并涂以润滑油或防锈油脂，以防再锈。

※6. 除锈的方法

除锈的方法可分为机械除锈法和化学除锈法两大类。

（1）机械除锈　该法是利用某种机械或工具，靠力的作用，将锈层从金属表面除掉的方法。

1）手工除锈。手工除锈使用的工具简单，操作容易，适用范围较广。其缺点是效率较低，劳动强度大，除锈时产生的尘埃对人体有害；对锈蚀严重的锈层，锈痕不能彻底去除。此法在机械设备安装中常采用。

手工除锈的工具有钢丝刷、金属或非金属刮刀、砂布、锉刀和研磨膏等。

对于铜及其合金，可使用擦铜油（由油酸、氨水、硅藻土、磁土粉、氧化铬、煤油等组成）去除铜锈。使用时，将擦铜油摇匀后用棉布蘸取少许，稍用力擦拭即能去锈除油，恢复原来的金属光泽。擦拭后应用清洁干燥的棉布将金属表面擦干净。

2）机器除锈。机器除锈效率高，劳动强度低，适用于批量工件的除锈工作。设备安装工种中常使用除锈的机器有电动钢丝刷和喷砂除锈机。喷砂设备由空气压缩机、砂斗、橡胶管和喷枪等组成。

（2）化学除锈　金属的锈一般为金属氧化物。化学除锈就是利用化学药品（酸类）将锈层溶解掉。除锈前应将表面的油脂和污物去除。在安装工程中常用的化学除锈法有酸洗除锈、化学除锈剂及除锈膏除锈。

酸洗常用来去除金属材料（如管子）未加工表面的较重锈蚀。钢铁的酸洗常使用硫酸或盐酸，有色金属多用硝酸。酸洗的速度决定于锈的性质以及酸的种类、浓度和温度。

酸洗的步骤是：去油（一般用碱性清洗液）、去碱（一般用清水冲；若用石油溶剂去油可省去此工序）、酸洗除锈、用清水冲洗、中和（含苛性钠质量分数4%和亚硝酸钠2%的水溶液）、再用清水冲洗、干燥（擦干水迹后吹干或烘干）、涂油（防止再锈）。

酸洗时金属与酸反应后有氢气析出，氢气对促使锈层脱落有很大作用。但由于氢原子体积非常小，可向钢铁内部扩散，使钢铁产生内应力，使力学性能改变，韧性、塑性降低，脆性和硬度提高，故这种现象称为氢脆。为消除这种不利影响，可在除锈酸液中加入酸洗缓蚀剂。

缓蚀剂在酸液中能在基体金属表面（不是锈层表面）形成一层薄膜，使基体金属与酸的化学作用减慢而得到保护，同时也不影响锈层的溶解。

※7. 钢铁的生锈

钢铁在干燥的大气中，由于与氧发生化学作用，表面渐渐生成一层氧化膜，这种自然生成的氧化膜是较疏松的；而大气中还有水蒸气，水蒸气和氧与钢铁接触，便发生电化学作用，所生成的产物是氢氧化铁、氢氧化亚铁以及剩余的氧化物的混合物，即常见的铁锈。

（1）影响金属生锈的主要因素

1）金属材料的成分和金相组织。有些金属如铬、镍、铝等，其氧化物具有致密的结构，覆盖在金属表面上，可阻止金属继续被腐蚀，因此耐蚀性较好，而钢铁耐蚀性就差。钢中如含有耐蚀的合金元素，则耐蚀性就好。如不锈钢（含高铬镍）耐蚀性最好，低合金钢次之，最差的是碳素钢。

2）微观组织均匀的金属耐蚀性好，如单相的奥氏体和铁素体钢耐蚀性好。

3）大气层的影响。

① 湿度高，金属易生锈。

② 大气层中的污染物如 SO_2、CO_2、H_2S 和 NO 等都会加速金属生锈。烟雾和工业尘埃落在金属表面，成为水分子的凝聚中心，灰尘本身具有吸水性和腐蚀性，会加速金属腐蚀。

③ 金属中有残余内应力会加速腐蚀，如冷加工硬化会使腐蚀加剧。

（2）防止金属生锈和腐蚀的方法

1）加入 Cr、Ni 合金元素：在构件表面形成致密的氧化膜，防止或减缓构件的进一步氧化。

2）改变金属内部组织：使金属组织均匀并消除内应力或用化学热处理法渗铬、渗硼、渗硅等改变组织成分，均可提高耐蚀性。

3）加表面覆盖层。

① 用搪铅或搪瓷法搪上一层或用电镀或喷镀法镀上一层耐蚀的金属层或非金属层。

② 用油漆、涂料等覆盖上一层非金属保护层。

③ 用氧化、发蓝等表面处理法，使金属表面产生一层致密结构物。

④ 用衬橡胶、衬铅、衬不锈钢、衬塑料、衬玻璃钢等金属和非金属衬里等将其与环境隔离。

4）阴极防锈法：电化学反应时，阳极被腐蚀，阴极不被腐蚀。如在船壳上加一块锌块或镁块，则锌或镁成为阳极被腐蚀掉，钢铁的船壳成为阴极而被保护。又如地下管道，可用通电方法使其成为阴极而被保护。

5）临时性封存：用临时性措施使金属表面与环境隔离。如油封防锈、气相防锈、可剥塑料防锈和封套包装等。

8. 设备的刷漆防锈与防腐

设备或金属结构的非加工表面一般要刷漆，刷漆前要除锈。

（1）设备的刷漆防锈　一般与空气接触的非加工面的设备或金属结构外表面均要刷漆，其目的是防锈和美观，有一些还通过不同颜色鉴别其用途。刷漆防锈的除锈一般要求不高，涂漆前用钢丝刷和粗砂布除去锈，再用干净布擦净，先涂一遍或两遍红丹漆，然后再涂两遍需要颜色的调和漆。

（2）设备的刷漆防腐　在轻度腐蚀介质中工作的容器设备，一般用刷漆防腐，如煤气柜、水槽内壁、再生塔和脱硫塔内壁等。除锈工作要求较高，目前多用喷砂方法，也有的用酸洗法。

这类设备以往常刷生漆，目前改刷过氯乙烯漆多层（先打底一次，再涂 4~8 次）。每次涂漆时，在前一层完全干燥后才刷下一层。生漆和过氯乙烯漆均有毒，故在刷漆时要注意通风和戴防毒面具。

三、设备的装配

1. 设备装配的重要性

设备拆卸和清洗后，就可着手装配。装配是设备安装工作中一道重要的工序。装配质量的好坏将直接影响设备的性能和使用寿命。

所谓装配，就是按规定的技术要求将众多的零件或部件进行组合、连接或固定，其目的一是保证相连接的零件有正确的配合；二是保证零件间保持正确的相对位置，使之成为半成品或成品。

由于相互配合的零件工作情况不同，其配合要求也不同。在某些情况下，要求间隙配合，如轴与滑动轴承的配合；在另一些情况下，则要求过盈配合，如气缸与气缸套的配合；还有一些情况下要求过渡配合。如果零部件间的配合不符合规定的技术要求，便不能使机械设备正常工作。

零件间、部件间和机构间的正确相对位置，也是保证机械设备正常工作的重要条件之一。如果零部件之间的相对位置不正确，也会使设备不正常工作或不能工作。

2. 装配的一般原则和要求

1）装配前，应熟悉设备技术文件，了解其性能，按图样查对机件构造和装配数据，并测量有关装配尺寸和精度，考虑装配方法和顺序。

2）各零件的配合面或摩擦面不许有损伤。

3）在装配前，所有零部件表面的飞边、切屑、油污等必须清洗干净。

4）在装配时，零件相互配合的表面必须擦洗干净，并涂以清洁的润滑油（忌油设备涂以无油润滑剂）。

5）装配时，应按次序进行并随时检查安装精度，必须在主体或底座安装合格后方可装配其他部件，严防错装或漏装，必须符合图样规定的要求。

6）工作时有振动的零件连接，应有防止松动的保险装置。

7）机体上所有的紧固零件均需紧固，不准有松动现象。

8）各种毡垫和密封件等，安装后不得有漏油现象；毡圈、石棉绳应先浸透油。

9）密封部件应严格采用图样所规定的垫料和填料。

10）在装配弹簧时，不准拉长或切短。

11）螺钉头、螺母应与机体表面接触良好。

12）带槽螺母穿入开口销后，开口销的尾部必须分开。

13）润滑油管必须清洗干净，装配后必须清洁畅通。

14）设备及各种阀体等零件，其本身质量必须符合有关规定。

15）装配时，应注意机件制造时的各种标记，不得错装。

16）在装配过程中不得直接敲击加工机件。

17）在装配和吊装许可的条件下，应尽量装成大件后再进行吊装装配。在吊装前，基准件应完成二次灌浆和精平。

18）装配后，必须先按技术条件检查各部分连接的正确性与可靠性，然后才可以进行试运转工作。

第四节　设备的找正与找平

一、找正与找平的基本概念

1. 找正与找平的定义

找正与找平是一切设备从开始安装至试运转过程中的主要工序。其任务是使设备通过调整达到规范规定的质量标准。找正与找平的质量如何，将直接影响到整个设备安装工程的质量。因此，找正与找平也是设备安装工程中一项最重要的工序。

找正就是将设备不偏不倚地正好放在规定的位置，使设备的纵、横中心线与基础的纵、横中心线对正。除此之外，设备上相关零部件之间的位置和形状的要求，如要求成直线、平行、同轴等也属设备找正的工作范围。

找平就是把设备调整成水平状态或铅垂状态的工艺过程。所谓水平状态，即使设备上的主要工作面与水平面平行。有些设备则要求成铅垂状态，即主要工作面垂直于水平面，如锻锤、水压机等的立柱。这种铅垂状态可以看成是水平状态的另一种表现形式。

在安装施工中，要使设备调整到绝对平正，实际上是做不到的。因而在设备安装过程中，将设备调整到有关规范允许的偏差范围以内，即可认为设备安装的质量合格。

2. 找正与找平的目的

1）保持设备的稳定和平衡，避免设备变形，减少设备运转中的振动。

2）减少设备的磨损和动力消耗，从而延长设备的使用寿命。

3）保证设备的润滑和正常运转。

4）保证产品质量和加工精度。

5）保证设备达到设计规定状态下的精度检验标准。

3. 找正与找平的工作范围

设备的找正与找平工作，概括起来主要是进行三找，即找中心、找标高和找水平。

一般情况下，设备安装的找正与找平工作，可分两个阶段进行。第一阶段称为初平，主要是初步找正找平设备的中心、水平、标高和相对位置。通常这一过程与设备吊装就位同时进行。许多安装精度要求较低的整体设备和绝大多数静置设备的安装，只需进行初平即可。第二阶段称为精平，是在初平的基础上（对预留孔的地脚螺栓，初平后要浇灌混凝土使其固定），对设备的水平度、铅垂度和平面度等作进一步的调整和检测，使其达到完全合格的程度。对安装精度要求很高的设备，如大型精密机床和空压机等，均应在初平的基础上对设备及各主要机件和相关机件进行精确调整和检测，以保证设备的安装精度达到允许偏差的要求。精平的工作范围主要包括以下几方面的内容。

1）水平度检测；

2）铅垂度检测；

3）垂直度检测；

4）直线度检测；

5）平面度检测；

6）平行度检测；

7）同轴度检测；

8）设备跳动检测。

找正与找平的过程，实际上主要是测量形状公差和位置公差的过程。根据测量结果，进一步调整找正，直至达到要求为止。

二、找正与找平的测量

1. 测量基准面和测点的选择

设备的找正找平，必须选择适当的测量基准面和一定数量的测点。基准面和测点的选择正确与否，是影响找正与找平工作质量和工作效率的重要因素。

（1）测量基准面的选择

1）选择原则。

① 满足设备安装基准重合的原则（即设计基准、加工基准和测量基准重合）。根据这个原则，一般都选择最能保证设备工作精度的主要工作面为基准，以减少误差及测量工作量。

② 使调整校正工作量减至最少。

2）常见的基准面。

① 设备的主要工作面，如铣床的工作台和辊道辊子的圆柱表面等。

② 支持滑动件的导向面，如车床床身导轨和水压机立柱等。

③ 支持转动部件的导向面或轴线，如压缩机曲轴主轴颈表面或轴承轴线等。

④ 部件上加工精度较高的表面，如锻锤砧座上平面等。

⑤ 设备上应为水平或铅垂的主要轮廓面，如容器的外壁等。

（2）测点的选择　测点的选择应遵循少而精的原则，即选择的测点应有足够的代表性（能代表所在的测量面或线）。测点数量不宜太多，以保证调整的效率；一般都选在可能产生较大误差的地方，以保证调整精度。通常情况下，对于刚性较大的物体，测点数量可较少；而对易变形的物体，测点则应适当增加。一般情况下，两测点间距不宜大于6m。

测点应在测量和检查前选定，选定后用标记标明其具体位置，以后测量或检查时均在这些位置上进行。

2. 找正与找平常用的检测工具和检查方法

设备安装找正找平常用的测量量具量仪有百分表、游标卡尺、内径千分尺、外径千分尺、水平仪、准直仪、读数显微镜、水准仪和经纬仪等。常用的工具有钢丝（弹簧钢丝）、钢直尺、直角尺、塞尺、平尺和平板等。

选择适当的测量工具和测量方法，不仅能保证找正找平的精度，而且还能提高调整效率。

（1）选择量具和量仪的原则

1）采用的量具和量仪的精度必须满足设备安装允许误差的要求。

2）符合标准的有刻度测量器具，可用于被测对象允许偏差等于或小于器具分度值的测量，必要时可用目测估计分度值的1/10、1/5或1/2。

3）符合标准的无刻度工具，可用于被测对象允许偏差等于或大于工具本身误差的检测。

4）计算测量数据时，应考虑测量引起的误差（由测量器具、测量方法或其他因素引起的），如这类误差小于允许偏差的1/10～1/3时（高精度用1/10，低精度用1/3，一般用1/5），可忽略不计。进行比较性检测时，每次测量条件应相同，使误差可以相互抵消的可忽略不计。

（2）设备安装中常用的检测方法

1）用水平仪检测水平度和直线度。

2）拉钢丝测直线度、平行度和同轴度。

3）用水准仪检测标高和水平度。

4）用液体连通器测水平度及标高。

5）吊线锤、测微光管等测铅垂度。

6）用光学量仪检测。

7）电测法（导电接触耳机听音法等）。

3. 设备安装精度允许的偏差方向

设备安装允许有偏差，若安装偏差在允许范围内，则认为合格。但是，偏差是有方向性的（正和负、上和下、前和后、左和右等）。在设备技术文件中规定了偏差方向时，必须按规定执行；若无规定时，其安装精度的允许偏差方向可按下述原则处理。

1）有利于补偿受力或温度变化所引起的偏差。

2）有利于补偿使用过程中磨损所引起的偏差。

3）不增加功率消耗。

4）使运转平稳。

5）有利于机件在负荷作用下受力较小。

6）有利于有关机件更好地连接、配合。

7）有利于加工件的精度。

第五节　二次灌浆

每台设备安装完毕，通过严格检查符合安装技术标准，并经有关单位审查合格后，即可进行灌浆。

所谓二次灌浆，就是用碎石混凝土或砂浆，将设备底座与基础表面的空隙填满，并将垫铁埋在混凝土里。二次灌浆的作用，一方面可以固定垫铁，另一方面可以承受设备的负荷。

一、二次灌浆前的准备工作

设备二次灌浆后便不能再移动和调整。因此，二次灌浆前应对设备的安装质量进行一次全面的、严格的复查。一般复查内容如下：

（1）垫铁和地脚螺栓的复查

1）对垫铁的复查：主要检查和记录垫铁的规格、组数和布置情况，每组垫铁是否符合规定，排列整齐，然后用锤子敲打垫铁，用听音法检查垫铁是否接触紧密或有无松动。

2）地脚螺栓的复查：再一次用扳手检查各地脚螺栓的紧度应一致，每一根地脚螺栓都不得有松动现象，振动大的设备的地脚螺栓，应有螺母防退保险装置。

（2）基础的复查　基础上表面应有麻面，被油污的混凝土应铲除干净，并用水洗干净，凹处不得留有积水。

（3）设备安装质量的全面复查

1）复查中心线：设备上所取中点是否恰当和正确；基础上中心线两端的线坠是否对准了中心标板上的中心冲眼；中心线上挂的线坠是否对准了设备上的中心点。

2）复查标高：用平尺、水准仪、钢直尺及测杆等联合检查标高。

3）复查水平度：按照施工图所示基准面的位置放置水平仪和辅助工具，测量其水平度。

4）复查有关的连接和间隙：有些设备在灌浆前要检查轴承外套与轴瓦口的间隙；轧钢机在灌浆前应检查其与机座的间隙等。

（4）地脚螺栓孔的修整　对于需要进行二次浇注的地脚螺栓预埋孔，通常采用木板

（或胶合板）制作成五面密封的四棱台体形状的模盒，模盒下底边长度应大于上口边长，板与板的接缝不允许水泥砂浆的渗漏。布置模盒时，将模盒上、下口中心按设备地脚螺栓坐标孔的位置正确定位，并用木条将各个模盒相互连接固定，以避免混凝土浇灌时的冲击力使模盒歪斜移位。采用这种方法进行基础浇筑后，必须在 2 ~3 天时间内，混凝土初步凝固可以承受人的重量后，及时安排施工人员取出模盒板，复查各孔的坐标尺寸，用錾子将孔壁表面凿毛。对不符合要求的地脚螺栓预埋孔，要及时修整，如图 2-42 所示。

图 2-42　地脚螺栓孔修整实例

目前，在一些大型设备的安装施工现场，施工人员对地脚螺栓预埋孔模盒进行了改进，利用与木材价格相差不多的 1.5 ~2mm 的薄钢板焊接制作，并将钢制模盒与混凝土基础的钢筋焊接连接，不再取出模盒。由于模盒内孔呈上小下大的锥台孔，二次浇灌混凝土后，地脚螺栓与设备底座连接时的拧紧力可以很好地将设备与基础牢固可靠地连接成一体。这种方法施工的优点一是不容易因为混凝土浇注时的冲力使模盒移位，各个地脚螺栓孔中心的位置精度能有效保证；其次是减少了取出模盒的工作量，节省了木材的消耗。

二、二次灌浆

1. 二次灌浆的混凝土

二次灌浆常用碎石混凝土或砂浆，碎石的粒度约为 1 ~3cm。二次灌浆的混凝土标号应比基础混凝土标号高一级。所用砂子不得夹有泥土和木屑等杂物；对含有泥块杂质的砂石应过筛，石子应用水冲洗干净。

2. 二次灌浆的工艺

（1）容器类静置设备灌浆　这类设备安装精度不高，灌浆可一次完成，要求灌浆层与设备底座接触紧密。

（2）一般机械设备的灌浆　要求捣固密实，不能影响设备的安装精度。灌浆层的厚度不应小于 25mm；灌浆前应安设外模板，外模板至设备底座面外缘的距离 $c \geqslant 60mm$；当设备底座下不全部灌浆，且灌浆层需承受设备负荷时，应安装内模板，内模板至设备底座底面外缘的距离 $b \geqslant 100mm$，并不小于底座底面边的宽 d（图 2-43）。内模板的高度应等于底座底面至基础或地坪面的距离。当灌浆层只起固定垫铁或防止油水等作用时，灌浆层厚度可小于 25mm。

灌浆层的高度，在底座外面应高于底座的底面（$h \geqslant 10mm$）。灌浆层的上面应略有坡度，以防水油流入设备底座。二次灌浆层的混凝土凝固以前，可用水泥砂浆加适量的水玻璃抹面。抹面时，砂浆应压密实。

（3）承受负荷的二次灌浆　当二次灌浆层承受部分负荷时，灌浆层与设备底座面接触要求较高，特别当设备的安装精度要求较高时，应尽量采用膨胀混凝土，以便使灌浆层与垫铁组共同承担负荷。压缩机类设备多采用此类二次灌浆。

（4）压浆法　大型金属机床的二次灌浆多采用压浆法，其施工步骤如下：

1）先在地脚螺栓上点焊一根小圆钢（图 2-44），作为支承垫铁的托架。点焊的强度以保证压浆时能被胀脱为度。

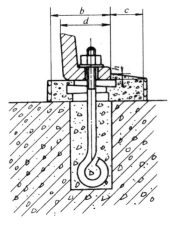

图 2-43　二次灌浆

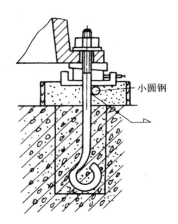

图 2-44　压浆法示意图

2）将焊上小圆钢的地脚螺栓穿入设备底座的地脚螺栓孔。

3）设备用临时垫铁组初步找正。

4）将调整垫铁的升降块调至最低位置，并将垫铁放到小圆钢上，将地脚螺栓的螺母稍稍拧紧，使垫铁与设备底座紧密接触，暂时固定在正确位置。

5）灌浆时，一般先灌满地脚螺栓孔，待混凝土达到规定强度的75%后再灌垫铁下面的压浆层。压浆层的厚度 a 一般为 30 ~ 50mm。

6）压浆层达到初凝后期（手指撴压时，还能略有凹印）时，调整升降块，胀脱小圆钢，将压浆层压紧。

7）压浆层达到规定强度的75%后拆除临时垫铁组，进行设备的最后找正。

8）当不能利用地脚螺栓支承调整垫铁时，可采用螺钉调整垫铁或斜垫铁支承调整垫铁。待压浆层达到初凝后期时，松开调整螺钉或拆除斜垫铁，调整升降块，将压浆层压紧。

三、二次灌浆的注意事项

1）灌浆时，基础表面的杂物要全部清除干净，特别是油污必须铲干净，直到露出新的基础表面。

2）放置模板时不要碰动了设备。

3）地脚螺栓孔内一定要干净，并用压缩空气吹净；用水冲洗基础，并且凹处不得有水。

4）灌浆工作不能间断，一定要一次灌完。

5）灌浆后应常洒水养护，以免裂纹。

6）灌浆工作应在气温5℃以上进行，否则应采取措施。

7）二次灌浆层不得有裂缝、蜂窝和麻面等缺陷。

8）采用活动地脚螺栓固定设备，在二次灌浆后应将地脚螺栓孔内全部灌满干砂，并用纱头油毡等物堵塞地脚螺栓孔口，以防混凝土浆水流入孔内。

四、灌浆料二次灌浆工艺

随着科技进步和对环境保护的重视，新型建筑材料在设备安装工程地脚螺栓二次灌浆施工中得到了大力推广应用。这种由建材专业厂家生产的灌浆料具有自流性好、快硬、早强、高强、无收缩、微膨胀、无毒、无害、不老化、对水质及周围环境无污染、自密性好、防锈等特点，在施工方面具有质量可靠、降低成本、缩短工期和使用方便等优点，从根本上改变了设备底座的受力情况，使之均匀地承受设备的全部荷载，从而满足各种机械、电器设备（重型设备高精度磨床）的安装要求，是无垫安装时代的理想灌浆材料。现就 CGM-380/340 系列灌浆料的施工工艺和注意事项做简单介绍。

1. 施工方法

（1）施工前的准备　搅拌设备、养护物品和必要的工具。

（2）CGM 灌浆料的搅和

1）CGM 灌浆料拌和时，加水量应按随货提供的产品合格证上的用水量加入，搅拌均匀即可使用。在满足施工流动度的条件下尽量降低用水量。严禁使用明显泌水的拌和料进行灌浆。

2）CGM 灌浆料的搅和可采用机械搅拌或人工搅拌，推荐采用强制式搅拌机搅和。

3）每次搅拌量应视使用量多少而定，以保证 40min 以内将搅和好的灌浆料用完。

4）冬期施工时，应采用不超过 60℃的温水拌和灌浆料，以保证浆体的入模温度在 10℃以上。

5）现场使用时，严禁在 CGM 灌浆料中掺入任何外加剂和外掺料。

（3）地脚螺栓的锚固

1）地脚螺栓成孔时，基础混凝土强度不得小于 20MPa，螺栓孔壁应粗糙。

2）成孔后，应除去孔内杂物，检测孔的深度并用水充分湿润孔壁。灌浆前应清除孔内积水。

3）将拌和好的 CGM 灌浆料灌入螺栓孔中，灌浆过程中严禁振捣，必要时可轻微插捣。灌浆结束后不得调整螺栓。

4）灌浆施工不易直接灌入时，宜采用流槽辅助施工。

（4）设备基础地脚螺栓孔的二次灌浆

1）设备基础表面应进行凿毛处理，并清扫设备基础表面，不得有碎石、浮浆、浮灰、油污和脱模剂等杂物。灌浆前 24h，设备基础表面应充分湿润；灌浆前 1h，清除积水。

2）按灌浆施工图支设模板。模板与基础、模板与模板间的接缝处用水泥浆、胶带等封缝，达到整体模板不漏水的程度。模板与设备底座四周的水平距离应控制在 80～100mm，模板顶部标高应高出设备底座下混凝土基础上表面 50mm。

3）较长设备或轨道基础的灌浆，应分段施工，每段长度不应超过 5mm。大型设备或设备底板具有复杂结构时，应采用压力灌浆。

4）为了避免灌浆后存在空气排出不畅现象，确保二次浇灌后质量，浇注 CGM 灌浆料时，应从一侧或相邻的两侧多点进行灌浆，直至从另一侧溢出为止，但不得从四侧同时进行灌浆。

5）灌浆开始后，必须连续进行，不能间断，并尽可能缩短灌浆时间。

6）在灌浆过程中严禁振捣，必要时可用灌浆助推器从灌浆层底部助推，以增强灌浆料浆体的流动，严禁从表层推动，以确保灌浆层的匀质性。

7) 设备基础灌浆完毕后，应在灌浆后 3~6h 沿设备边缘向外切 45°斜角如图 2-45 所示，以防止自由端产生裂缝。如无法进行切边处理，应在灌浆后 3~6h 用抹刀将灌浆层表面压光（该部位产生的细小裂缝对设备运转的稳定性未报告有不良影响）。

（5）混凝土结构

图 2-45 所示为设备基础的二次灌浆。

1）将搅和好的 CGM 灌浆料灌入已支设好的模板中。

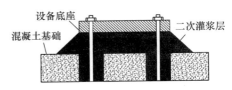

图 2-45　设备基础的二次灌浆

2）灌浆结束时，根据需要可适当敲击模板或轻缓振捣。

3）拆模时间应符合本施工技术方法的规定，见表 2-5。

表 2-5　拆模和养护时间与环境温度的关系

日最低气温/℃	拆模时间/h	养护时间/d
−10~0	96	14
0~5	72	10
5~15	48	7
≥15	24	7

2. 常用灌浆料的主要技术指标

常用灌浆料的主要技术指标见表 2-6、表 2-7 和表 2-8。

表 2-6　CGM-380/340 系列灌浆料的主要技术指标

项　　目		CGM-380	CGM-340A	CGM-340B 旱强型	CGM-340C 东施型
流动度/mm	初始值	≥380	≥345	≥345	≥345
	30min 保留值	≥340	≥310	/	/
流锥法/s	初始值	12~18	/	/	/
	30min 保留值	12~18	/	/	/
竖向膨胀率/（Vol. %）	3h	0.1~3.5	0.1~3.5	0.1~3.5	0.1~3.5
	24h 与 3h 膨胀值之差	0.02~0.5	0.02~0.5	0~0.5	0~0.5
抗压强度/MPa 40mm×40mm×160mm 试体	2h	/	/	≥15	/
	1d	≥20	≥25	≥25	≥25
	3d	≥40	≥40	≥40	≥40
	28d	≥60	≥60	≥60	≥60

表 2-7　CGM-300 系列精确灌浆料的主要技术指标

项　目		CGM-300A	CGM-300B	CGM-300C 早强型	CGM-300D 东施型	CGM-300E 耐热型	CGM-300F 超高强型
流动度/mm	初始值	≥300	≥300	≥300	≥300	≥300	≥300
	30min 保留值	≥270	≥270	/	/	≥270	≥270
竖向膨胀率 /（Vol. %）	3h	0.1~3.5	0.1~3.5	0.1~3.5	0.1~3.5	0.1~3.5	0.1~3.5
	24h 与 3h 膨胀值之差	0.02~0.5	0.02~0.5	0~0.5	0~0.5	0.02~0.5	0.02~0.5
抗压强度/MPa 40mm×40mm×160mm 试体（标养）	2h	/	/	≥15	/	/	/
	1d	≥25	≥30	≥25	≥25	≥25	≥40
	3d	≥40	≥45	≥40	≥40	≥40	≥60
	28d	≥60	≥70	≥60	≥60	≥70	≥90
抗压强度/MPa 40mm×40mm×160mm 试体（规定 温度 −10℃）	−1d	/	/	/	≥10	/	/
	−3d	/	/	/	≥15	/	/
	−7＋28d	/	/	/	≥60	≥70 （常温养护 28d. 500℃ 烘干 3h）	/

表 2-8　CGM-270 系列灌浆料的主要技术指标

项　目		CGM-270A	CGM-270B 早强型	CGM-270C 东施型
坍落度/mm	初始值	≥270	≥270	≥270
	30min 保留值	≥240	/	/
竖向膨胀率 /（Vol. %）	3h	0.1~3.5	0.1~3.5	0.1~3.5
	24h 与 3h 膨胀值之差	0.02~0.5	0~0.5	0~0.5
抗压强度/MPa 100mm 立方体 试体（标养）	2h	/	≥20	/
	1d	≥25	≥25	≥25
	3d	≥40	≥40	≥40
	28d	≥60	≥60	≥60
抗压强度/MPa 100mm 立方体试体 （规定温度 −10℃）	−1d	/	/	≥10
	−3d			≥15
	−7＋28d			≥60

注：1. 以上数据指标在标准条件测试下得到。

　　2. 可根据工程需要，适当调整技术指标。

　　3. 材料用量：2300kg/m³。

3. 施工养护

（1）自然养护。

1）灌浆完毕后，裸露部分应及时喷洒养护剂或覆盖塑料薄膜，并加盖湿草袋浇水保持湿润。

2）养护时间不得少于7天，应保持灌浆部分处于湿润状态。当采用超早强型灌装材料时，养护应根据产品要求的方法执行。

（2）冬期养护。

1）冬期施工且对强度增长无特殊要求时，灌浆完毕后裸露部分应及时覆盖塑料薄膜并加盖保湿材料。起始养护温度不应低于5℃，在负温条件养护时不得浇水。

2）拆模后灌浆料表面温度与环境温度之差大于20℃时，应采用保湿材料覆盖养护。

3）如环境温度低于产品要求的最低施工温度或需要加快强度增长时，可采用人工加热养护方式；养护措施应符合现行《建筑工程冬期施工规程》（JGJ/T 104—2011）的有关规定。

（3）CGM灌浆料达到拆模时间后，可进行设备安装，具体时间可参见表2-5。

（4）在设备基础灌浆完毕后，如有要剔除的部分，可在灌浆完毕3～6h后，即灌浆层硬化前用抹刀或铁锹等工具轻轻铲除。

（5）灌浆时，设备不得处于运转状态，灌浆后应保证设备停机24～36h，以避免损坏未硬化的灌浆层。

第六节　机电设备试压与安装竣工验收

一、设备的试压

1. 下列设备在安装施工之前必须试压

1）与各种动力机器配套供应的各种换热器。

2）承受各种气压和液压的受压容器。

3）现场组装、焊接的各种储罐和储槽。

4）现场施工安装的各种高压、中压和低压管路系统。

有些设备，虽经制造厂进行水压试验，但为了消除设备在运输、保管、起重过程中出现的缺陷，必须在安装现场重复进行压力试验。试压的目的是检查设备的强度（称强度试验），并检查各部分特别是接头和焊缝处是否有渗漏（称严密性或密封性试验）。

2. 密封性检验

（1）煤油渗漏试验　试验时将焊缝较易检查的一面清理干净，并涂上白粉浆（粉笔水溶液，即白垩粉水溶液），晾干后在焊缝另一面涂以或喷以煤油。根据煤油渗透后使白粉变湿变色的数量、位置和面积，判断焊缝的缺陷。

（2）氨渗透试验　氨渗透试验也是密封性试验的一种。对于无法涂煤油或白粉浆的设备某一面，如气柜底板和大型储槽的底板等，即用氨渗透试验进行检查。

试验的方法是在焊缝上粘贴用酚酞酒精水溶液（酚酞∶酒精∶水 =1∶10∶100）或5%硝酸亚汞水溶液浸渍过的纸条（比焊缝宽20mm），在底板上钻一小孔，且在四周用湿泥堵严，将氨气或含氨的压缩空气（氨占体积1%左右）经钻孔通入底板下并保持试验时间5min，如有渗漏，纸条上会出现红色（用酚酞时）或黑色（用硝酸亚汞时）斑点。用酚酞酒精水溶液时，应将焊缝上的熔渣除净，因酚酞遇到碱性物就会变红，以免造成假象。

氨渗透试验除检验现场制氨的大型设备底板外，尚可检验设备衬里（衬铅、衬不锈钢等）和工作介质为氨气的设备及管道系统。

（3）充压缩空气涂肥皂水检漏试验　用一定压力的空气通过压力表调节阀通入容器中，然后用肥皂水涂抹在检验焊缝上或其他部分，如发现肥皂泡时，说明该处有泄漏。对小型容器，可将容器放入水池中，根据水泡的出现确定其渗漏处的缺陷。

用气体做密封性试验时，常用每小时内气体的泄漏量或泄漏率来评定其是否合格。设备容积可视为不变，所以气体的泄漏量或泄漏率可用压力表度量，如温度变化，应加以修正。

当气温无变化时，泄漏率的计算公式为

$$\Delta p = p_1 - p_2$$
$$\Delta = \Delta p / p_1 \times 100\% = (1 - p_2 / p_1) \times 100\% \tag{2-1}$$

式中　Δp——泄漏压力降；

Δ——泄漏率；

p_1——试验时记录起点时压力（MPa）；

p_2——试验时记录终点时压力（MPa）。

当气温发生变化时，根据气态方程可得

$$\Delta p = p_1 - \frac{T_1}{T_2} p_2$$
$$\Delta = (1 - p_2 T_1 / p_1 T_2) \times 100\% \tag{2-2}$$

式中　T_1——记录起点试验介质的绝对温度（K）；

T_2——记录终点试验介质的绝对温度（K）。

3. 强度试验方法

（1）水压试验　水压试验是设备试压最普遍、最重要的方法，在设备内先灌满水并堵塞好容器上的一切孔和眼，再用水泵继续向容器内注水，造成一定的压力，从而检查容器的强度和泄漏。水压试验装置示意图如图 2-46 所示。

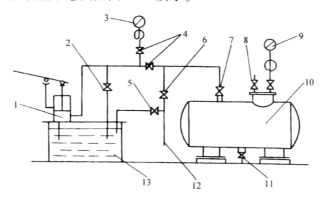

图 2-46　水压试验装置示意图

1—试压泵　2、4、5、6—阀门　3、9—压力表　7—进水阀门
8—出气阀门　10—被试设备　11—排水阀门　12—进水管　13—水槽

被试验的设备 10 上设有进水口 7 和出气孔 8（必须放在设备最高处，好放气）以及压

力表9（这些管尽量采用设备上的工艺管）。试验开始，先打开阀门5、6、7和出气阀8，由进水管12通过5和6灌满水槽和设备，一直到水从出气孔8溢出为止。此时关闭阀门5、6和8，开启阀门4，开动试压泵1对设备进行打压。水泵的出口压力可由压力表3读出，设备里面的压力可由压力表9读出。在加压过程中，如压力表9上的读数平稳地升高，说明情况正常。如压力表的指针有跳动，表示设备里有空气，应继续排净。如压力表的指针不转动，甚至反转，表明阀门有泄漏，必须停止加压，应修好后重新加压。

加压时，压力应缓慢均匀上升，一般每分钟不应超过0.15MPa，特别是快到试验压力时更应注意。当压力升至0.3~0.4MPa时，应进行一次检查，必要时可拧紧设备上人孔、手孔和法兰等螺栓（要先泄压后拧紧螺栓）。如发现设备有大量漏水，应立即泄压并进行修理；如漏水不多，为能更彻底暴露出全部缺陷，可继续缓慢加压（同时注意漏水是否增大）。当加压达到试验压力时，试压泵便可停止，关闭阀门4。

强度试验是一种超压试验，试验压力要为工作压力的1.5倍左右。一般规定，设备不得长时间经受超压，以5min为度，然后应稍开阀门4和2，使压力降至工作压力再检查。

检查时，一般用0.5~1.5kg的圆头锤子，沿设备上各种焊缝两侧（离接缝处约150mm的地方）轻轻敲打。如无泄漏，无变形，同时压力表9上的压力值也维持不降，表示水压试验合格。

当水压试验用水温度低于环境气温露点温度时，设备外壁上可能出现水珠，是空气的水汽凝结，不是泄漏。区别水汽凝结和渗漏的方法，一是把水珠擦掉，看它是否又很快冒出来；二是观察压力表是否下降；三是测量设备壁温是否高于露点（"是"即为泄漏）。

试压完毕，应打开排水阀门11（必须放在设备最低处）把水放净。放水时，同时打开出气阀门8，以免造成负压。

寒冷冬天做水压试验时（水压试验环境温度不低于5℃）应考虑防冻问题，试压完毕后必须将水排净，以防损坏设备。

（2）气压试验　气压试验是用气体（多为压缩空气）作为试压介质进行试验。

气压试验的适用条件如下：

1）设备内不便于充满液体时。

2）设备及支承不能承受充满液体后的负荷时。

3）放水后设备内部不易干燥，而生产使用中又不允许剩有水分。

4）设备基础的强度未考虑水压试验时装水的重量。

气压试验时，除了必须具有可靠的安全措施外，试压前必须认真检查设备质量，例如焊缝必须经过100%的无损探伤检查等。另外，试验时压力应缓慢上升，当达到规定的试验压力50%以后，应以每级10%左右的试验压力逐级增至试验压力；然后降至工作压力，保持足够时间，以便进行检查。检查有无泄漏时，严禁用锤子敲击焊缝，只能用肥皂水涂在焊缝检查。

水压试验和气压试验既可试验强度，又可试验密封性。

4. 试验温度和试验压力

（1）试验温度　试验温度是指做试验时的温度。强度试验一般在常温下进行。即使是在高温下运行的设备强度试验也是在常温下进行，因此在试压时，必须注意金属的低温脆性问题。

当温度降低到某一临界值时，金属材料的塑性显著降低，这个温度称为金属韧脆转变温度。韧脆转变温度与材料的成分、制造、热处理方法和应力状态有关。因此，在转变温度以上运行的设备，做试验时的温度应在转变温度以上，一般做水压试验较转变温度高5℃，气压试验时高15℃。在现场制作安装的低合金钢容器应注意这一情况，焊后又未经热处理，更应考虑遵守。当用高压储气瓶供应试验气体时，气体从高压降至低压，膨胀时要吸收热量，造成温度降低，应保证试验温度不降到15℃以下。

（2）试验压力

1）强度试验压力。

① 对一般设备，强度试验压力较设备的工作压力高，气体规定可参见表2-9。

表2-9　一般设备的强度试验压力　　　　　　　　　（单位：MPa）

工作压力 p_1	试验压力 p_s	工作压力 p_1	试验压力 p_s
≤0.07	$p_s = p_1 + 0.1$	$p_1 = 0.6 - 1.2$	$p_s = P_1 + 0.3$
$0.07 < p_1 < 0.6$	$p_s = 1.5p_1$，$p_s \geqslant 0.2$	$p_1 > 1.2$	$p_s = 1.25p_1$

② 对于高压化工容器（$p_1 = 10 \sim 100$MPa），其水压强度试验压力规定为

$$p_s = 1.3p \frac{[\sigma]_s}{[\sigma]} \frac{t}{t-c} \tag{2-3}$$

式中　p_s——容器试验压力（MPa）；

p——设计压力（设计计算时所用的压力），一般为设备全部工作过程中可能出现的最大工作压力，又称最大许可工作压力；工作压力是指满负荷情况下正常工作的压力。两者的关系是：当使用安全阀时，$p = 1.05 \sim 1.10 p_1$；当工作压力由化学反应原因可能引起压力突然上升时，$p = 1.15 \sim 1.30 p_1$，单位为MPa；

$[\sigma]_s$——在试验温度下材料的许用应力（MPa）；

$[\sigma]$——在设计温度下材料的许用应力（MPa）；

t——容器实际厚度（cm）；

c——腐蚀裕度（cm）。

当设备容器壁上的工作温度超过200℃时，设备的试验压力为

$$p_s = 0.125 \frac{\sigma_{20}}{\sigma_t} p_1 \tag{2-4}$$

式中　p_1——工作压力（MPa）；

σ_{20}——温度为20℃时的设备材料许用应力（MPa）；

σ_t——在工作温度下的设备材料许用应力（MPa）。

③ 对真空设备

$$p_s = 0.2\text{MPa} \tag{2-5}$$

2）密封性试验压力：密封性试验压力一般都采用设备的工作压力。对密封性要求较高的设备（如工作介质为有害气体），规定1.05倍工作压力为试验压力。

二、设备试运转

1. 试运转的目的

1）试运转的目的是对设备在设计、制造和安装等方面的质量做一次全面检查和考验。

2）更好地了解设备的使用性能和操作顺序，确保设备安全投入生产。

2. 试运转前的准备工作

1）参加试运转的人员，都必须熟悉设备说明书和有关技术文件，了解设备的构造和性能，掌握其操作程序。

2）科学地编制试运转方案。其内容包含以下各项。

① 试运转机构和人员组成。

② 现场管理制度。

③ 试运转的程序、进度和所要达到的技术要求。

④ 试运转的检查项目和记录要求。

⑤ 操作规程、安全措施和注意事项。

⑥ 指挥和联系信号。

⑦ 必要的备品和工具、润滑剂。

⑧ 其他规定事项。

3）准备好试车所需要的各种工具、材料和安全保护用品。

4）设备的各部分装配零件应完好无损，各连接件应紧固；各种仪表和安全装置均应检验合格。

5）按有关规定对设备进行全面检查，确定没有任何隐患和缺陷后才能进行试车。

6）清除设备上无关的构件，清扫试车现场。

3. 试运转的步骤

试运转步骤应遵循先低速后高速、先单机后联机、先无负荷后带负荷、先附属系统后主机、能手动的部件先手动再机动等原则。前一步的试运转合格后才能进行后一步的试运转，如动力机械的试车步骤如下：

1）先由机组电动机单独起动来判断电力拖动部分是否良好，旋转方向是否符合从动机的转动方向。

2）机组润滑系统的试车。

3）机组冷却系统的试车。

4）机组的无负荷试车。

5）机组负荷试车。

无负荷试运转的目的是检查设备各部分的动作和相互间作用的正确性，同时也使某些摩擦表面初步磨合，称为"开空车"。负荷试运转的目的是检验设备安装后能否达到设计使用性能。

设备试运转是否带负荷以及负荷大小和时间长短等，不同的设备有不同的规范要求。如金属切削机床只进行无负荷试运转；往复泵规定在空负荷下运转5min，在公称压力的1/4下运转40min，在公称压力的1/2和3/4下各运转1h，最后在公称压力下运转不少于8h；起重机则要求进行超负荷式运转。

4. 试运转中的具体操作

1）润滑系统调试：试运转时，在主机起动前必须先进行润滑系统调试。

2）液压系统调试：试运转时，在主机起动前要进行液压系统的调试。所用液压油的规格均应符合设备技术文件的规定。

3）设备的起动。

① 设备上的运动部分应先用人力缓慢盘动数周，确信没有阻碍和运动方向错误等反常现象后方能正常起动。对某些大型设备，人力无法盘动时，可使用适当的机械盘动。

② 起动时，应先用随开随停的办法（点动）做数次试验，观察各部分的动作，认为正确良好后方可正式起动，并由低速逐级增加至高速。

③ 在运转中，传动带不得打滑发热，平带不得跑边；齿轮副、链条和链轮啮合应平稳，无卡住现象和不正常的噪声、磨损。

④ 对设置有高压顶轴液压泵的设备，当高压液压泵起动后，高压油将轴颈浮起。油压的调整能以一个盘车较轻松为宜，当机组起动达到额定负荷时，应立即停止高压油泵的运转。

⑤ 机组运转中，每隔 30min 至 1h 应检查各部压力、温度、振动、转速、膨胀间隙、安全装置和电压等，并做好记录。

5. 试运转中故障判断常用的方法

（1）听　设备正常试运转时，声音应均匀、平稳。如不正常，就会发出各种杂音，如齿轮的轻微敲击声、嘶哑的摩擦声和金属碰击的铿锵声等，应查明部位，停车检查。听音一般采用听音棒（听音棒可以用螺钉旋具代替），将其尖端放在设备发声的部位，耳朵贴在顶部。

（2）看　看压力表、温度计等各种监测仪表的读数是否符合规定；看冷却水是否畅通，水量是否充足；看地脚螺栓及其他连接处是否松动等。特别是出现烟雾时应及时停止，妥善处理。

（3）摸　用手摸感觉设备外表可触及部分（如轴承、电动机等）的温度和振动情况。

（4）嗅　嗅不正常气味，如电动机绝缘烧毁的"焦"味和油温过高的烟味等。

6. 试运转结束后的工作

1）停止运转后，辅助液压泵应继续供油。

2）切断电源和其他动力源。

3）消除压力和负荷（包括放水和放气）。

4）对几何精度进行复查，复查各紧固连接部分。

5）装好试运转前预留未装的以及试运转中拆下的部件和附属装置。

6）清理现场。

7）整理试运转的各项记录。

8）办理工程交工验收手续。

三、工程验收

设备安装竣工后，应就工程项目进行验收。设备安装工程验收一般由设备使用单位向施工单位验收。工程验收完毕，即施工单位向使用单位交工后，设备即可投入生产和使用。

工程验收时，应具备下列资料（一般由施工单位提交给使用单位）。

（1）竣工图　施工图由设计单位提出，施工单位据以施工的技术文件在施工前已绘好。在施工中根据实际情况，施工单位或使用单位可提出修改。经双方单位认可后，对修改内容较大的部分要按修改方案重新绘制图样，即"竣工图"。竣工图是今后维修管理的重要的技术资料，如修改量不大，可在原有的施工图上注明修改部分作为竣工图。

（2）修改设计的有关文件　有关设计修改的文件（包括设计修改通知单、施工技术核定单和会议记录等）通称"设计变更"文件，平时应妥为保存，交工时提交给使用单位。

（3）施工过程中的各重要记录　包括主要材料和用于重要部位材料的出厂合格证和检验记录或试验记录、重要焊接工作的焊接试验记录、重要灌浆所用混凝土配合比的强度试验记录和试运转记录。

（4）隐蔽工程记录　所谓隐蔽工程记录，是指工程结束后，已埋入地下或建筑结构内，外面看不到的工程。对隐蔽工程，应在工程隐蔽前，由有关部门会同检查，确认合格，记录其方位、方向、规格和数量后，方可予以隐蔽。隐蔽工程记录表应及时填写，检查人员检查合格后，应在记录表上签字，工程验收时一并交给使用单位。

（5）各工序的检验记录　整个安装工程分为若干个施工过程，每个施工过程又分为若干道工序。对每道工序所应达到的要求，凡属必要的可分别由设计和设备技术文件、规范或规程予以规定。施工中均应按每道工序的要求做出详细的检测记录（包括自检、互检和专业检查），作为工程验收时的依据。

设备安装中的记录表格有设备开箱检查记录，设备受损（或锈蚀）及修复记录，各施工工序的"自检记录"，"互检记录"和"专业检查"记录等。

设备安装结束后，应根据检验情况和"质量检验评定标准"对所安装的设备进行质量评定。质量标准分为"合格"和"优良"两个等级。

（6）其他有关资料（如吹扫试压等）

1）仪表校验记录。

2）重大返工工作记录。

3）重大问题及处理文件。

4）施工单位向使用单位提供的建议和意见。

思考题与习题

2-1　什么是设备开箱清点检查？有什么目的？

2-2　什么是进口设备的索赔期和保证期？

2-3　基础的作用是什么？

2-4　基础验收的项目和标准有哪些？

2-5　检查基础强度的方法有哪几种？

2-6　基础偏差有哪些？如何处理？

2-7　地脚螺栓有哪些种类？怎样进行安装？

2-8　地脚螺栓常出现哪些安装偏差？如何处理？

2-9　拧紧地脚螺栓时应注意哪些问题？

2-10　垫铁的作用是什么？常用的垫铁有哪几种？

2-11　垫铁的布置原则是什么？有哪几种布置方式？

2-12　什么是安装基准线？

2-13　设备找中心的方法有哪几种？

2-14　设备找平的方法有哪几种？

2-15　什么是三点调整法？什么是设备初平？设备的初平复查有哪几种方法？

2-16　设备或零部件的拆卸有哪几种方法？各有什么缺点？拆卸时应注意哪些事项？

2-17 设备清洗的目的是什么？常用的清洗方法有哪几种？

2-18 清洗油孔时应注意什么事项？

2-19 什么是脱脂？哪些设备及零部件必须脱脂？

2-20 金属为何会生锈？常见的除锈方法有哪几种？

2-21 影响金属材料生锈的因素有哪些？常用的防锈防腐方法有哪几种？

2-22 什么是装配？其重要性是什么？装配工作的基本步骤是什么？

2-23 什么是找正找平？其目的是什么？

2-24 选择测量基准面的原则是什么？常见的基准面有哪些？

2-25 设备精平的工作范围主要包括哪些内容？

2-26 如何选择量具量仪？设备常用的检测方法有哪些？

2-27 设备安装的允许偏差方向有哪些要求？

2-28 二次灌浆的作用是什么？

2-29 二次灌浆前设备复查的内容是什么？

2-30 怎样进行压浆法施工？

2-31 密封性检验有哪些方法？

2-32 水压试验的目的是什么？试画出水压试验装置的示意图。

2-33 什么是工程验收？工程验收时应具备哪些资料？

第三章　典型机械零部件的安装工艺

第一节　螺纹联接和键联接的安装

一、螺纹联接的安装

螺纹联接在机械设备中的应用非常广泛，主要在于其是一种可拆的固定连接，且具有结构简单、装拆方便迅速、连接可靠等优点。

螺纹联接分为普通螺纹联接和特殊螺纹联接。普通螺纹联接的基本类型有螺栓联接、双头螺柱联接和螺钉联接，见表3-1。除此以外的螺纹联接称为特殊螺纹联接，如圆螺母联接（图3-1）。

表 3-1　普通螺纹联接的基本类型及其应用

类　型	螺栓联接	双头螺柱联接	螺钉联接
结构			
特点及应用	无须在连接件上加工螺纹，连接件不受材料的限制，主要用于连接件不太厚，并能从两边进行装配的场合	拆卸时只须旋下螺母，螺柱仍留在机体螺纹孔内，故螺纹孔不易损坏，主要用于连接件较厚而又需经常装拆的场合	主要用于连接件较厚，或结构上受到限制不能采用螺栓联接，且不需经常装拆的场合。经常拆装很容易使螺纹孔损坏

1. 螺纹联接安装的基本要求

（1）足够的拧紧力矩　为使螺纹联接达到可靠紧固，安装时应有一定的拧紧力矩，以保证螺纹牙面间产生足够的摩擦力矩。对设备安装技术文件规定有预紧力的螺纹联接，必须用专门方法来保证准确的拧紧力矩。

（2）可靠的防松装置　螺纹联接由于其具有的自锁性，在通常的静载荷情况下没有自动松脱现象，但在振动或冲击载荷下，会因螺纹工作面间的正压力突然减小，造成因摩擦力矩降低而松动。因此，用于有冲击、振动或交变载荷情况下的螺纹联接，必须有可靠的防松装置。

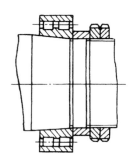

图 3-1　圆螺母联接

（3）保证螺纹联接的配合精度　螺纹联接的配合精度由螺纹公差带和旋合长度两个因素确定。

2. 螺纹联接的安装工艺

（1）控制预紧力的方法　通常通过控制螺栓轴沿线的弹性变形量来控制螺纹联接的预

紧力，主要有以下几种方法。

1）控制力矩法：用测力扳手（图3-2）使预紧力达到规定值。其原理是柱体2的方头1插入梅花套筒并套在螺母或螺钉头部，拧紧时，与手柄5相连的弹性手柄3产生变形，而与柱体2装在一起的指针4不随弹性手柄3绕柱体2的轴线转动，这样指针尖6与固定在手柄3上的刻度盘7形成相对角度偏移，即刻度盘上显示拧紧力的大小。

2）控制螺栓伸长法：通过控制螺栓伸长量来控制预紧力，如图3-3所示。螺母拧紧前螺栓长 L_1，按预紧力要求拧紧后长度为 L_2，测量 L_1 和 L_2 则可知道拧紧力矩是否正确。大型设备安装时的螺柱联接常采用这种方法，如在大型水压机和柴油发动机安装中，其立柱或机体联接螺栓的拧紧通常先确定出螺柱的伸长量，然后采用液压拉力装置或加热的方法使螺柱伸长后，将螺母旋入到计算位置，螺柱冷却至常温（或弹性收缩）后形成一定的预紧力。常见的加热方法有低压感应电加热及蒸汽管缠绕加热等方式。加热前根据材料的线胀系数计算出所需温度，加热时应注意安全，防止触电或烫伤事故的发生。

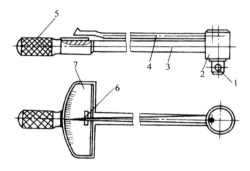

图 3-2　测力扳手

1—方头　2—柱体　3—弹性手柄　4—指针
5—手柄　6—指针尖　7—刻度盘

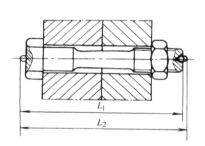

图 3-3　螺栓伸长量的测量

对不便于测量螺栓伸长量的螺纹联接，还可通过控制螺母拧紧时应转过的角度来控制预紧力。其原理与控制螺栓伸长量的原理方法相同，只是将螺栓伸长量转换成螺母按一定螺距转过的角度。

（2）螺纹联接的防松　对处于冲击或振动载荷中的螺纹联接，常用的螺纹防松装置有两大类。

1）利用附加摩擦力防松装置。

① 双螺母防松。这种装置使用两个螺母，如图3-4所示。先将靠近被连接件的螺母 A 拧紧至规定位置，用扳手固定其位置，再拧紧其紧邻的螺母 B。由图3-4b 可以看出，当拧紧螺母 B 时，A、B 螺母之间的螺杆会受拉力而伸长，使 A、B 两个螺母分别与螺杆牙面的两侧产生接触压力和摩擦力。当螺杆突加载荷时，会始终保持其一定的摩擦力，起到防松的作用。这种防松装置由于增加了一只螺母，因而使结构尺寸和成本略有增加。

② 弹簧垫圈防松，如图3-5所示。这种防松装置使用的弹簧垫圈是用弹性较好的65Mn钢材经热处理制成的，开有70°～80°的斜口，并上下错开。当拧紧螺母时，垫在工件与螺母之间的弹簧垫圈受压，产生弹力，使螺纹副的接触面间产生附加摩擦力，以此防止螺母松动。垫圈的楔角分别抵住螺母和工件表面，也有助于防止螺母回松。这种装置容易刮伤螺

母和被连接件表面，但它结构简单，防松可靠，常用在不经常装拆的部位。

2）机械方法防松装置。这类防松装置是利用机械方法强制地使螺母与螺杆、螺母与被连接件互相锁定，以达到防松的目的。常用的机械防松装置有以下几种。

① 带槽螺母与开口销。这种装置是用开口销把螺母锁在螺栓上，如图3-6所示。它防松可靠，但螺杆上的销孔位置不易与螺母最佳锁紧位置的槽口吻合，多用于有变载和振动的场合。

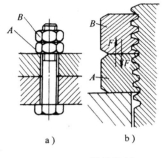

图 3-4　双螺母防松

图 3-5　弹簧垫圈防松

图3-6　带槽螺母与开口销防松

② 止动垫圈防松，如图 3-7a 所示为圆螺母止动垫圈防松装置。装配时，先把垫圈的内翅插进螺杆槽中，然后拧紧螺母，再把外翅弯入螺母的外缺口内。图 3-7b 所示为带耳止动垫圈防止六角螺母回松的装置。

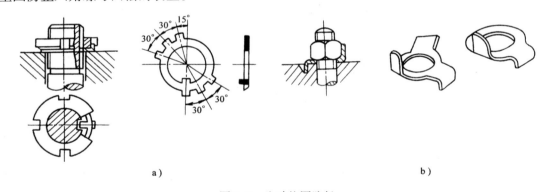

a)　　　　　　　　　　　　　　　　　　b)

图 3-7　止动垫圈防松

a）圆螺母止动垫圈防松　b）带耳止动垫圈防松

③ 串联铁丝防松。这种防松装置如图 3-8 所示，是用铁丝连续穿过一组螺钉头部的径向小孔，以铁丝的牵制作用来防止回松（图 3-8a）。它适用于位置较紧凑的成组螺纹联接。装配时应注意铁丝穿绕的方向，如图 3-8b 所示虚线的铁丝穿绕方向是错误的。

（3）螺纹联接安装时的注意事项

1）为便于拆装和防止螺纹锈死，联接的螺纹部分应加润滑油（脂），不锈钢螺纹的联接部分应加润滑剂。

2）螺纹联接中，螺母必须全部拧入螺杆的螺纹中，且螺杆应长于螺母外端面 2～5 个螺距。

3）被连接件应均匀受压，互相紧密贴合，连接牢固。成组螺栓或螺母拧紧时，应根据

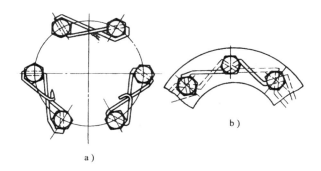

图 3-8　串联铁丝防松

被连接件的形状和螺栓的分布情况，分 2 ~ 3 次按一定的顺序进行操作，以防止受力不均或工件变形，如图 3-9 所示。

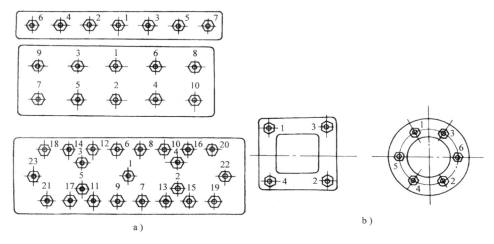

图 3-9　拧紧成组螺母的顺序

a）长形分布　b）周向对称分布

二、键联接的安装

键是用来把轴和轴上的零件如带轮、联轴器、齿轮等进行周向固定，以便传递转矩的一种机械零件。按键的结构特点和用途，可分为松键联接、紧键联接和花键联接三大类。

（1）松键联接的安装　松键联接是指靠键的侧面传递转矩而不承受轴向力的键联接。松键联接的键主要有平键、半圆键、滑键及导向平键等，如图 3-10 所示。松键联接能保证轴上零件与轴有较高的同轴度，主要用于高速精密设备的传动变速系统。

松键联接在安装时应注意以下问题

1）清理键及键槽上的毛刺、锐边，以避免装配时形成较大的过盈量而影响装配。

2）重要的键联接，装前应检查键槽对轴线的对称度和平行度以及键和槽的加工精度。

3）锉配键长时，长度方向上键与键槽应有 0.1mm 的间隙。

4）配合面应加机油，键与槽两侧配合应较紧。

5）试配并安装齿轮或带轮时，键与键槽的非配合面应留有间隙，以保证齿轮或带轮与

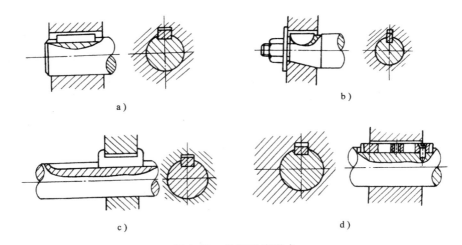

图 3-10 松键联接形式

a）普通平键联接　b）半圆键联接　c）滑键联接　d）导向平键联接

轴的同轴度要求，但不允许轮毂与键侧有偏摆现象。

（2）紧键联接的安装　紧键联接除能传递转矩外，还可传递一定的轴向力。紧键联接常用的键有普通楔键、钩头楔键和切向键，如图 3-11 所示。紧键联接的对中性较差，常用于对中要求不高、转速较低的场合。

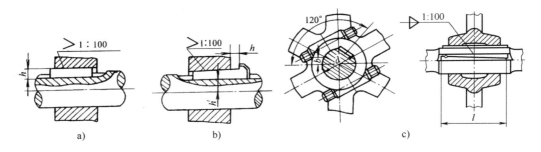

图 3-11 紧键联接

a）普通楔键　b）钩头楔键　c）切向键

紧键联接安装时应注意以下问题

1）键的斜度应与轮毂槽的斜度一致，楔键上、下两个工作面应紧密贴合，两侧应留有间隙。切向键的两个斜面斜度应相同，其两侧面应与键槽紧密贴合，顶面留有间隙。

2）钩头楔键安装后，其钩头与轮端面间应留有一定的距离，以便于拆卸。

（3）花键联接的安装　花键联接由于齿数多，具有承载能力大、对中性好、导向性好等优点，但成本较高。花键联接对轴的强度削弱小，因此广泛地应用于大载荷和同轴度精度要求高的机械设备中，如图 3-12 所示。

花键联接多用于滑动配合中。在安装前，首先应彻底清理花键及花键轴的毛刺和锐边，并清洗干净。安装时在花键轴表面应涂上润滑油，平稳地轻轻推入花键轴孔，转动花键轴检查啮合情况，滑动配合的花键应滑移轻快无阻滞。

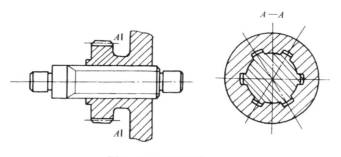

图 3-12 矩形花键联接

第二节 轴承的安装

轴承是支承轴的部件，是机械设备中的重要组成部分。轴承分为滑动轴承和滚动轴承；按承受的载荷的方向又可分为向心轴承、推力轴承和向心推力轴承。

一、滑动轴承的安装

滑动轴承是利用滑动摩擦工作的轴承，具有工作可靠、平稳、无噪声、润滑油膜吸振能力强、能承受较大冲击载荷的特点。滑动轴承可分为整体式轴承、剖分式轴承等多种结构形式，如图 3-13 所示。

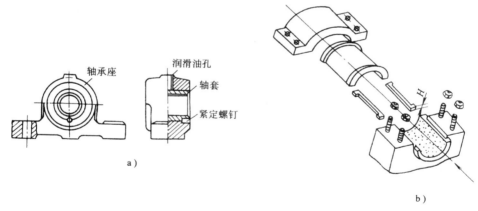

图 3-13 滑动轴承的结构形式
a）整体式滑动轴承 b）剖分式滑动轴承

1. 滑动轴承安装的基本要求

1）滑动轴承在安装前应修去零件的毛刺锐边，接触表面必须光滑清洁。

2）安装轴承座时，应将轴承或轴瓦装在轴承座上并按轴瓦或轴套的中心位置校正。同一传动轴上的各轴承中心应在一条轴线上，其同轴度误差应在规定的范围内。轴承座底面与机件的接触面应均匀紧密地接触，固定连接应可靠，设备运转时，不得有任何松动移位现象。

3）轴承与轴的接触表面的接触情况可用着色法进行检查，研点数应符合要求。

4）轴转动时，不允许轴瓦或轴套有任何转动。

5）对开瓦在调整间隙时，应保证轴承工作表面有良好的接触精度和合理的间隙。

6）安装时，必须保证润滑油能畅通无阻地流入到轴承中，并保证轴承中有充足的润滑油存留，以形成油膜，要确保密封装置的质量，不得让润滑油漏到轴承外，并避免灰尘进入轴承。

2. 整体式滑动轴承的安装

（1）压入轴套　当轴套尺寸和过盈量较小时，可采用压入法安装轴套，即用压力机或垫上硬木敲击压入。当尺寸和过盈量较大或薄壁套筒安装时，可采用温差法装入，即把轴套在干冰或液氮中冷却后装入轴承座。在压入时，应注意配合面清洁，并涂上润滑油，以防止轴套歪斜。

（2）轴套定位　压入轴套后，应按图样要求用紧定螺钉或定位销固定轴套位置，以防轴套随轴转动。轴套的固定方式如图 3-14 所示。

（3）刮轴套孔　轴套压入后，由于外壁过盈量会导致内孔缩小或变形，因此应进行铰削或刮研，使轴套与轴颈之间的接触点达到标准的规定。

3. 剖分式滑动轴承的安装

（1）轴瓦与轴承座、盖的装配　进行上下轴瓦与轴承座、盖的装配时，应使瓦背与座孔接触良好，以便于摩擦热量的传导散发和均匀承载。若不符合要求时，厚壁轴瓦应以座孔为基准修刮轴瓦背部，薄壁轴瓦不便修刮，可进行选配。

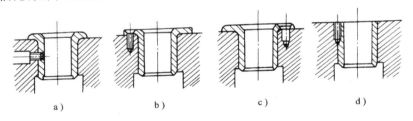

图 3-14　轴套的固定方式

a）径向紧定螺钉固定　b）端面铆钉固定　c）端面螺钉固定　d）骑缝螺钉固定

（2）轴瓦与轴颈的配刮　用与轴瓦配合的轴来做校准样棒，在上、下轴瓦的工作面涂上显示剂，装好轴瓦及轴承盖，压紧并转动轴对轴瓦进行配刮，直至螺栓紧固后，轴能轻松转动且无过大间隙，显点达到接触精度要求，即为刮削合格。

（3）清洗零件，重新装合

4. 轴承座的安装

轴承安装在轴承座里，轴承座有的用螺栓固定在机体上，有的则与机体是一个整体。轴承座与机体是同一整体时，只要机体安装好，轴承座就自然安装好了。而轴承座与机体不是同一体的，则需要对轴承座进行安装和找正。

轴承座安装时，必须把轴瓦装配在轴承座里，并以轴瓦的中心来找正轴承座的中心。一般可用平尺或挂线法来找正其中心位置，如图 3-15 和图 3-16 所示。

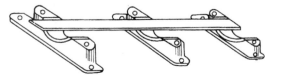

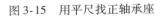

图 3-15　用平尺找正轴承座

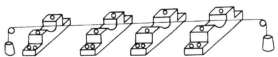

图 3-16　用挂线法找正轴承座

1）用平尺找正时，可将平尺放在轴承座上，平尺的一边与轴瓦口对齐，然后用塞尺检查平尺与各轴承座之间的间隙情况，由间隙判断各轴承座中心的同轴度。

2）当轴承座间距较大时，可采用挂线法来找正轴承座的中心。其方法是在轴承座上架设一根直径为 0.2 ~ 0.5mm 的钢丝，使钢丝张紧并与两端的两个轴承座中心重合，再以钢丝为基准，找正其他各轴承座。实测中，应考虑钢丝的挠度对中间各轴承座的影响。

3）当传动精度要求较高时，还可采用激光仪对轴承座进行找正。这种方法可以使轴承座中心与激光束的同轴度误差小于 0.02mm，角度偏差在 ±1″范围内，如图 3-17 所示为用激光仪找正发电机组各轴承座中心位置的示意图。

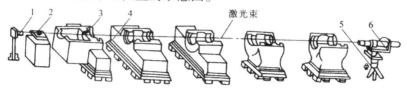

图 3-17 用激光仪找正轴承座中心位置的示意图

1—监视靶 2—三角棱镜 3—光靶 4—轴承座 5—支架 6—激光发射器

5. 轴瓦的安装

剖分式轴承轴瓦分厚壁轴瓦和薄壁轴瓦，它们的结构不同，安装方法也有所区别。

厚壁轴瓦一般用低碳钢、铸铁或青铜等材料制成，壁厚大于 4mm，内表层浇铸巴氏合金或其他耐磨合金，合金层厚度为 0.7 ~ 3mm。厚壁轴瓦安装时，应检查其外径是否与轴承内孔配合恰当，发现轴瓦外径过大时，应进行修理。这是因为直径过大的轴瓦强行压入，轴瓦与轴承座间会出现夹帮现象，如图 3-18a 所示，轴承易磨损破坏。若轴瓦直径过小，如图 3-18b 所示，则轴瓦在运转中会产生颤动，应予以更换。

薄壁轴瓦由碳钢制成，壁厚一般小于 0.05 倍的轴瓦内径，内表面浇铸巴氏合金或其他耐磨合金，合金层厚度为 0.3 ~ 1.0mm。薄壁轴瓦的厚度和其他尺寸加工精度较高，一般不用刮研。薄壁轴瓦安装时，轴瓦的边缘在轴承座中分面上应伸出一个 Δb 值，一般 $\Delta b = 0.03 ~ 0.27$mm（图 3-19）。当拧紧轴瓦盖螺栓时，两瓦口相挤压产生弹性变形，薄壁瓦背与轴承座内孔均匀紧密接触，并且有一定的过盈量，使轴瓦不至在轴承座孔内发生转动。

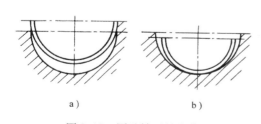

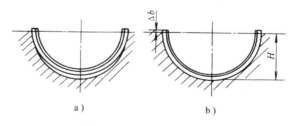

图 3-18 厚壁轴瓦的安装	图 3-19 薄壁轴瓦的安装
a）轴瓦直径过大 b）轴瓦直径过小	a）轴瓦直径过大 b）轴瓦直径适合

安装轴瓦时，另一个重要的工艺要求是保证轴瓦与轴颈间有合适的间隙。间隙分为径向间隙和轴向间隙。

（1）径向间隙　轴瓦与轴颈之间的配合间隙有顶间隙和侧间隙。顶间隙（图3-20）的作用是为了保持液体动压润滑油膜的完整，其间隙值与轴颈的直径、转速和单位面积上的压力以及润滑油的黏度等因素有关。一般可取顶间隙 $\Delta = 0.001 \sim 0.002d$（$d$ 为轴颈直径）。侧间隙的作用是积聚和冷却润滑油，以利于形成油楔。侧间隙为顶间隙的1/2。

轴瓦的径向间隙在设备图样或随机技术文件中一般都有规定。

（2）轴向间隙　在固定端轴瓦的轴向两边间隙小于0.2mm；在自由端，其间隙应大于轴瓦运转中受热膨胀的伸长量。

检查与测量间隙的方法一般有塞尺检测法和压铅法。

二、滚动轴承的安装

滚动轴承是由内圈、外圈、滚动体和保持架组成的，是使相对运动的轴和轴承座处于滚动摩擦的轴承部件，如图3-21所示。

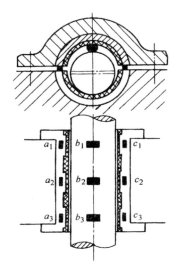

图3-20　压铅法测顶间隙

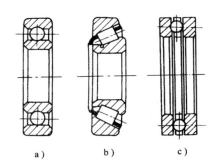

图3-21　滚动轴承
a）深沟球轴承　b）推力调心滚子轴承
c）推力球轴承

滚动轴承具有摩擦因数小、效率高、轴向尺寸小、装拆方便等优点，广泛地应用于各类机器设备。滚动轴承是由专业厂大量生产的标准部件，其内径、外径和轴向宽度在出厂时已确定，因此滚动轴承的内圈是基准孔，外圈是基准轴。

1. 滚动轴承的安装

滚动轴承是一种精密部件，安装时应十分重视装前的准备工作和安装过程的工作质量，并应注意以下几点。

1）安装前应准备好所需工具和量具，对与轴承相配合的各零件表面尺寸应认真检查是否符合图样要求，并用汽油或煤油清洗后擦净，涂上系统消耗油（机油）。

2）检查轴承的型号是否与图样一致。

3）滚动轴承的安装方法应根据轴承的结构、尺寸大小及轴承部件的配合性质来确定。

① 圆柱孔轴承的装配。轴承类型不同，轴承内、外圈的安装顺序也不同。对于不可分

离轴承，应根据配合松紧程度来决定其安装顺序。现就深沟球轴承的安装顺序加以说明，见表 3-2。

表 3-2 深沟球轴承内、外圈的安装顺序

配 合 性 质	安装顺序	示 意 图
内圈与轴配合较紧，外圈与座孔配合较松时	先装内圈	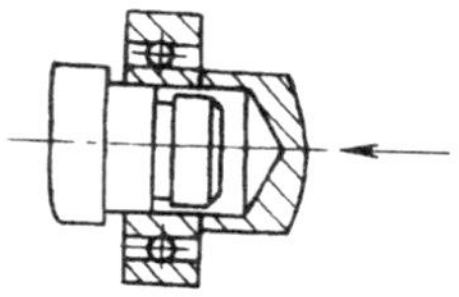
外圈与座孔配合较紧，内圈与轴配合较松时	先装外圈	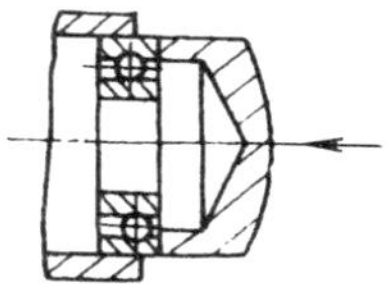
外圈与座孔、内圈与轴配合均较紧时	内、外圈同时安装	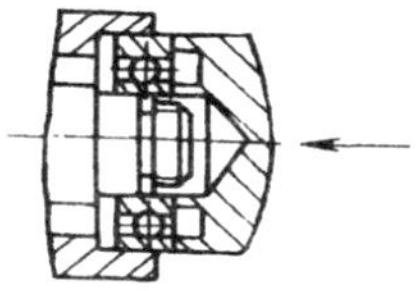

② 推力球轴承的安装。推力轴承有松圈和紧圈之分，松圈的内孔比轴大，与轴能相对转动，应紧靠静止的机件；紧圈的内孔与轴应取较紧的配合，并装在轴上，如图 3-22 所示。

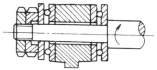

滚动轴承内、外圈的压入。当配合过盈量较小时，可用铜棒、套筒手工敲击的方法压入，如图 3-23 所示。当配合过盈量较大时，可用压力机械压入，如图 3-24 所示，也可采用温差法进行安装。

图 3-22　推力轴承松圈与
紧圈的安装位置

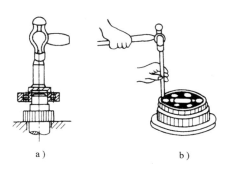

图 3-23　用铜棒、套筒压入轴承

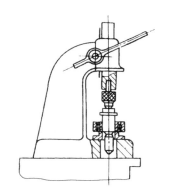

图 3-24　用压力机压入轴承

2. 滚动轴承安装时的调整

滚动轴承的间隙分为轴向间隙 c 和径向间隙 e，如图 3-25 所示。滚动轴承的间隙具有保证滚动体正常运转、润滑及热膨胀补偿作用。滚动轴承的间隙不能太大，也不能太小。间隙太大，会使同时承受负荷的滚动体减少，单个滚动体负荷增大，降低轴承寿命和旋转精度，引起噪声和振动；间隙太小，容易发热，使磨损加剧，同样影响轴承寿命。因此，轴承安装时，间隙调整是一项十分重要的工作。

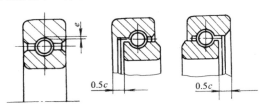

图 3-25　滚动轴承的间隙

常用的滚动轴承间隙调整方法有两种。

（1）垫片调整法　如图 3-26 所示，先将轴承端盖紧固螺钉缓慢拧紧，同时用于慢慢转动轴。当感觉到轴转动阻滞时停止拧紧螺钉，此时已无间隙，用塞尺测量端盖与壳体间的距离，得到间隙为 δ，垫片的厚度应等于 δ 再加上一个轴向间隙 c（c 值可由表 3-3 查得）。

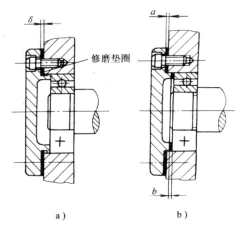

图 3-26　用垫片调整轴承间隙

表 3-3　滚动轴承的轴向间隙 c　　　　　　　　　（单位：mm）

轴承内径	宽 度 系 列		
	轻系列	轻和中宽系列	中和重系列
<30	0.03 ~ 0.10	0.04 ~ 0.11	0.04 ~ 0.11
30 ~ 50	0.04 ~ 0.11	0.05 ~ 0.13	0.05 ~ 0.13
50 ~ 80	0.05 ~ 0.13	0.06 ~ 0.15	0.06 ~ 0.15
80 ~ 120	0.06 ~ 0.15	0.07 ~ 0.18	0.07 ~ 0.18

（2）螺钉调整法　如图 3-27 所示，调整时，先松开锁紧螺母 2，再调整螺钉 3，推动压盖 1，调整轴承间隙至合适的值，最后拧紧锁紧螺母。

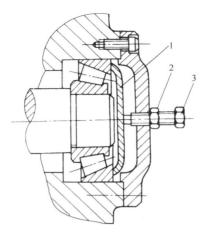

图 3-27　用调整螺钉调整轴承间隙

1—压盖　2—锁紧螺母　3—调整螺钉

第三节　传动机构的安装

传动机构的作用是在两轴之间传递运动和动力，有两轴同轴、平行、垂直或交错等几种形式。传动机构的类型较多，本节主要介绍带传动、链传动、齿轮传动和蜗轮蜗杆传动的安装工艺。

一、带传动的装配

（1）带传动的形式与特点　带传动是利用带与带轮之间的摩擦力来传递运动和动力的，也有依靠带和带轮上齿的啮合传递运动和动力的。带传动按带的截面形状不同可分为 V 带传动、平带传动和同步带传动，如图 3-28 所示。

带传动结构简单、工作平稳；由于传动带的弹性和挠性，具有吸振、缓冲作用，过载时的打滑能起安全保护作用，能适应两轴中心距较大的传动；但带传动的传动比不准确，传动效率较低，带的寿命较短，结构不够紧凑。

平带根据制成的材料不同有皮革带、橡胶带、棉织带和毛织带等，常用的是橡胶带和皮革带。

V 带传动比平带传动应用得更为广泛，尤其在两带轮中心距较小或传动力较大时应用较多。根据国家标准（GB/T 11544—1997），我国生产的 V 带共分为 Y、Z、A、B、C、D、E 七种型号，Y 型带截面尺寸最小，E 型带截面尺寸最大，使用最多的是 Z、A、B 三种型号。

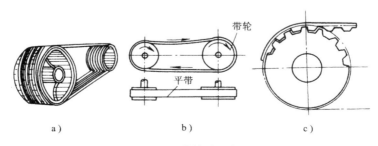

图 3-28　带传动的类型

a）V 带传动　b）平带传动　c）同步带传动

（2）带传动机构的主要装配要求

1）应严格控制带轮的径向圆跳动和轴向窜动。

2）带轮安装在轴上，应没有歪斜和摆动。

3）带轮的宽度相同时，两个带轮的端面应位于同一平面内。

4）平带在轮面上应保持在中间位置，以防止工作时脱落。

5）平带的张紧力要适当，张紧力过小，所能传递的功率降低；张紧力过大，则传动带、轴和轴承的磨损加大，影响使用寿命，同时轴易发生变形，效率降低。

6）当带的速度 $v>5\mathrm{m/s}$ 时，应对带轮进行静平衡试验；当 $v>25\mathrm{m/s}$，还需要进行动平衡试验。

（3）带轮的装配要点 带轮与轴的配合一般选用过渡配合 $\dfrac{H7}{k6}$，并用键或螺钉固定以传递动力，如图3-29所示。

1）装配前应做好孔、轴的清洁工作，轴上涂上机油，用铜棒、锤子轻轻锤入，最好采用专用的螺旋工具，如图3-30所示。压装时，不要直接敲打带轮的端部，特别是在已装进机器里的轴上安装带轮时，敲打不但会损伤轴颈，而且会损伤其他机件。可通过压板对轮毂的各个地方轻轻敲击，以避免因倾斜而产生的卡死现象。

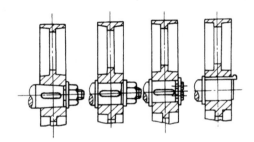

图3-29 带轮的装配方式

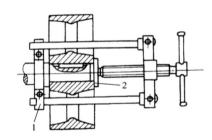

图3-30 螺旋压入工具
1—卡头 2—压板

2）安装后，应检查带轮在轴上的装配精度，一般要求轴向圆跳动 $\delta_1<0.0005D$，径向圆跳动 $\delta_2<0.0005D$，D 为带轮直径。检查圆跳动的方法：较大的带轮可用划针盘来检查，较小的带轮可用百分表来检查，如图3-31所示。

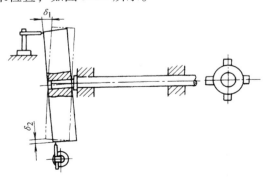

图3-31 带轮轴向圆跳动和径向圆跳动的检查

3）两带轮装配后，应使两轮轴线的平行度符合要求。两带轮的中心平面的轴向偏移量 a，平带一般不应超过 1.5mm，V 带不应超过 1mm；两轴不平行度 θ 角不应超过 ±20°。检查的方法如图 3-32 所示，中心距大的可用拉线法，中心距小的可用钢直尺测量。带轮的中心距要正确，一般可以通过检查并调整带的松紧程度来补偿中心距误差。

4）V 带装入带轮时，应先将 V 带套入小带轮中，再将 V 带用旋具拨入大带轮槽中。安装时，不宜用力过猛，以防损坏带轮。装好的 V 带平面不应与带轮槽底接触或凸在轮槽外。

5）带轮的拆卸：在修理带传动装置前，必须把带轮从轴上拆下来。一般情况下，不能直接用大锤敲打，而应采用拉拔器，如图 3-33 所示。

（4）张紧力的检查与调整

1）张紧力的检查。如图 3-34 所示，在带与带轮的切点 A、B 的中点，垂直于带加一载荷 F，通过测量产生的挠度 y 来检查张紧力的大小。在规定范围内的测量载荷 F 作用下，应产生的挠度为

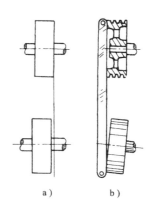

图 3-32　带轮位置
正确性的检查
a）拉线法　b）钢直尺测量

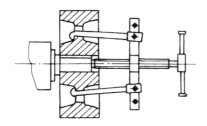

图 3-33　从轴上用拉拔器拆卸带轮

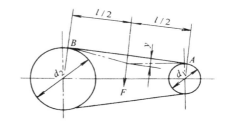

图 3-34　张紧力检查

$$y = \frac{1.6}{100}l \qquad (3-1)$$

式中　l——A、B 两点的距离。

实际测得的挠度若大于计算挠度，说明张紧力过小；反之，说明张紧力过大。

测定张紧力所需垂直力 F 的大小与 V 带型号、小带轮直径 d_1 及带速 v 有关，可按表3-4选取。

表 3-4　测定张紧力所需垂直力 F　　　　　　　（单位：N）

带　　型		小带轮直径 d_1/mm	带速 v/(m·s⁻¹)		
			0～10	10～20	20～30
普通 V 带	Z	50～100	5～7	4.2～6	3.5～5.5
		>100	>7～10	>6～8.5	>5.5～7
	A	75～140	9.5～14	8～12	6.5～10
		>140	>14～21	>12～18	>10～15

（续）

带 型		小带轮直径 d_1/mm	带速 v/(m·s^{-1})		
			0 ~ 10	10 ~ 20	20 ~ 30
普通 V 带	B	125 ~ 200 >200	18.5 ~ 28 >28 ~ 42	15 ~ 22 >22 ~ 33	12.5 ~ 18 >18 ~ 27
	C	200 ~ 400 >400	36 ~ 54 >54 ~ 85	30 ~ 45 >45 ~ 70	25 ~ 38 >38 ~ 56
	D	355 ~ 600 >600	74 ~ 108 >108 ~ 162	62 ~ 94 >94 ~ 140	50 ~ 75 >75 ~ 108
	E	500 ~ 800 >800	145 ~ 217 >217 ~ 325	124 ~ 186 >186 ~ 280	100 ~ 150 >150 ~ 225
窄 V 带	SPZ	67 ~ 95 >95	9.5 ~ 14 >14 ~ 21	8 ~ 13 >13 ~ 19	6.5 ~ 11 >11 ~ 18
	SPA	100 ~ 140 >140	18 ~ 26 >26 ~ 38	15 ~ 21 >21 ~ 32	12 ~ 18 >18 ~ 27
	SPB	160 ~ 265 >265	30 ~ 45 >45 ~ 58	26 ~ 40 >40 ~ 52	22 ~ 34 >34 ~ 37
	SPC	224 ~ 355 >355	58 ~ 82 >82 ~ 106	48 ~ 72 >72 ~ 96	40 ~ 64 >64 ~ 90

【例3-1】 已知一带传动，使用 B 型 V 带，小带轮直径 $d_1 = 200$mm，带速 $v = 10 \sim 20$m/s，带轮中心距 $l = 300$mm。经查表测定张紧力所需垂直力 $F = 15 \sim 22$N。在这一范围内的垂直力作用下，y 值为

$$y = \frac{1.6}{100}l = \frac{1.6}{100} \times 300\text{mm} = 4.8\text{mm}$$

在给定载荷 F 的作用下，若实际产生的挠度值 y' 大于计算值 4.8mm，说明张紧力小于规定值；反之，y' 小于计算值 4.8mm，说明张紧力大于规定值。

2）张紧力的调整。由于传动带的材料不是完全的弹性体，在工作一段时间后会因伸长而松弛，使得张紧力降低。为了保证带传动的承载能力，应定期检查带的张紧力。如发现张紧力不符合要求，必须重新调整，使其正常工作。

常用的张紧装置有以下几种。

① 定期张紧装置：通过调节中心距使带重新张紧。如图 3-35a、b 所示，使用时松开固定螺钉，旋转调节螺钉改变中心距，直到所需位置，然后固定。图 3-35a 适用于接近水平的布置，图 3-35b 适用于垂直或接近垂直的传动。

② 自动张紧装置：常用于中小功率的传动，如图 3-35c 所示，将装有带轮的电动机安装在可以自由转动的摆架上，利用电动机和机架的重量自动保持张紧力。

③ 张紧轮张紧：当中心距不能调节时，可采用张紧轮张紧。张紧轮一般安装在松边内侧，使带只受单向弯曲，延长其使用寿命，同时张紧轮还应尽量靠近大带轮，以减少对包角的影响，如图 3-35d 所示。有时为了增加小带轮的包角，张紧轮可放在松边外侧靠近小带轮

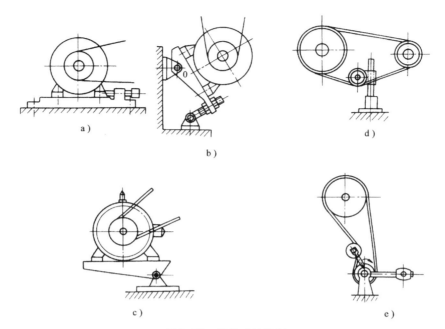

图 3-35　带传动的张紧

处，如图 3-35e 所示，但是带绕行一周受弯曲的次数增加，带易于疲劳破坏。

（5）平带接头的连接　平带的宽度有一定规格，长度按需要截取，并留有一定的余量。平带在装配时对接，其方法主要有以下几种。

1）胶合（或硫化胶合）：接头平滑可靠，连接强度高，工作平稳，但对胶化技术有一定要求，适用于较高速度的传动，应用较广。对皮革带一般使用胶水涂满接头两端斜面，对齐后加压，自然干燥 5～10h；对橡胶传动带，连接表面用生橡胶粘接，加压后加以硫化，硫化温度和时间应符合胶合剂的要求。

2）带扣：在一般机械中常使用，连接迅速方便，但接头强度及工作平稳性较差。

3）带螺栓和金属夹板：连接方便，接头强度高，冲击力大。

二、链传动机构的装配

链传动是由两个（或两个以上）具有特殊齿形的链轮和连接链轮的链条组成的，如图 3-36 所示。由于链传动是啮合传动，可保证一定的平均传动比，同时适用于两轴距离较远的传动，传动较平稳，传动功率较大，特别适合在温度变化大和灰尘较多的场合使用。常用的传动链有套筒滚子链和齿形链。

（1）链传动机构的装配要点

1）两链轮轴线必须平行，否则会加剧链轮和链的磨损，降低传动平稳性，增加噪声，可通过调整两轮轴两端支承件的位置进行调整。

2）两链轮的中心平面应重合，轴向偏移量应控制在允许范围内。如无具体规定，一般当两轮中心距小于 500mm 时，轴向偏移量应控制在 1mm 以内；当两轮中心距大于 500mm 时，

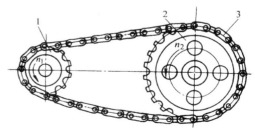

图 3-36　链传动
1—主动链轮　2—从动链轮　3—链条

轴向偏移量应控制在 2mm 以内，可用长钢直尺或钢丝检查。

3）链轮在轴上固定后，其径向圆跳动和轴向圆跳动应符合表 3-5 的规定。

表 3-5　套筒滚子链轮的允许圆跳动公差　　　　（单位：mm）

链轮直径	径向圆跳动	轴向圆跳动	链轮直径	径向圆跳动	轴向圆跳动
≤100	0.25	0.3	>300~400	1.00	1.00
>100~200	0.5	0.5	>400	1.20	1.50
>200~300	0.75	0.8			

4）链轮在轴上的固定方式一般有键联接加紧定螺钉、锥销固定以及轴侧端盖固定。

5）链条的下垂度要求。当链传动是水平或倾斜在 45°以内时，下垂度 f 应不大于 $2\%L$（L 为链轮的中心距）；当倾斜度增加时，要减小下垂度，在垂直放置时 f 应小于 $0.2\%L$，检查的方法如图 3-37 所示。

6）应定期检查润滑情况，良好的润滑有利于减少磨损，降低摩擦功率损耗，缓和冲击及延长使用寿命。常采用的润滑剂为 L-AN32~68 全损耗系统用油（机油），温度低时取前者。

（2）链条两端的连接　当两轴的中心距可调节且两轮在轴端时，链条可以预先接好，再装到链轮上。如果结构不允许，则必须先将链条套在链轮上，然后再进行连接，此时需要采用拉紧专用工具，如图 3-38 所示。如无专用的拉紧工具，可考虑使用铁丝或尼龙绳在跨过接头处穿上，然后绞紧，将两接头拉近即可穿上。

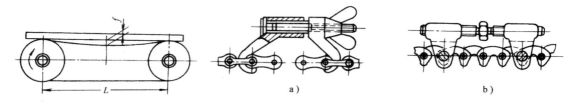

图 3-37　链条的下垂度检查
图 3-38　链条拉紧工具
a）滚子链拉紧专用工具　b）齿形链拉紧专用工具

滚子链的接头形式如图 3-39 所示。当链接头为偶数时，链条的两端正好是外链板和内链板相连接，在此处可用弹簧卡片或开口销来固定，一般前者用于小节距，后者用于大节距；当链接头为奇数时，则需要采用过渡链节，过渡链节的链板受附加弯矩作用，应尽量避免使用。

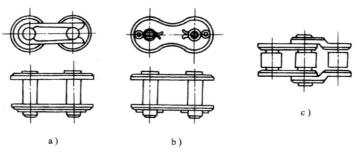

图 3-39　滚子链的接头形式
a）弹簧夹式　b）开口销式　c）过渡链节

三、齿轮传动机构的装配

齿轮传动是最常用的传动方式之一，它依靠轮齿间的啮合传递运动和动力。其特点是能保证准确的传动比，传递功率和速度范围大，传动效率高，结构紧凑，使用寿命长，但齿轮传动对制造和装配要求较高。

齿轮传动的类型较多，有直齿、斜齿、人字齿轮传动；有圆柱齿轮、锥齿轮以及齿轮齿条传动等。

1. 齿轮传动的精度要求

要保证齿轮传动平稳、准确，冲击与振动小，噪声低，除了控制齿轮本身的精度要求以外，还必须严格控制轴、轴承及箱体等有关零件的制造精度和装配精度，才能实现齿轮传动的基本要求。

（1）齿轮传动的使用要求

1）传递运动的准确性：要求齿轮在一转范围内传动比的变化限制在一定范围内，保证传递运动准确。

2）传动的平稳性：要求齿轮在一齿范围内传动比变化小，因瞬时传动比的变动是引起齿轮噪声和振动的主要原因。

3）承受载荷的均匀性：要求齿轮在传动中工作齿面接触良好，承载均匀，避免载荷集中于局部区域而影响使用寿命。

4）齿轮副侧隙的合理性：要求齿轮副的非工作面间有合理的间隙，以储存润滑油，补偿制造、安装误差和热变形。

（2）齿轮的精度等级　国家标准规定齿轮精度等级分为 12 级，其中 1 级精度最高，12 级精度最低。齿轮的公差和极限偏差项目很多，根据对传动性能的影响分为Ⅰ、Ⅱ、Ⅲ三个公差组，分别影响传递运动的准确性、传动的平稳性和载荷分布的均匀性。另外，标准还规定用齿轮副接触斑点和接触位置来评定齿轮副的接触精度。

2. 齿轮传动机构的装配技术要求

为保证装配质量，齿轮装配时应注意以下几点技术要求。

1）保证齿轮与轴的同轴度，严格控制齿轮的径向和轴向圆跳动。

2）齿侧间隙要正确。间隙过小，齿轮转动不灵活，甚至卡死，加剧齿轮的磨损；间隙过大，换向空行程大，产生冲击和噪声。

3）相互啮合的两齿轮要有足够的接触面积和正确的接触部位。

4）对转速高的大齿轮，装配前要进行平衡检查。

5）封闭箱体式齿轮传动机构应密封严密，不得有漏油现象，箱体结合面的间隙不得大于 0.1mm，或涂以密封胶密封。

6）齿轮传动机构组装完毕后，通常要进行跑合试车。

3. 齿轮传动机构的装配方法

（1）齿轮与轴的装配　根据齿轮的工作性质，齿轮在轴上有空转、滑移和固定连接三种形式。安装前，应检查齿轮孔与轴配合表面的粗糙度、尺寸精度及几何精度。

在轴上空转或滑移的齿轮，与轴的配合为小间隙配合，其装配精度主要取决于零件本身的制造精度，这类齿轮装配方便。齿轮在轴上不应有咬住和阻滞现象，滑移齿轮轴向定位要准确，轴向错位量不得超过规定值。

在轴上固定的齿轮，通常与轴的配合为过渡配合，装配时需要有一定的压力。过盈量较小时，可用铜棒或锤子轻轻敲击装入；过盈量较大时，应在压力机上压装。压装前，应保证零件轴、孔清洁，必要时涂上润滑油，压装时要尽量避免齿轮偏斜和端面不到位等装配误差的产生。也可以将齿轮加热后，进行热套或热压。

对于精度要求高的齿轮装配，装配后还需进行径向圆跳动和轴向圆跳动的检查，如图3-40所示。

（2）齿轮轴部件和箱体的装配　齿轮轴部件在箱体中的位置是影响齿轮啮合质量的关键，箱体主要部件的尺寸精度、形状和位置精度均必须得到保证，主要有孔与孔之间的平行度和同轴度以及中心距。装入箱体的所有零部件必须清洗干净，装配的方式应根据轴在箱体中的结构特点而定。

如箱体组装轴承部位是开式的，装配比较容易，只要打开上部，齿轮轴部件即可放入下部箱体，比如一般减速器。但有时组装轴承部位是一体的，轴上的零件（包括齿轮、轴承等）是在装入箱体过程中同时进行的。但在这种情况下，轴上配合件的过盈量通常都不会大，装配时可用铜棒或锤子将其装入。

采用滚动轴承结构的，其两轴的平行度和中心距基本上是不可调的。采用滑动轴承结构的，可结合齿面接触情况作微量调整。

齿轮传动机构中，如支承轴两端的支承座与箱体分开，则其同轴度、平行度、中心距均可通过调整支承座的位置以及在其底部增加或减少垫片的办法进行调整，也可以通过实测轴线与支承座的实际尺寸偏差，将其返修加工的方法解决。

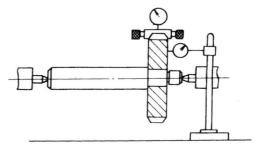

图3-40　齿轮径向和轴向圆跳动的检查

对于大型开式齿轮，一般在现场进行安装施工。安装时应特别注意孔轴的对中要求，通常采用紧键联接，装配前配合面应加润滑油（脂），轮齿的啮合间隙应考虑摩擦发热的影响。

4. 装配质量的检验

齿轮轴部件装入箱体后，必须检验其装配质量，以保证各齿轮之间有良好的啮合精度。装配质量的检验包括侧隙的检验和接触精度的检验。

（1）侧隙的检验　装配时主要保证齿侧间隙，而齿顶的间隙有时只做参考，一般图样和技术文件都明确规定了侧隙的范围值，见表3-6。

表3-6　侧隙的范围

侧隙	结合形式	中心距/mm										
		≤50	>50 ~ 80	>80 ~ 120	>120 ~ 200	>200 ~ 320	>320 ~ 500	>500 ~ 800	>800 ~ 1250	>1250 ~ 2000	>2000 ~ 3150	>3150 ~ 5000
		μm										
C_n	D	0	0	0	0	0	0	0	0	0	0	0
	D_b	42	52	65	85	105	130	170	210	260	360	420
	D_c	85	105	130	170	210	260	340	420	530	710	850
	D_e	170	210	260	340	420	530	670	850	1060	1400	1700

1）压扁软金属丝检查法：如图 3-41 所示，在齿面沿齿宽两端平行放置两条软铅丝（熔断丝），宽齿轮应放 3～4 条，其直径不宜超过最小侧隙的 4 倍。转动齿轮将铅丝压扁后，测量其最薄处的厚度就是侧隙，此法在实践中常用。

2）百分表检查法：如图 3-42 所示，测量时，将一个齿轮固定，在另一齿轮上装夹紧杆。由于侧隙的存在，装有夹紧杆的齿轮便可摆动一定角度，从而推动百分表的测头，得到表针摆动的读数 C，齿轮啮合的侧间隙为

$$C_n = C \frac{R}{L} \tag{3-2}$$

式中　C——百分表读数；
　　　R——装夹紧杆齿轮的分度圆半径（mm）；
　　　L——测量点到轴心的距离（mm）。

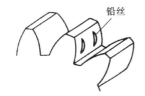

图 3-41　压铅丝检验侧隙

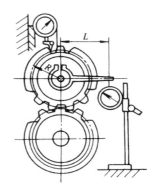

图 3-42　用百分表检测齿轮侧隙

对于模数比较大的齿轮，也可用百分表或杠杆百分表直接抵在可动齿轮的齿面上，将接触百分表测头的齿轮从一侧啮合转到另一侧啮合，百分表上的读数差值就是侧隙数值。

圆柱齿轮的侧隙是由齿轮的公法线长度偏差及中心距来保证的。对于中心距可以调整的齿轮传动装置，可通过调整中心距来改变啮合时的齿轮侧隙。

（2）接触精度的检验　接触精度的主要技术指标是齿轮副的接触斑点，检验时将红丹粉涂于大齿轮齿面上，使两啮合齿轮进行空运转，然后检查其接触斑点的情况。转动齿轮时，被动轮应轻微制动。双向工作的齿轮，正反两个方向都应检查。

一对齿轮正常啮合时，按精度不同，两齿轮工作表面接触斑点的面积大小及分布位置见表 3-7。根据接触斑点的面积和位置情况，还可以判断装配时产生误差的原因，见表 3-8。

表 3-7　齿轮副接触斑点的分布位置及大小

接触斑点	精度等级											
	1	2	3	4	5	6	7	8	9	10	11	12
按高度不小于（%）	65	65	65	60	55	50	45	40	30	25	20	15
按长度不小于（%）	95	95	95	90	80	70	60	50	40	30	30	30

注：接触斑点的分布位置应趋近齿面中部，齿顶和齿端部棱边处不允许接触。

当发生接触斑点不正确的情况时，可通过调整轴承座的位置解决，或采用修刮的方法达

到接触精度要求。

5. 锥齿轮传动机构的装配

表 3-8 直齿圆柱齿轮啮合接触斑点及调整方法

接 触 斑 点	原 因 分 析	调 整 方 法
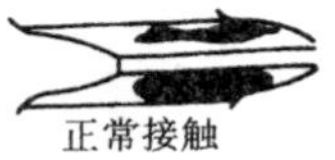 正常接触	正确啮合	—
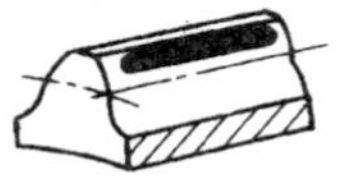	中心距太大	
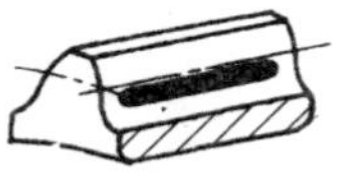	中心距太小	可在中心距允许范围内刮削轴瓦或调整轴承座
 同向偏接触	两齿轮轴线不平行	
 异向偏接触	两齿轮轴线歪斜	
单面偏接触	两齿轮轴线不平行同时歪斜	
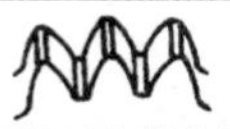 游离接触在整个齿圈上，接触区由一边逐渐移至另一边	齿轮端面与回转轴线不垂直	检查并校正齿轮端面与轴线的垂直度
不规则接触	齿面有毛刺或有碰伤隆起	去除毛刺，修准

锥齿轮传动机构的装配与圆柱齿轮传动机构的装配基本类似，不同之处是它的两轴线在锥顶相交，且有规定的角度。锥齿轮轴线的几何位置一般由箱体加工精度来决定，轴线的轴向定位以锥齿轮的背锥作为基准，装配时使背锥面平齐，以保证两齿轮的正确位置，应根据接触斑点偏向齿顶或齿根，沿轴线调节和移动齿轮的位置。轴向定位一般由轴承座与箱体间的垫片来调整。

因为锥齿轮是垂直两轴间的传动，因此箱体两垂直轴承座孔的加工必须符合规定的技术要求。

如图 3-43a 所示为检验垂直度的方法。将百分表装在检验棒 1 上，再固定检验棒 1 的轴向位置，旋转检验棒 1，百分表在检验棒 2 上 L 长度内的两点读数差，即为两孔在 L 长度内的垂直度误差。

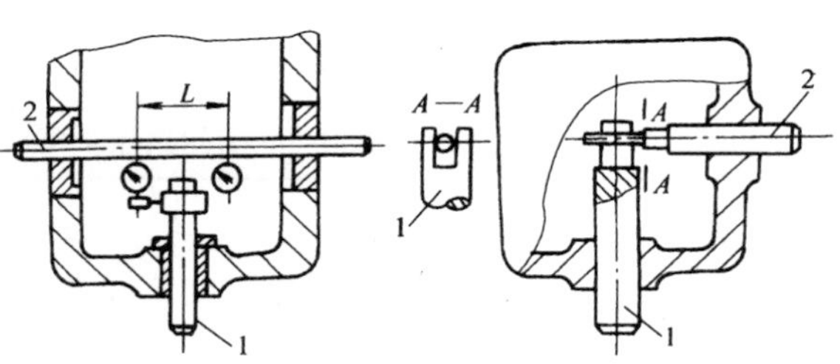

图 3-43　两孔位置精度的检查
a）垂直度　b）对称度

如图 3-43b 所示为两孔的对称度检查。检验棒 1 的测量端做成叉形槽，检验棒 2 的测量端按对称度公差做成两个阶梯形，即通端和止端。检验时，若通端能通过叉形槽而止端不能通过，则对称度合格，否则为超差。

锥齿轮装配后侧隙的检验方法与圆柱齿轮基本相同，其传动的侧隙要求见表 3-9。

表 3-9　锥齿轮的侧隙

（单位：μm）

精 度 等 级	模　数	侧　隙		精 度 等 级	模　　数	侧　隙	
		最小	最大			最小	最大
8	< 8	250	750	9	< 10	300	1100
	8 ~ 10	250	850		10 ~ 16	400	1200
	> 10	300	900		> 16	500	1400

锥齿轮通常也是用涂色法检查齿轮的啮合情况，在无载荷的情况下轮齿的接触部位应靠近轮齿的小端。涂色后，齿轮表面的接触面积在齿高和齿宽方向均应不少于 40%，如图 3-44 所示。

四、蜗杆传动机构的装配

蜗杆传动机构是用来传递两相互垂直轴之间的运动和动力的，两轴交错角为 90。如图 3-45。其传动特点是：传动比大、结构紧凑、有自锁作用、运动平稳、噪声小，但传动效率较低，摩擦和发热量较大，故传递的功率较小，通常 $P \leq 5kW$，蜗轮齿圈通常用较贵重的青铜制造，成本较高，适合于减速、起重等机械。

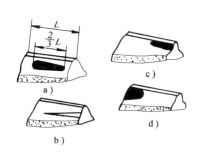
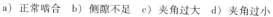

图 3-44　直齿圆锥齿轮的接触斑点
a) 正常啮合　b) 侧隙不足　c) 夹角过大　d) 夹角过小

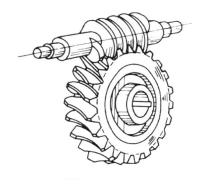

图 3-45　蜗杆传动

按蜗杆的形状，蜗杆传动可分为圆柱蜗杆传动、环面蜗杆传动和圆锥蜗杆传动，其中圆柱蜗杆应用较为广泛，如图 3-46 所示。

1. 蜗杆传动机构的装配技术要求

1）蜗杆轴线应与蜗轮轴线相互垂直，蜗杆轴线应在蜗轮的对称平面内。

2）蜗轮与蜗杆的中心距要准确。

3）有适当的啮合侧隙和正常的接触斑点。

4）装配后应转动灵活，无任何卡滞现象，并受力均匀。

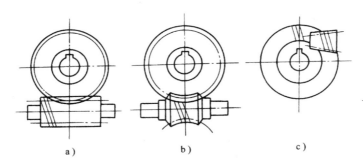

图 3-46　蜗杆传动的类型

a）圆柱蜗杆　b）环面蜗杆　c）圆锥蜗杆

2. 蜗杆传动机构的装配过程

蜗杆传动机构由箱体、蜗轮和蜗杆等零件组成。装配的先后顺序由传动机构的结构形式决定，一般先装蜗轮，后装蜗杆，最后进行检查调整。

将蜗轮安装到轴上的过程和检测方法与安装圆柱齿轮相同，检测蜗轮、蜗杆的径向圆跳动和轴向圆跳动也与圆柱齿轮相同。

箱体是蜗杆传动机构的主体，一般蜗杆的轴线位置是由箱体安装孔确定的，蜗杆的轴向位置对装配质量没有影响。为保证蜗杆轴线在蜗轮轮齿的对称中心平面内，蜗轮的轴向位置可通过改变调整垫片厚度或其他方法调整。蜗杆中心线和蜗轮中心线的距离主要靠机械加工精度保证，并通过垫片调整。

3. 蜗杆传动机构啮合质量的检查

（1）齿侧间隙的检测　蜗杆传动侧隙应符合表 3-10 的要求。对于一般蜗杆传动的齿侧间隙大小，可以用手转动蜗杆，根据空程量的大小判断；要求较高的，可用百分表进行测量。

表 3-10　蜗杆传动的侧隙要求　　　　　　　　　　（单位：μm）

结合形式	中心距 a/mm						
	≤40	>40~80	>80~160	>160~320	>320~630	>630~1250	>1250
D_c	55	95	130	190	260	380	530
D_e	110	190	260	380	530	750	—

如图 3-47a 所示，在蜗杆轴上固定一带量角器的刻度盘 2，百分表测头抵在蜗轮齿面上，用手转动蜗杆，在百分表指针不动的条件下，用刻度盘相对固定指针 1 的最大转角推算出侧隙大小。

如用百分表直接与蜗轮齿面接触有困难，可在蜗轮轴 4 上装测量杆 3，如图 3-47b 所示。

空程角 α 和齿测间隙 C_n 可用下式进行换算

$$C_n = \frac{Z_1 m\alpha}{7.3}$$

（3-3）

式中 C_n——齿侧间隙（μm）；

   Z_1——蜗杆头数；

   m——模数（mm）；

   α——空程角（′）。

（2）蜗轮接触斑点的检验 将红丹粉涂在蜗杆螺旋面上，给蜗轮以轻微阻尼，转动蜗杆。根据蜗轮轮齿上的接触斑点情况，判断啮合质量。正确的接触斑点应在啮合面中部略偏蜗杆旋出方向。如图 3-48a 所示，表示啮合位置正确，图 3-48b、c 表示啮合情况不好，可对蜗轮进行轴向位置的调整，使其达到正常接触。

正确啮合和蜗轮和蜗杆传动，其接触斑点的要求见表 3-11。

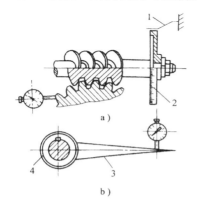 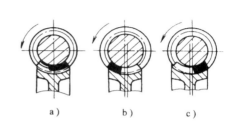

图 3-47 蜗杆齿侧间隙的检验

a）直接测量 b）用测量杆测量

1—刻度盘相对固定指针 2—刻度盘 3—测量杆 4—蜗轮轴

图 3-48 蜗轮齿面接触斑点的检验

a）正确 b）蜗轮偏右 c）蜗轮偏左

表 3-11 蜗杆传动接触斑点要求

精度等级	沿齿高不少于（%）	沿齿宽不少于（%）	精度等级	沿齿高不少于（%）	沿齿宽不少于（%）
7	60	65	9	30	35
8	50	50			

第四节 联轴器的安装

一、联轴器的分类

联轴器用来连接部件之间的两根轴或其他回转零件，是使之一起回转并传递转矩的中间连接装置。

联轴器的类型很多，根据是否含有弹性零件可分为刚性联轴器和弹性联轴器。弹性联轴器因有弹性零件，可起到缓冲吸振的作用，也可在一定程度上补偿两轴之间的偏移；刚性联轴器按结构特点不同，又可分为固定式和可移式两类，可移式刚性联轴器对两轴间的偏移量具有一定的补偿能力。

（1）凸缘联轴器 凸缘联轴器属于刚性固定式联轴器，把两个带有凸缘的半联轴器用键分别与两轴相连接，然后用螺栓把两个半联轴器连成一体。凸缘联轴器结构简单，使用维护方便，传递转矩大，但对两轴的对中性要求较高，如图 3-49 所示。

（2）可移式联轴器　这类联轴器具有轴线可移性，可以补偿两轴间的偏移，若采用弹性元件，还可起到吸振和缓冲作用，适用于两轴对中性不好，转速较高，有冲击振动的场合（图 3-50）。常用的可移式联轴器有滑块联轴器、齿式联轴器和弹性套柱销联轴器等。

（3）安全联轴器　在载荷超过额定值时，安全联轴器中起安全作用的销被剪断，以保护机件不受损坏，如图 3-51 所示。

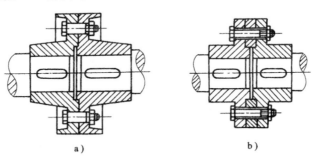

图 3-49　凸缘联轴器

a）无垫片　b）加垫片

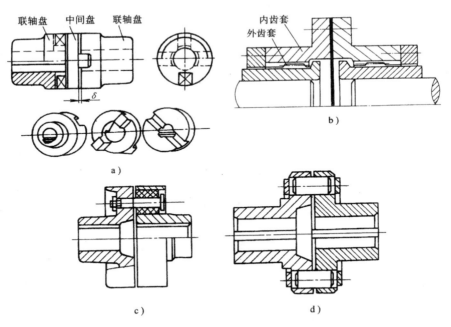

图 3-50　可移式联轴器

a）滑块式　b）齿式　c）弹性套柱销　d）弹性柱销

（4）万向联轴器　万向联轴器主要用于两轴交叉传动（图 3-52），这种联轴器可允许两轴间有较大的夹角，而且在运转过程中，夹角发生变化仍可正常工作，两轴角度偏差可达 $35° \sim 40°$。但当夹角过大时，传动效率较低。万向联轴器单个使用时，两轴的角速度会发生变化，一般可采用成对使用的方法来消除这一现象。

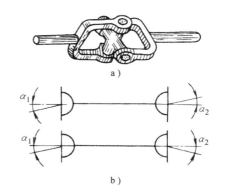

图 3-52　万向联轴器
a）工作示意图　b）主、从动叉轴轴线夹角形式

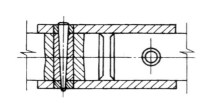

图 3-51　安全联轴器

二、联轴器安装中常见的偏差形式

联轴器连接的两轴由于制造和安装误差、承载后的变形及温度变化等影响，往往不能保证严格的对中，而是存在着某种程度的相对位移和偏斜。常见的偏差形式有两轴中心线的轴向位移、径向位移、角位移和综合位移，如图 3-53 所示。

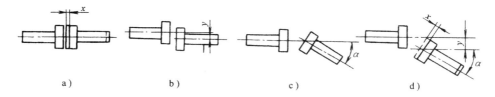

图 3-53　联轴器装配的偏差形式
a）轴向位移　b）径向位移　c）角位移　d）综合位移

过大的偏差将使联轴器、传动轴及其轴承产生附加动载荷，其结果是引起发热，加速磨损，加大振动，甚至发生疲劳及断裂事故。因此，在不能避免两轴相对位移的情况下，可采用弹性联轴器或刚性可移式联轴器来补偿位移和偏斜。

三、联轴器的装配工艺

1. 装配技术要求

1）固定式联轴器装配时，对两轴的同轴度要求严格。

2）保证各连接件连接可靠，受力均匀，不允许有回松、脱落现象。

3）可移式联轴器同轴度虽然没有固定式联轴器要求高，但必须达到所规定的技术要求。装配时如没有特殊要求，转速在 3000r/min 以下时的允许偏差值可参照表 3-12。

4）滑块联轴器的中间盘在装配后能在两联轴盘之间自由滑动。

5）对弹性套柱销或弹性柱销移动式联轴器，两联轴盘柱销插入孔及柱销固定孔，应均匀分布，同轴度好，以保证连接起动后各柱销的受力均匀。

表 3-12　联轴器的装配允许偏差　　　　　　　　　（单位：mm）

联轴器形式	直径 D	径向偏移	扭　斜
弹性套柱销联轴器	105～260	0.05	0.20
	290～500	0.10	0.20
齿式联轴器	170～185	0.30	0.50
	220～250	0.45	0.50
	290～430	0.65	1.00
	490～590	0.90	1.50
	680～780	1.20	1.50
	900～1250	1.50	2.00
蛇形弹簧式	≤200	0.10	1.00
	200～400	0.20	1.00
	400～700	0.30	1.50
	700～1350	0.50	1.50
	1350～2500	0.70	2.00
滑块联轴器	≤300	0.10	0.80
	300～600	0.20	1.20

2. 装配工艺要点

1）测出两被连接轴各自轴心线到各自安装平面间的距离。

2）将两联轴盘通过键分别装在两轴上。

3）把一轴所装组件（一般选较大而笨重、轴心线到安装基准距离较大的组件）先固定在基准平面上。

4）通过调整垫铁，使两联轴器和盘轴心线高低一致。

5）用刀口形直尺和塞尺以固定轴组为基准，校正另一被连接轴盘，使两联轴盘在水平面上中心一致，也可用百分表校正。

6）均匀连接两连接轴盘，依次均匀旋紧联接螺钉。

7）用塞尺检查两联轴盘连接平面是否有间隙，要求四周塞尺塞不进。

8）逐步均匀旋紧轴组件的安装螺钉，同时检查两轴转动松紧是否一致，如有转动卡滞现象，需重新调整。

第五节　过盈配合件的安装

一、过盈连接的特点及形式

过盈连接依靠包容件（孔）和被包容件（轴）的过盈配合使装配后的两零件表面产生弹性变形，在配合面之间形成横向压力，依靠此压力产生的摩擦力传递转矩和轴向力。其形式简单，对中性好，承载能力强，能承受变载荷和冲击载荷，但配合面的加工要求较高。

二、过盈连接的安装工艺

过盈连接的装配按其过盈量与公称尺寸的大小，主要有压入法、热胀法和冷缩法等。装配前应仔细清理配合面，不应有毛刺、凹坑和凸起等缺陷，检查配合尺寸是否符合规定要求。

1. 压入装配法

此法可分为锤击法和压力机压入法两种，适用于过盈量不大的配合。

锤击法可根据零件的大小、过盈量、配合长度和生产批量等因素，用锤子或大锤将零件打入装配，一般适用过渡配合。用压力机压入法需具备螺旋压力机、气动杠杆压力机和液压机等设备，直径较大的还需用大吨位的压力机。

1）压入前，可在配合表面涂上润滑油，以防装配时擦伤表面。

2）压入过程应保持连续，并注意导正，速度也不宜过快，一般为 2 ~ 4mm/s，不宜超过 10mm/s。

3）对于细长的薄壁零件，要特别注意检查其形状偏差，装配时应垂直压入。

4）锤击时不可直击零件表面，应采用软垫加以保护。

5）装配时如果出现装入力急剧上升或超过规定数值时，应停止装配，必须在找出原因并处理后方可继续装配。

2. 热胀装配法

对于过盈量较大的配合，一般采用热装的方法，利用物体受热后膨胀的原理，将包容件加热到一定温度，使孔径增大，然后与相配件装配，待冷却收缩后，配合件便紧紧地连接在一起。

热胀装配法适用于配合零件，尤其是过盈配合的零件。确定配合件是否采用热胀装配法，要根据零件的大小、配合尺寸公差、零件的材料、零件的批量、工厂现有设备状况等条件确定。对于大直径的齿轮件中齿毂与齿圈的装配和一般蜗轮减速机中轮毂与蜗轮圈的装配等，因其属于无键联接传递转矩，一般都采用热胀装配法。对于一般轴与孔的装配，看其过盈量大小和轴与孔件的材料来确定装配方法。一般过盈量大的应采用热装配法；过盈量不太大的，如果轴与孔件都是钢质材料，也应优先考虑热胀装配，也可以选择压装方法。但压装的质量合格率远不及热胀装，因压装受设备压力限制、人员操作水平及零件加工质量、压装时不可测因素等影响。对于一些较小的配合件，如最常见的滚动轴承等，一般采用热装法为宜。

（1）加热温度 加热温度的计算公式为

$$t = \frac{\Delta_1 + \Delta_2}{d\alpha} + t' \tag{3-4}$$

式中　t——加热温度（℃）；

　　　α——加热件的线胀系数（℃$^{-1}$）；

　　　Δ_1——配合的最大过盈量（mm）；

　　　Δ_2——热装时的间隙量（mm），一般取（1 ~ 2）Δ_1；

　　　d——配合直径（mm）；

　　　t'——室温（一般取 20℃）。

常用金属材料的线胀系数：

钢、铸钢——0.000011；　　　　　　铸铁——0.000010；

黄铜——0.000018；　　　　　　青铜——0.000017；

纯铜——0.0000017。

对于碳钢件，加热温度可查阅表 3-13

表 3-13　碳钢件的加热温度 t　　　　　　　　　　（单位：℃）

配合直径/mm	Δ_2/mm	H7/u5		H8/t7		H7/s6		H7/r6	
		Δ_1/mm	t	Δ_1/mm	t	Δ_1/mm	t	Δ_1/mm	t
80 ~ 100	0.10	0.146	295	0.178	315	0.073	230	0.073	215
>100 ~ 120	0.12	0.159	275	0.158	295	0.101	215	0.076	195
>120 ~ 150	0.20	0.188	315	0.192	310	0.117	255	0.088	235
>150 ~ 180	0.25	0.228	305	0.212	290	0.125	245	0.090	220
>180 ~ 220	0.30	0.265	305	0.226	290	0.151	245	0.106	220
>220 ~ 260	0.38	0.304	300	0.242	280	0.159	270	0.109	220
>260 ~ 310	0.46	0.373	300	0.270	280	0.190	250	0.130	230
>310 ~ 360	0.54	0.415	295	0.292	270	0.226	240	0.144	220
>360 ~ 440	0.66	0.460	310	0.351	280	0.272	250	0.166	230
>400 ~ 500	0.75	0.517	290	0.393	260	0.292	240	0.172	210

（2）常用的加热方法

1）热浸加热法：常用于尺寸及过盈量较小的连接件，加热均匀、方便。

2）电感应加热：适合大型齿圈加热。

3）电炉加热：在专业厂家生产批量大的情况下，通常使用低温加热炉。

4）煤气炉或油炉加热：大型件可考虑借用铸造烘热型的加热炉（可利用其加热铸件后的余温加热，但这种炉温不好掌握）。

5）火焰加热：多用于较小零件的加热。这种加热方法简单，但易于过烧，要求具有熟练的操作技术。

3. 冷缩配合法

当套件较大而压入的零件较小时，采用加热套件不方便，甚至无法加热，或有些套件不准加热时，可以采用冷缩配合法。

冷缩法是利用物体温度下降时体积缩小的原理将轴件冷却，使轴件尺寸缩小，然后将轴件装入孔中，温度回升后，轴与孔便能紧固连接。

冷缩配合法常用的冷却剂及冷却温度为：

干冰：-78℃；　　液氨：-120℃；

液氧：-180℃；　　液氮：-190℃。

冷缩法与热胀法相比，变形量小，适用于一些材料特殊或装配精度要求高的零件；但所用工装设备比较复杂，操作也较麻烦，所以应用较少。

思考题与习题

3-1　普通螺纹联接的基本类型有哪些？各用于什么场合？

3-2　对螺纹联接安装有哪些基本要求？

3-3　对螺纹联接预紧力控制有哪些常用的方法？

3-4　螺纹联接产生松动的原因是什么？常用的防松方法有哪些？

3-5　螺纹联接安装时，应注意些什么？

3-6 什么是松键联接？什么是紧键联接？松键联接和紧键联接应注意些什么？

3-7 花键联接有何特点？花键联接的安装应注意些什么？

3-8 滑动轴承的优点是什么？对滑动轴承安装有哪些基本要求？

3-9 试述整体式滑动轴承的安装步骤。

3-10 试述剖分式滑动轴承的安装步骤。

3-11 滚动轴承有哪些优点？滚动轴承安装时，应注意些什么？

3-12 带传动的特点是什么？有哪几种类型？

3-13 带传动机构装配的基本要求是什么？

3-14 为什么要调整带传动的张紧力？如何判断张紧力是否合适？

3-15 链传动机构装配有哪些基本要求？

3-16 齿轮传动有何特点？齿轮传动的装配技术要求有哪些？

3-17 齿轮传动有哪几方面的使用要求？怎样进行齿轮机构侧隙和接触精度的检查？

3-18 如何进行锥齿轮安装孔的垂直度和相交度检查？

3-19 简述蜗杆传动的装配技术要求。

3-20 蜗杆传动的啮合质量如何检查？

3-21 常用联轴器有哪些类型？怎样调整联轴器的同轴度？

3-22 过盈连接的装配方法有哪些？有哪些装配要求？

第四章　金属切削机床的安装工艺

第一节　概　　述

金属切削机床（简称机床）广泛应用于机械零件加工、机器制造和维修企业，成为这些企业的主要生产设备。资料统计表明，我国每年需要安装和移装大量的机床设备。随着机床工业的发展以及激光技术、数字显示和数字控制技术、静压技术和微机等高新技术在机床上的成功结合运用，机床安装不仅任务量越来越大，而且对安装质量的要求也越来越高。因此，作为机械设备安装专门人才，应该在努力学习和掌握好设备安装基本知识技能的基础上，认真了解机床的基本安装要求。在安装过程中，严密组织，精心施工，确保机床投入生产前的安装工程质量。

机床的安装，按其基础形式、固定方法、结构特点、安装调试方法及安装数量的不同，一般可分为以下几种类型。

1）按安装基础形式不同，可分为混凝土地坪安装和单独基础安装。普通精度的中小型机床，可直接以混凝土地坪作为安装基础；对部分中、小型精密机床，只要远离振源，也可安装在混凝土地坪上；而对于大型、重型和要求较高的精密机床和高精度机床，则必须安装在单独基础上。

2）按机床安装中是否使用地脚螺栓固定，可分为有地脚螺栓安装和无地脚螺栓安装。无地脚螺栓安装仅适用于重心较低、干扰力较小的小型、轻型机床的安装。

3）按机床结构特点不同，可分为整体安装和组合安装。一般中小型机床的各个部件都装配在整体的床身或底座上，其安装方式为整体安装。大型机床、重型机床和联动机床（组合机床生产自动线）等，其部件之间或机床与机床之间需要在安装时先预埋再进行装配组合和调整，或按规定的位置和标高进行安装调整时，属现场组合安装。

4）按安装规模和数量不同，可分为大量安装和零星安装。在新建厂、车间或企业搬迁安装规模较大，机床种类和数量较多时，为大量安装。在新增添机床、改变工艺布置而移装机床时，安装规模较小，机床数量少，称为零星安装。

一、机床的分类

我国目前将机床分为 12 大类，即车床、钻床、铣床、镗床、刨（插）床、磨床、齿轮加工机床、螺纹加工机床、拉床、电加工及超声波加工机床、切断机床及其他机床。

除了上述基本分类方法外，还有以下分类。

（1）按金属切削机床的通用特性　可分为通用机床、专门化机床和专用机床。

（2）按机床的工作精度　可分为普通机床、精密机床和高精度机床。

（3）按机床所能加工的工件尺寸　一般来说，工件尺寸越大，加工用的机床越大，机床的重量也越重。以此方法，机床可分为如下种类。

1）仪表机床：加工仪表零件。

2）中小型机床：机床自重在 10t 以下。

3）大型机床：机床自重为 10～30t；但某些机床虽然本身重量未达到 10t，因其外形尺寸较大，仍列为大型机床，如立式车床、卧式镗床和龙门铣床等。

4）重型机床：在大型机床中，自身重量超过 30t 的机床。但对于某些大型机床，无论其自重是否超过 30t，均列为重型机床，如最大加工直径超过 3000mm 的立式车床、镗轴直径大于 125mm 的镗床和最大加工宽度在 1250mm 以上的龙门刨床等。

5）特重型机床：自身重量超过 100t 的机床，通常称为特重型机床。

大型机床、重型机床和特重型机床大多是解体分装运输到安装现场，由专业安装人员进行安装调试。

二、机床型号的编制方法

我国国家标准规定，机床型号是由汉语拼音和阿拉伯数字按一定规律排列组合而成的，用以表示机床的类别、主要技术参数和使用与结构特性。例如，CW6140 型精密卧式车床型号中的代号及数字的含义如下：

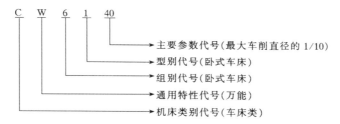

（1）机床类别代号　用大写汉语拼音字母表示，如车床-C、铣床-X 等，共 12 类。

（2）机床特性代号　也用汉语拼音字母来表示，代表机床具有的特别性能，包括通用特性和结构特性，如 CW6140 中的 W 表示万能的意思，即该机床为万能卧式车床，其床身上最大加工工件直径为 400mm。

同时具有两种特性时，可用两个代号同时表示。如 MBG1432，该机床表示最大磨削直径为 320mm 的半自动高精度万能外圆磨床。

（3）机床组别和型别代号　是用两位数字表示的，每类机床按用途、性能、结构的不同分成 10 型，用阿拉伯数字"0～9"表示。

（4）主要参数代号　是用阿拉伯数字表示的，表示机床的主参数，通常用主参数的 1/10 或 1/100 表示。

（5）机床重大改进的序号　当机床的性能及结构有重大改进时，按其设计改进的次序分别用汉语拼音字母"A、B、C、D、…"表示，以区别于原机床的型号，如 CW6140B 就是 CW6140 车床的第二次改进形式。

第二节　机床安装基本工艺

机床种类繁多，形式各异，因此安装的方式也不同。但无论采用何种安装方式，其基本安装程序是类似的，即基础检查与放线、机床开箱清理、就位和找正、初平与二次灌浆、零部件的清洗和装配、精平与固定、安装精度检查调整和试运转、灌浆抹面与竣工验收等。以上是机床安装的一般过程。在进行机床安装之前，还应针对不同的具体机床，按照机床说明书要求和安装现场的实际情况，制订可行的机床安装施工方案，确定好施工方法和步骤、检测质量标准和方法、检测工具和施工安全防护措施等。另外，应根据机床技术文件，结合生产实际工艺和地质资料，确定和设计出安装机床的基础；根据生产方式、生产工艺流程和厂房的具体条件，确定好机床的平面布置和排列方式。

一、基础的确定

1. 基础平面尺寸及深度的确定

机床基础的确定和制作是机床安装中的一项重要内容，基础制作质量的好坏会直接影响到机床的后期精度，特别是对于重型、大型和高精度机床更是如此。

一般情况下，基础平面尺寸是由机床生产厂家提供的机床说明书中给定的。它应比机床底座的外部尺寸略大，这既增加了基础的刚度，又方便机床的调整。通常车床基础的每边比底座大 100 ~ 300mm；刨床的基础每边比底座大 200 ~ 500mm；磨床的基础每边比底座大 200 ~ 700mm。

基础平面尺寸的安装螺孔至基础边缘应不少于200mm。

2. 基础的防振要求

为了保证机床安装后的使用精度，机床安装时的基础平面位置须与铁路、公路及有振源的设备保持必要的距离。同时，精密机床与冲击振动较大的机床如牛头刨床、插床等之间，也应保持 5 ~ 10m 的距离。对于高精密的机床，除采取以上措施外，还应进行基础的减振隔振处理。常用的方法有两种。

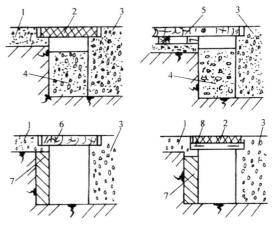

1）在机床基础四周开设隔振沟，即在机床基础的四周开设宽 150 ~ 200mm 的深沟，其深度应大于基础深度的 100 ~ 200mm，沟内填以木屑或炉渣拌砂。隔振沟的上口一般加盖木板或塑料盖板，盖板与地坪及基础间应保留一定的间隙。常见隔振沟的形式如图 4-1 所示。

图 4-1　隔振沟的形式

1—混凝土地坪　2—塑料盖板　3—机床基础
4—炉渣或其他隔振材料　5—地板或盖板
6—木质盖板　7—砖砌外壁　8—橡胶垫

2）基础隔振，即在基础下部（及四周侧面）铺设隔振垫层、隔振材料或将弹性支承元件放置在基础底部，以支承机床和基础的全部载荷，以减小振动的输入。这种基础称为浮动基础或浮悬式基础。常见的方式主要有铺设隔振材料的浮动基础（图 4-2a）和采用弹性元件隔振的浮动基础（图 4-2b）。弹性支承元件的主要形式如图 4-3 所示。

3. 机床安装位置的确定

在加工工艺路线（工艺平面布置）已确定，单台机床基础已设计的情况下，应从操作、维修、安全和充分利用车间面积等方面综合考虑机床安装的相对位置，排出要安装的机床与机床之间、机床与车间立墙或立柱之间的合适距离。

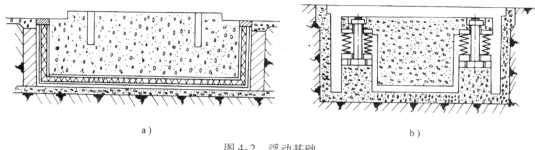

图 4-2　浮动基础

a）铺设隔振材料　b）采用弹性元件

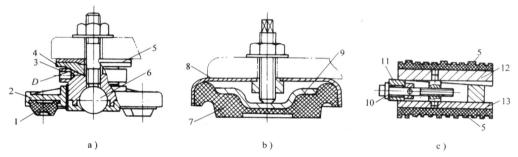

图 4-3　弹性支承元件

a）ZXL 型减振垫铁　b）S78-10 型减振垫铁　c）DT40 型减振垫铁

1—橡胶圈　2—底盘　3—升降座　4—球面座　5—橡胶垫　6—大钢球

7—碗形橡胶座　8—支承座　9—上盖板　10—螺杆　11—楔铁　12、13—上、下垫铁

机床在车间平面排列，一般有背靠背排列法、横向排列法和纵向排列法，见表4-1。

表 4-1　机床排列形式

序号	1	2	3
排列类型	直线排列	平行排列	交错排列
示意图例			
序号	4	5	6
排列类型	斜向排列	面向排列	背向排列
示意图例			

当操作者背靠背操作时，中间距离为 1300～1500mm；当两操作者面向同一方向操作时，两机床间距离为 800～900mm。

此外，在机床安装位置确定时，还应注意机床辅助设备、电气设备和运输设备等对机床相对位置的要求。

二、基础的检查和放线

1. 基础的检查

基础检查的目的是对基础的尺寸设计和施工质量进行复查，对其不符合设计要求和质量要求的部分采取必要的补救措施；对需要进行二次灌浆、预压和隔振的基础进行处理。基础的预压是指对基础及基础下地层的承载能力试验，采用的方法是用钢材、砂子或石子等重物均匀地压在基础上，预压物的重量应等于机床自重和允许加工工件最大重量总和的 1.25~2 倍，预压时间一般为 3~5 天。在预压期间要昼夜不断，每隔 2h 观测并记录基础的下沉情况，直到基础不再继续下沉为止。

基础检查的内容主要有基础平面的水平度、基础中心线、基础标高、预埋地脚螺栓或预留地脚螺栓孔的位置度、地坑及隔振沟的位置、基础的外形尺寸及外观质量等是否符合要求。

2. 基础放线

在基础检查并确认合格的条件下按照施工图并依据建筑物的轴线（或室内地坪边缘）测定并用墨线标出机床安装位置的纵、横中心线及其他安装基准线。若基础标高不在同一平面且中心线又较长时，还应用经纬仪在中心线上投出若干点，然后分段标出。当基础上埋设了中心标板时，应将点投影到中心标板上，打样冲眼标出。有标高要求时，标高基准线按建筑物标高测定。两台以上机床若有相互连接、衔接和排列关系，应按其要求确定共同的安装基准线。

三、机床开箱、就位和找正

1. 机床开箱

机床开箱应有业主代表人员参与，共同按装箱单检查清点和记录。清点检查的目的：第一是确认机床的零件、部件、附件是否齐全；第二是有无质量问题，如因制造、装运、保管等因素造成外观损坏、表面锈蚀等情况；第三是将清点检查结果做好机床开箱检查记录，机床交由安装单位保管，对发现的问题及时查询、处理和补救。通过开箱检查，只能初步了解机床的完整程度和零部件是否缺少等能够看得到的外观质量，机床的内部缺陷和问题、技术状况和精度情况，必须在安装过程中的其他施工工序（如机床的拆卸、清洗清理、装配以及找正找平等）中继续进行了解。机床开箱时，应注意下列事项。

1）开箱前，查明机床的名称、规格、型号、箱号、箱数及包装情况，防止开错。

2）应尽可能在未开箱前将机床吊运到安装就位点附近，以减少开箱后的搬运工作量。

3）开箱时应将箱顶上的尘土杂物扫除干净，以防止开箱时尘土散落在设备上。

4）开箱一般应从顶板开始，拆除顶板查明情况后再拆除其他部位箱板。若顶板不便拆除，可选择适当部位拆除侧板，观察内部情况后再开箱。开箱过程中要注意保护机床不被碰损。对机床上的各运动部件，在尚未清除防锈剂前，不得转动和移动。因检查需要清除防锈剂时，应使用硬度较软的非金属刮具，检查后应及时重新涂上。

2. 机床就位

机床就位是将机床搬运或吊装到经检验的基础上，其方法通常视现场具体条件确定。

3. 机床的找正

机床找正的任务是使机床的纵、横中心线或定位基准与基础的中心线或安装基准对正。对机床部件与部件之间或机床与机床之间有直线度、平行度及同轴度要求时，也可通过找正达到初步满足。

找正的方法通常是应用吊装机具、撬杠或举升器使机床处于水平或垂直位移，再用垫铁垫实。需要注意的是，安放垫铁时应为下道工序留有足够的调整余量。

四、机床的找平

机床找平工序是机床安装工程的主要环节，一般包括机床的初平、机床的固定、机床的清洗、组装和机床的精平。

1. 机床的初平

机床的初平一般与机床的就位找正结合进行。初平的目的是将机床的水平度调整到基本符合要求的程度。通常，此时机床的所有零部件还没有彻底清洗，地脚螺栓还没有进行二次灌浆，因而无法对机床进行紧固。

机床初平时，必须选择合理的被测基准，一般选择最能体现机床安装水平度且经过精加工、便于检测的部位，如工作台面、支承移动工作台面的导轨面或底座安放工作台的平面等。

机床的床身是机床的主要基础部件，在床身上不仅要安装主轴箱和立柱等部件，还要安装移动部件，如工作台、溜板箱、尾座和中心架等。

移动部件是以床身导轨为导向基准来实现工件的加工精度；固定部件是以床身导轨为定位基准而固定的。床身导轨的安装和调整精度是否符合要求，不仅影响其上所安装部件的相互位置精度，还影响到机床今后的工作精度。因此，机床的初平和精平，一般都是以床身导轨或工作台面作为安放检测测量工具的基准。检测时在床身导轨上放置桥尺、平尺或检验棒，用水平仪在检验棒或平尺（桥尺）上按纵、横方向测量，如图4-4所示。放置测量工具前应将机床床身导轨上的被测面擦拭干净，要注意检查地脚螺栓、螺母和垫圈、垫铁安放的位置和数量是否符合要求。

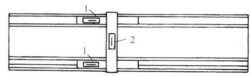

图4-4　检验机床床身的安装水平
1—纵向水平仪　2—横向水平仪

由于初平时是通过调整垫铁来调整机床的水平度，故当使用垫铁的种类不同时，调整的方法也不同。机床安装使用的垫铁通常为可调垫铁和钩头成对斜垫铁。

调整垫铁一般用于精度较高的金属切削机床（如车床、磨床、龙门刨床、龙门铣床、镗床等）的安装中。调整垫铁可分为由上、下两块组成的两块式和由上、中、下三块组成的三块式等形式。

使用可调垫铁时，垫铁的底座应用混凝土灌牢（但活动部分如螺纹面、垫铁滑动面上不允许有混凝土砂浆），螺纹部分和调节块滑动面上应涂以耐水性较好的润滑脂，每组垫铁应有足够的升高余量，在机床调平后仍应有可再升高的调节量。如果需要降低垫铁的高度，应使调节块降到所需高度略低的位置，再将调节块回拧以消除配合件的间隙，防止机床运转过程中，因存在间隙而导致调节块移动，影响机床精度。

在地脚螺栓拧紧的情况下，若需对垫铁进行调整，必须先松开地脚螺栓的螺母。

机床的初平方法和要求与其他设备基本一致。但机床安装调整水平时，无论初平还是精平，都应遵循"自然调平"的原则，即保持处于自由状态，不应采用紧固地脚螺栓局部加压的方法强制机床变形使之达到安装水平精度的要求。运用"自然调平"方法找平，特别是精平，可以使机床通过垫铁的调整实现安装水平。在垫铁全部与机床底座接触受力均匀后，再将地脚螺栓均匀拧紧，使机床通过地脚螺栓与基础紧固成一体，不仅能提高机床与基础之间的接触刚度，还可减小因地脚螺栓紧固时对机床产生的内应力，使机床安装的水平精度不至丧失。

对于不进行二次灌浆法安装的机床，可以不进行初平。

机床初平后，垫铁伸入机床底座底面的长度应超过地脚螺栓的中心；垫铁外端面应露出机床底面的外缘，平垫铁宜露出 10~30mm，斜垫铁宜露出 10~50mm，并应及时进行二次灌浆，使地脚螺栓与基础形成一个整体。操作时不能碰撞机床，地脚螺栓应固定在自然垂悬时的位置，其轴线不能歪斜，机床应保持原有的安装水平。

2. 机床的清洗

机床的清洗在二次灌浆后混凝土养护约一周进行，目的是除去机床床身及零部件表面的防锈剂、锈蚀层及其他污物。现场组装的大型、重塑机床，需组装的零部件应按装配顺序清洗干净，并涂以润滑油（脂）。常用的精洗剂和清洗方法详见本书第二章。

3. 组装

由于机床的种类很多，每种机床的安装步骤和方法各不相同，但均应遵循《金属切削机床安装工程施工和验收规范》（GB 50271—2010）的基本要求，同时还应注意以下几点。

1）机床在现场组装前，应配备好主要工种的安装施工人员，他们对机床的规格、性能、主体结构、主要运动原理、各零部件间的相互位置关系和装配顺序及安装精度等技术要求应充分了解；制订好周密的安装施工方案及安全技术措施；准备好必须的工机具、量具和设备，方可进行组装。组装时，应符合机床设备技术文件的规定，对出厂时已经装配好的零部件，一般在现场不必再进行拆装。因检测或调试必须拆卸的部件，拆卸时应做好被拆件原始装配位置和装配间隙等技术数据记录，以便重新组装时恢复原有的技术状况。新组装的部件，应先检查与装配有关的零部件尺寸及配合精度，经确认相符后再行装配。

2）现场进行机床组装，一般应先从床身（或底板）等基准件开始逐步展开。在安装的同时，逐件对机床进行找平，安装一件找平一件，各部件找平时均应在机床处于自由状态下进行。如果由于制造、运输和保管等原因，在安装紧固前已有变形，使得在自由状态下已无法调整达到规定的精度要求时，要及时同有关部门研究处理。

3）凡是机床的滑动、滚动和转动部件，其运动应灵活轻便，没有阻滞现象。对需要组装的丝杠，若有变形，应按制造标准进行校直检验。一般丝杠应保证螺母顺利通过。丝杠在保管中应垂直悬吊，精密丝杠要特别注意防止损伤和变形。

4）特别重要的固定接合面，如立式车床的立柱与底座的结合面等应紧密贴合，紧固后用 0.04mm 的塞尺检验，不应插入；而滑动、移置导轨与滑动件的接合面，应在导轨镶条压板端部的滑动面间用 0.04mm 的塞尺检验，插入度不得超过 20mm，导轨与导轨的接头处应保证平齐。

5）组装大型机床时，应检验定位销孔确实对准后，再放入定位销，销与销孔应接触良好。销装入销孔内的深度应符合规定，并能顺利取出。销装入后需要重新调整连接件时，不应使销受剪力，严禁利用定位销来强制纠正零部件位置。

6）在恒温车间安装精密机床时，其精平调试工序应在室内恒温条件具备后进行；用于检测调试的量具，应在待检机床的安装场所放置一定时间，待其温度同室温基本一致后再使用，以避免因温差较大导致的检测误差。

4. 机床的精平

当机床地脚螺栓孔灌注的混凝土强度达到 75% 以上时，就可以进行机床的精平。精平的目的是经过对机床安装水平度、垂直度的再次调整，使机床的几何精度达到设计制造精度要求。否则，机床的基础件如床身、底座等会因失去水平或垂直产生较大的变形，从而导致与其配合、连接的零部件变形或倾斜，降低机床的运动精度和加工精度，并加剧运动零部件的磨损，缩短机床的使用寿命。

机床精平的具体检测调整方法与机床初平的方法基本相同，只是调整工作更细致，测量精度要求更高。机床精平时所用的检测工具的精度应高于被检测部件的精度，一般检测工具的测量误差应为被检测部件精度极限偏差的 $1/5 \sim 1/3$。

精平时，根据机床导轨运动轨迹方向的不同，一般可分为具有直线运动轨迹导轨的机床和具有圆周运动轨迹导轨的机床。现分述如下。

（1）具有直线运动导轨的机床　当检验直线运动导轨和工作台都较长的机床（如外圆磨床和平面磨床等）的安装水平时，其最大磨削长度≤1000mm，应将工作台移至床身中间位置，并在工作台中央按导轨纵向和横向放置水平仪进行测量。

当检验调整直线运动为导轨较长、工作台较短的机床（如卧式车床、卧式镗床等）的安装水平时，可将水平仪放置在床身导轨或桥板上，沿导轨间隔一定距离依次进行纵、横向的调整测量。检验工作台（或溜板）的运动精度，可直接将水平仪放置在工作台（或溜板）上，在床身导轨的不同位置上测量其水平度。在进行上述调整时，要同时注意满足工作台移动对主轴回转中心线的平行度要求。

对刚度较差的长导轨机床及多段拼接床身的机床，如龙门刨床、龙门铣床和导轨磨床等的安装水平进行检测调整时，应将水平仪直接（或通过桥板）放置在床身导轨上，在导轨两端（或接缝两端位置）上检查和调整机床的安装水平。也可在床身立柱连接处或工作台中央（大型平面磨床、外圆磨床）直接或通过桥板放置水平仪进行调整测量。测量中要兼顾调整床身导轨的其他有关精度。

对导轨短、刚度好的机床，如工具磨床、小型内外圆磨床、坐标镗床等机床，可将水平仪直接放置在工作台面上的中央位置，分别进行纵、横向的安装水平的调整测量。

（2）具有圆周运动轨迹导轨的机床　这类机床主要有立式车床、圆台铣床和滚齿机等。精平时，可在机床导轨上跨底座中心按"米"字形放置等高块和平行平尺，用水平仪进行安装水平测量，如图4-5所示。也可在工作台面上跨越工作台中心放置等高块和平行平尺，平尺用等高块支承（两块等高块跨距应大于工作台半径）。在平尺上放置水平仪，分别测量调整纵、横向安装水平，然后将工作台旋转180°，再进行测量，以两次测得结果的代数和之半为安装水平的实际误差。

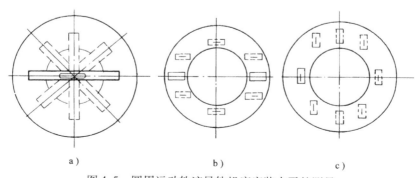

a)　　　　　　　　　　b)　　　　　　　　　　c)

图4-5　圆周运动轨迹导轨机床安装水平的测量

a）按"米"字形方向测量　b）、c）用水平仪直接测量机床安装水平的要求，各类机床不尽相同，现将部分常见机床安装水平误差的允差值列入表4-2，供参考。

表4-2　部分常见机床安装水平允差

机床名称	允差/mm		机床名称	允差/mm	
	纵向	横向		纵向	横向
单轴纵自动车床、单轴转塔车床	0.04/1000		升降台铣床、工作台不升降铣床	0.04/1000	
卡盘多刀车床，单柱、双柱立式车床			万能工具铣床、平面铣床		
铲齿车床	0.04/1000	0.02/1000	摇臂铣床、刻模铣床、龙门铣床		
台式钻床、摇臂钻床	0.10/1000		插齿机、滚齿机	0.04/1000	
无滑座万向摇臂钻床、滑座万向摇臂钻床			剃齿机		
底座万向摇臂钻床			弧齿锥齿轮磨齿机、锥形砂轮磨齿机	0.02/1000	
			大平面砂轮磨齿机、蜗杆砂轮磨齿机		
方柱立式钻床、圆柱立式钻床、轻型圆柱立式钻床、十字工作台立式钻床	0.04/1000		成形砂轮磨齿机、碟形砂轮磨齿机		
			牛头刨床	0.04/1000	
卧式镗铣床、落地镗床	0.04/1000		插床		
落地镗铣床、刨台卧式铣镗床			卧式内拉床	床身导轨上 0.10/1000 尾座导轨上 0.05/1000	
坐标镗床、立式精镗床	0.02/1000		立式内拉床、立式外拉床	0.05/1000	
无心磨床、外圆磨床、内圆磨床	0.04/1000		卧式圆锯床、卧式带锯床	0.04/1000	
立轴矩台平面磨床、卡规磨床			电火花成形机床	0.04/1000	
轴承内圈磨床、落地导轨磨床			钻、镗类组合机床、铣削组合机床	0.04/1000	
高精度外圆磨床	0.03/1000		攻螺纹组合机床、组合机床自动线		
滚刀铲磨床	0.02/1000		精密铣削组合机床	0.02/1000	

五、机床的固定和机床安装精度的检查调校

1. 机床的固定

机床在基础或混凝土地坪上的固定方式主要有地脚螺栓固定和混凝土（或水泥砂浆）固定。

采用地脚螺栓固定机床，压紧力大、牢固可靠，但地脚螺栓拧紧时的力可能使机床床身产生一定变形，从而导致安装精度下降。因此，机床在精平中拧紧地脚螺栓螺母时，应同时校验安装水平。

地脚螺栓固定方式一般用于大型、重型机床及切削力、干扰力、振动较大的机床。

混凝土（或水泥砂浆）固定机床安装方便，且可以承受部分机床载荷。在灌浆和捣实过程中应防止触动垫铁，以免影响安装水平。这种固定方式一般用于中、小型机床及切削力较小、刚度好、稳定性强和振动不大的机床。

2. 机床安装精度的检验

机床进行紧固时拧紧地脚螺栓的外力，可能使已精平的床身产生变形，进而导致床身导轨几何精度的超差；此外，机床使用一段时间后，床身会因应力或基础变形而失去原有的水平。因此，机床安装固定后，还应对安装水平进行再次调平。

机床安装水平检验调平的目的是为了获得机床的静态稳定性，以便于为机床的几何精度检验和工作精度检验做好准备。因此，机床安装水平是机床安装精度内容的一部分。一般情况下，机床安装水平不作为机床安装工程交工验收的正式项目，即机床几何精度和工作精度检验合格，安装水平度是否在允许范围不必进行校验。只有当整体出厂的机床安装，在国家标准《金属切削机床安装工程施工及验收规范》（GB 50271—2010）中除规定检验安装水平外，没有规定其他检验项目时，安装水平才作为交工验收的主要检验项目。

六、机床试运转

在机床安装工程施工中，机床进行安装精度检验调整合格后就可进入机床运转调试工序。并且，通常只进行无负荷空载运转而不进行负荷运转，一般也不再进行全面的工作精度检验，因为这些项目在机床制造厂已经进行并检验合格。

1. 机床在试运转前的各项准备工作

1）检查主轴箱、进给箱及所有运动部位、零部件是否清洗干净，并按机床说明书或润滑图表的规定进行相应的润滑。

2）用手转动（或移动）各运动部件，应灵活无阻滞现象。

3）指定专人按机床使用说明书了解并熟悉机床的结构性能和各操纵机构的操作方法。

4）检查机床的控制系统、操作机构、安全装置、制动与夹紧机构以及液压与气动系统、润滑系统是否完好，性能是否可靠，必要时应及时调整和更换。

5）检查电压、电流是否符合技术要求，电动机、电器绝缘是否良好，机床接地是否可靠。电动机的旋转方向是否与操作运动部件的运动一致。

6）检查磨床用砂轮有无裂纹、碰损等缺陷，并进行动平衡试验或超速试验；检查卡盘卡爪是否收拢，卡盘扳手是否取掉；钻夹头钥匙是否取下；带轮、齿轮等防护罩是否罩好。

2. 机床试运转时的动作顺序

应根据机床的技术性能和要求，按先手动后机动，先部分运转后综合运转，由低速逐步变换到高速，对生产线上的机床设备应先单台机床运转、再联机试运转的程序进行。各种运转速度的运行时间应不少于 5min，生产工艺中最常用的运转速度的运行时间应大于 30min。在运转一定时间，主轴承达到稳定温度（即温升小于 5℃/h）时，检测普通机床的轴承温度和温升不应超过下列数值。

滑动轴承：温度 60℃，温升 30℃；

滚动轴承：温度 70℃，温升 40℃。

精密机床该项指标应低于上述值。机床进行无负荷试运转时，应检查并记录好以下内容。

1）在油窗和外露导轨等处观察各润滑部位的供油正常与否。

2）机床的变速手柄动作是否灵活，机床转速与手柄位置标明的速度是否一致。

3）机床的联动保护装置及制动装置动作是否准确可靠。

4）自控装置的挡铁和限位开关必须灵活、正确和可靠。

5）机床自动锁紧机构必须可靠，必要时应进行调整。

6）快速移动机构动作准确、正常。

7）摩擦离合器不得有过热现象。

8）运转时机床不得有振动过大的现象，各运动部分均应运转平稳。

3. 机床的动作试验应符合下列要求

1）选择一个适当的速度，检验主运动和进给运动的起动、停止、制动、正反转和点动等，应反复动作 10 次，其动作应灵活、可靠。

2）自动和循环自动机构的调整及其动作应灵活、可靠。

3）应反复变换主运动或进给运动的速度，变速机构应灵活可靠，指标应正确。

4）转位、定位、分度机构的动作应灵活、可靠。

5）调整机构、锁紧机构、读数指示装置和其他附属装置应灵活可靠。

6）其他操作机构应灵活、可靠。

7）数控机床除应按上述 1 ~ 6 项检验外，还应按有关设备标准和技术条件进行动作试验。

8）具有静压装置的机床，其节流比应符合设备技术文件的规定；"静压"建立后，其运动应轻便、灵活；"静压"导轨运动部件四周的浮升量差值不得超过设计要求。

9）电气、液压、气动、冷却和润滑等各系统的工作应良好、可靠。

10）测量装置的工作应稳定、可靠。

11）整机连续空负荷运转的时间应符合表 4-3 的规定。其运转过程不应发生故障和停机现象，自动循环之间的休止时间不得超过 1min。

表 4-3　整机连续空负荷运转的时间

机床控制形式	机械控制	电气控制	数 字 控 制	
			一般数控机床	加工中心
时间/h	4	8	16	32

4. 机床安装时的检具要求

当需用的专用检具未随设备带来，而现场又没有规定的专用检具时，检验机床几何精度可用（GB 50271—2010）规定的同等效果的检具和方法代替。

此外，还应针对不同类型的机床安装进行特殊检查，检查内容可参见表 4-4。

5. 试运转结束后应即完成下列工作

1）断电源和其他动力源。

2）尾座、工作台、主轴箱、摇臂等移至规定的位置。

3）检查和复紧地脚螺栓及其他各紧固部位。

4）清理现场，并对机床床脚与基础之间进行灌浆固定并抹面，同时应注意对可调垫铁做护围，避免水泥砂浆粘附而影响其调整。

5）整理试运转的各项记录。

6）办理工程验收手续。

表 4-4　常见机床安装时的特殊检查内容

机床类型		特殊检查内容
车床	重型车床	溜板、刀架、尾座的控制按钮是否操作正确、运转灵活，工件卡盘是否安全、牢固
	自动车床	工作循环是否正确、可靠，进料机构进给是否正常
	转塔车床	转塔头转位机构定位是否准确可靠，走刀自动、停车机构是否准确可靠
	立式车床	工作台导轨间隙、润滑油压力正常与否，立柱移位是否平稳
钻床	摇臂钻床	摇臂和主轴箱夹紧机构动作应可靠
磨床	外圆磨床	工作台移动平稳无爬行现象，反向是否平稳、迅速或无冲击
	平面磨床	电磁吸盘工作是否可靠
	导轨磨床	工作台移动是否无爬行现象，床身导轨润滑油分油器应确保 V 形导轨和平导轨油压均衡
	螺纹磨床	砂轮修整机构动作是否正常
坐标镗床		恒温控制系统的可靠性及光学定位系统是否清晰可靠
龙门刨床		工作台是否动作平稳，有无抖动爬行现象，刀架走刀机构工作是否正常，工作台减速换向和变速是否正确可靠，工作台溜车制动机构工作是否可靠
龙门铣床		顺铣时清除丝杠间隙的机构是否工作可靠
磨齿机		工作循环是否准确可靠
插齿机		让刀机构工作是否正常
拉床		液压泵是否工作正常
插床		插头升降制动机构动作是否可靠
数控机床		编程装置工作是否正常

七、交工验收

机床安装结束后，即可进行交工验收，它是机床安装工程施工单位的最后一项重要任务。机床安装工程验收一般是机床使用单位向机床安装施工单位验收。

验收时，一般应准备好下列资料。

1）机床基础设计图样及有关技术资料。

2）变更设计的有关文件及竣工图。

3）各安装工序的检验记录。

4）机床安装精度及试运转的检验记录。

5）工序的检验记录，如机床开箱检查记录、机床受损情况（或锈蚀）及修复记录等。

6）其他有关资料，如仪器仪表校验记录、检测用工具、量具及检具的质量鉴定记录、重大问题及处理文件以及施工单位向使用单位提供的建议等。

第三节　典型机床的安装

机床安装精度检验是指对与安装有关的机床精度进行检验，通常有安装水平检验、基础件导轨的精度和与之有联系部分的几何精度检验、工作精度检验。不同结构和不同使用要求的机床，其安装精度检测的项目和要求是不同的。现仅就几类常见典型机床的安装及精度的检查方法和要求介绍如下。

一、卧式车床的安装及其精度的检验

（1）检验车床安装水平度　应将溜板置于其行程的中间位置，并在导轨两端横向通过专用

的桥板旋转水平仪进行测量，如图4-6所示。纵、横向偏差应符合设备技术文件的规定。

（2）检验溜板移动在垂直平面内的直线度和倾斜度　如图4-7所示，应符合下列要求。

1）检验溜板移动在垂直平面内的直线度时，应在溜板上靠近导向轨处纵向放一水平仪，并等距离移动溜板进行测量，其局部移动距离宜等于局部公差的测量长度，一般为250mm或500mm。直线度偏差应以水平仪读数计值（也可采用光学仪器进行检测）。

2）检验溜板移动的倾斜度时，应在溜板上横放一水平仪，等距离移动溜板进行测量，移动距离宜等于局部公差的测量长度。倾斜度偏差应以水平仪在全行程上读数的最大代数差值计。其允许偏差应≤0.04mm/1000mm。

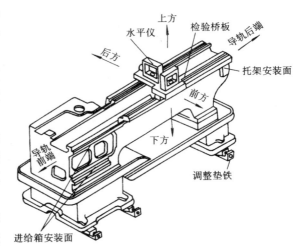

图4-6　卧式车床安装水平的检验

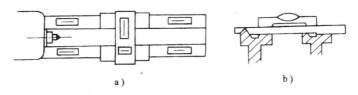

图4-7　检验溜板移动在垂直平面内的直线度和倾斜度

a）纵向　b）横向

（3）检验卧式车床溜板移动在水平面内的直线度　应在机床中心高的位置上绷紧一钢丝，并将显微镜固定在溜板上，调整钢丝使显微镜在钢丝两端读数相等，等距离移动溜板，移动的距离宜等于局部公差的测量长度，并在全部行程上进行测量，如图4-8所示。整体安装的机床不检测此项。

（4）检查溜板移动对主轴轴线的平行度　如图4-9所示，应将指示器固定在溜板上，使其测头触及检验棒的垂直平面a和水平面b的母线上，移动溜板进行测量，再将主轴旋转180°，同样测量一次。垂直平面a和水平面b的偏差应分别计算。平行度偏差应以两次测量结果

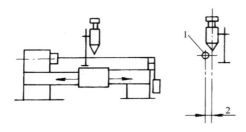

图4-8　检验溜板移动在水平面内的直线度

1—钢丝　2—钢丝与显微镜零位间的偏差值

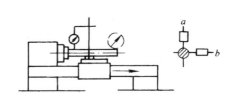

图4-9　检查溜板移动对主轴轴线的平行度

a—检验棒垂直平面的母线　b—检验棒水平面的母线

的代数和的 1/2 计值，其允许偏差见表 4-5。

表 4-5　卧式车床溜板移动对主轴轴线的平行度允许偏差　　（单位：mm）

最大工件直径		≤800（在 300 测量长度上）	800～12 500（在 500 测量长度上）
平行度允许偏差	a	0.020	0.040
	b	0.015	0.030

二、直线导轨长床身机床的安装

龙门刨床是机床中较典型的直线导轨长床身设备，主要用于加工大型零件上各种直线性平面或组合平面。龙门刨床按其结构特点可分为单臂龙门刨床和双臂龙门刨床，由于其质量较大、尺寸较大，不便于整体搬运，因而基本上都是解体分部件装箱运送到安装地点，进行就位、组装和调试。

1. 龙门刨床的构造

龙门刨床一般由床身、工作台、左右立柱、固定架梁、横梁、进给箱、两个侧刨刀架和两个垂直刨刀架组成。此外，还有操纵、控制装置、电气设备和液压及润滑系统等，如图 4-10 所示。龙门刨床的运动有工作台的往复运动、横梁的升降运动、刀架的水平和垂直运动等。在安装调校过程中，找正找平工作的关键零部件是龙门刨床的床身、立柱、工作台、横梁和变速箱等，而且这些零部件安装时必须做到装一件检测一件。对于在安装技术文件及机床说明书中未要求拆卸的零部件，尽量不要拆卸，以避免造成不必要的精度破坏。

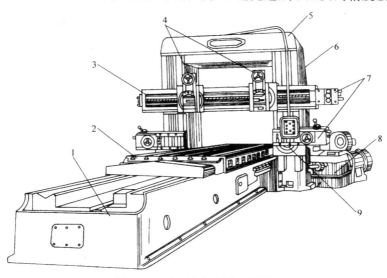

图 4-10　大型龙门刨床的结构
1—床身　2—工作台　3—横梁　4—垂直刨刀架　5—架梁
6—立柱　7—进给箱　8—变速箱　9—侧刨刀架

在安装之前，要对龙门刨床进行开箱检查验收，其要求与一般机床设备的验收要求是一致的，这里不再讲述。

2. 龙门刨床床身的安装工艺

大型龙门刨床的安装程序一般可分为以下 10 步。

1）基础标高及尺寸检测。

2）初步找平，调整垫铁的标高。

3）床身就位及安装。

4）立柱和架梁的安装。

5）横梁的安装、升降机构及垂直刨刀架的安装。

6）侧刨刀架和平衡锤的安装。

7）主传动装置的安装，润滑系统的安装。

8）电气设备的安装及配线。

9）工作台的安装。

10）试运转及安装精度检测。

（1）龙门刨床床身安装划线及垫铁的敷设　龙门刨床的垫铁组通常都由设备厂家随设备一起供货，是成对铸铁斜垫铁组。安装时要检查调整配合面上有无凸起金属物，调整垫铁移动的前后边棱上应无毛刺、无铸造裂纹，螺杆纹无损伤和弯曲变形，活动自如。

垫铁组的安装应按设备技术文件的规定位置，为保持美观整齐，垫铁露出机床底边的距离尺寸应一致。

1）先划出刨床纵向中心线和横向中心线，横向中心线以刨床立柱线为准，再划出传动箱中心线。

2）以纵、横中心线为依据，划出所有地脚螺栓的中心线，检查预留孔洞的位置是否准确，孔洞是否需要修整。

3）铲修所有垫铁组位置的基础面，铲修面积应大于垫铁面积，用垫铁和水平尺检验铲修面，垫铁应水平、不晃动。

4）按设备技术文件的规定安设垫铁组，顶面应水平，标高差不宜超过 5mm，否则应在调整垫铁组下面加平垫铁，使各垫铁组大致标高一致，边线整齐。

5）垫铁组安装后，在调整滑动面上应涂上润滑脂，调整螺栓的螺纹部分也应涂润滑脂。

（2）龙门刨床床身的安装调整　大型龙门刨床的床身通常由多段床身拼接组成，常见为三段组成的床身。床身是龙门刨床的基础件，其安装调整质量的好坏对机床的安装精度和各项精度有较大的影响，对机床的刚度和稳定性影响也很大。床身为三段拼接时，首先应安装中间段（即与立柱相连接的一段），后依次安装两端的各段。安装时，将中间段吊装到已经排好的临时调整垫铁上，按放好的基础中心线来找正床身的安装位置，对正联接螺栓孔，穿上联接螺栓，利用联接螺栓和调整垫铁使接合面的销孔完全重合。推入定位销后，再均匀拧紧联接螺栓，然后用同样的方法吊装其余各段床身，并与中间段进行拼接。拼接方法通常是以中间段为基准，初步调整好水平，之后逐段调整与之相连接的床身的安装水平，检验导轨精度。两端接合面的平面度超差的，应进行刮研修复。

根据规范，床身安装水平和导轨直线度应小于 0.04mm/1000mm。粗调结束后，可更换垫铁组，用可调的永久垫铁替换临时垫铁。调换垫铁时应注意床身水平不许有大的变动。同时。可进行地脚螺栓孔的二次灌浆，浇注上 200 号以上的细石混凝土，将地脚螺栓与基础固定，待混凝土养护期满后再对床身进行精调。

调整和检验大型龙门刨床床身导轨几何精度的基本方法如下。

1）检查并吹扫床身所有润滑油孔，油道应畅通洁净，组合的床身导轨接头处应平滑，且无高低错位现象，否则应用油石将不平处磨平。

2）用水平仪、光学准直仪或拉钢丝和显微镜法测量导轨的水平度、直线度和平行度。

① 用水平仪检验床身导轨在垂直平面内的直线度。如图 4-11 所示，检验时，在机床床身平导轨上放一只 500mm 的平尺，在 V 形导轨上放一根长 500mm 的圆柱形检验棒（检验棒一般为随机附件），在平尺和检验棒上各放一只精度为 0.02mm/1000mm 的框式水平仪，观察其水泡偏移的情况，然后微调可调垫铁的上升和下降来分别调整两条导轨在垂直平面内的直线度误差。

调整测量的具体步骤是：从导轨的一端开始，移动平尺（或检验棒），每 500mm 测量记录一次平尺（或检验棒）上水平仪的水泡偏移格数。测量时，以确定的某一个移动方向（通常以导轨床头箱一端第一个测量点记录为水平轴和竖直轴的"0"点）移动时，以水平仪的水泡偏移数上升值为"正"，

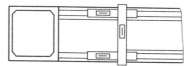

图 4-11　检验床身安装水平

水平仪的水泡偏移数下降值为"负"，水平仪的水泡位于水准管中间，没有偏移，则该测点记录为"0"，依次在导轨全长上进行检验，并将测得的水平仪读数值在平面直角坐标系中画出床身导轨的水平度变化轨迹曲线（即垂直平面内的直线度误差曲线），通过误差曲线可以求出导轨任意 1m 长度上和全长上的直线度误差。导轨直线度误差值可由下式计算得出

$$\Delta = nil \tag{4-1}$$

式中　Δ——导轨直线度误差数值（mm）；

　　　n——曲线图中最大格数；

　　　i——水平仪的读数精度；

　　　l——每段测量长度（mm）。

床身导轨在垂直平面内和水平面内的直线度应符合表 4-6 的规定。

表 4-6　床身导轨在垂直平面内和水平面内的直线度

导轨长度/m	≤4	>4 ~ 8	>8 ~ 12	>12 ~ 16	>16 ~ 20	>20
每 1m 导轨直线度不应超过/mm			0.015			
全长直线度不应超过/mm	0.03	0.04	0.05	0.06	0.08	0.10

【例 4-1】　有一台 B2016A 龙门刨床，床身为 12000mm 的导轨，用精度为 0.02mm/1000mm 的框式水平仪进行测量，设水泡偏向机床刨削进给的方向为正值，回程方向为负值，每 500mm 测量一次的水泡偏差格数依次为：+1，+0.5，+0.5，0，+0.5，+1.0，+0.5，0，+1，+0.5，+0.5，0，+0.5，0，-0.5，0，-0.5，-0.5，0，-0.5，-0.5，-0.5，0，-0.5。

用平面直角坐标系中的横坐标代表导轨长度，每格为一段测量长度 500mm；用纵坐标表示水平仪水泡偏移的格数，将测量得到的床身导轨全长上的偏差从坐标原点开始依次作出各点坐标，则得出导轨在垂直平面内的直线度误差曲线图，如图 4-12 所示。

a. 评定导轨全长直线度误差。该例中，设首尾两点的连线为导轨在垂直平面内的理想直线，过曲线最高点作其平行线，可以求得导轨的最高点到连线的距离格数为 $n = 4.8$ 格，将已知条件 $i = 0.02$mm/1000mm，$l = 500$ 代入式（4-1），可以得到导轨的最大误差为

$$\Delta_{全长} = 4.8 \times 0.02/1000 \times 500 \text{mm} = 0.048 \text{mm} < 0.05 \text{mm}$$

b. 评定导轨局部直线度误差（1m 长度上的误差），作连接任意 1m 长度两端的连线，床身 3.5 ~ 4.5m，1m 内导轨的坐标距离约为 0.5 格，按计算式可得 1m 长度上的局部最大误差为

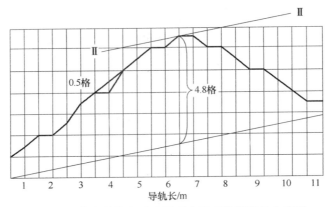

图4-12　床身导轨在垂直平面内的直线度误差曲线图

$$\Delta_{局} = 0.5 \times 0.02mm/1000mm \times 500mm = 0.005mm < 0.008mm$$

床身直线度以纵向水平仪读数画运动曲线进行计算，应符合表4-6的要求。平行度以每米长度和全长上横向水平仪读数的最大代数差计，应符合表4-7的要求。当床身较宽，有3跟导轨时，两侧导轨均应相对中间导轨分别检验。

表4-7　床身导轨的平行度

导轨长度/m	≤4	>4~8	>8~12	>12~16	>16~20	>20~24	>24~32	>32~42
每1m导轨直线度不应超过/mm	0.02							
全长直线度不应超过/mm	0.03	0.04	0.05	0.06	0.08	0.10	0.12	0.14

② 用光学准直仪或拉钢丝、显微镜方法测量导轨在水平面内的直线度，如图4-13所示，其精度要求也应符合表4-6的规定。

检验时发现超差，先不急于调整，可做好记录，待全部检查一遍后，掌握了超差的部位和超差值再进行垫铁组的调整。

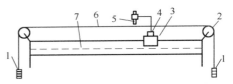

图4-13　床身水平内的直线度测量示意图
1—重垂　2—滑轮　3—检验块　4—支架
5—测微光管　6—钢丝　7—V形导轨

3）床身导轨检验调整合格，地脚螺栓孔灌浆达到强度时，检查所有垫铁组均接触密实，可拧紧地脚螺栓，同时复测导轨的直线度和水平度应仍符合要求，然后可进行下面的安装操作。

（3）龙门刨床的装配、安装及检查

1）立柱的安装及检查。

① 检查立柱与床身接合面，应平整、光洁、无锈蚀，联接螺孔无毛刺凸起物，底座与垫铁接触处平整，销钉与销孔配合良好，然后在侧接合面抹上机油。

② 将立柱分别安装在垫座上，与床身侧面对正，利用联接螺栓和调整垫座使立柱与床身接合面对正贴紧，再轻轻打入定位销，然后拧紧联接螺栓。

③ 立柱安装质量的检测。

立柱内侧加工面对床身导轨的垂直度测量。在床身导轨上，按与立柱垂直和平行的两个方向分别放置专用检具平尺和水平仪，同时在立柱下部的正面和侧面放水平仪进行测量，并计算两水平仪的代数差，正、侧面不应超过0.04mm/1000mm，如图4-14所示。

立柱导轨的平行度偏差。在立柱导轨的上、中、下用水平仪紧贴导轨面检查，其偏差不应超过 0.04mm/1000mm，两立柱只许向同一方向倾斜，且应上端靠近，如图 4-15 所示。

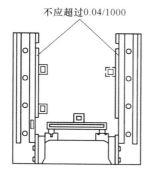

图 4-14　测量立柱表面与床身导轨的垂直度

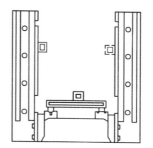

图 4-15　测量立柱表面相互平行度

两立柱导轨正面相对位移度偏差。用长平尺或横梁紧贴两立柱正导轨面，用 0.04mm 塞尺进行检验，应不能插入，如图 4-16 所示。

立柱检验合格后，可开始下道工序的安装。

2）刀架的安装。

① 侧刀架的安装和检验。

清洗检查刀架导轨加工面、轴承、滑轮和滑轮轴、吊挂钢丝绳，检查无缺陷后抹上润滑油。

在立柱中部插入钢管或圆钢，将刀架配重吊入立柱内，位置宜靠上端。吊装前先检查立柱内有无影响配重升降的铸造飞边，如有应先铲除。

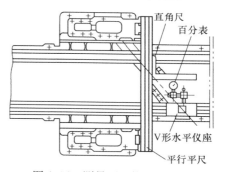

图 4-16　测量两立柱导轨表面
的相对位移

在刀架进给箱安装位置的下端垫以方木，将侧刀架总成吊起靠贴上立柱，下端落在方木垫上。将擦洗干净的镶条抹上润滑油，塞入导轨间，安装上压板，先使间隙稍大些，然后与配重连接，将进给丝杠安于立柱内，把上下端支座固定在立柱上。

调整水平横梁上下进给丝杠的同轴度。水平横梁贴靠固定在两立柱导轨工作面，依靠电动机带动进给丝杠旋转，从而通过水平横梁上的固定螺母驱动水平横梁作铅垂方向的上下运动。由于水平横梁的安装施工主要要求确保其与立柱滑移工作面间的接触精度和必要的间隙等指标，而进给丝杠的安装主要是保证丝杠支承孔的轴线与固定在水平横梁上的螺母轴线的同轴度以及丝杠轴线与立柱导轨工作面的平行度。根据工艺流程，水平横梁上下进给丝杠的同轴度必须在立柱安装就位达到要求后，并在横梁安装之前进行调整，使之达到规定精度要求。

安装时，应使丝杠上下支座与中间丝杠螺母的轴心保持较好的同轴度，并保证丝杠轴线与立柱导轨工作面平行。可利用纵向和横向两块百分表测量丝杠对床身导轨的垂直度以及进给丝杠对立柱导轨的平行度，其偏差应符合设备技术规范的要求。如图 4-17 所示为测量侧刀架横梁升降丝杠与立柱导轨平行度的示意图。

检验侧刀架垂直移动时对床身导轨工作面的垂直度。在床身水平导轨上按与导轨工作面相垂直的方向安放等高垫块、平尺和直角尺，并在侧刀架上固定好百分表，测头顶在直角尺的检验工作面上（将检验桥尺移动至床身中间位置），垂直移动侧刀架 500mm 进行测量。

百分表读数的最大差值即为侧刀架垂直移动时对床身导轨工作面的垂直度，不应超过0.02mm，检测方法如图4-18所示。

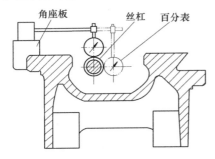

图4-17 测量侧刀架横梁升降丝杠与
立柱导轨平行度的示意图

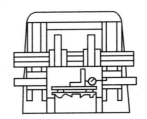

图4-18 检验侧刀架垂直移动对床身导轨
工作面的垂直度

② 垂直刀架的安装。

按设备说明书规定清洗刀架进给箱、导轨加工面和夹紧机构，擦干净后仔细检查，同时检查外观应无伤痕和锈蚀，然后抹上润滑油。

在床身上垫上方木，将横梁移动到立柱下部位置的方木上，清洁横梁导轨与垂直刀架接合前导轨面，抹上润滑油。将垂直刀架吊平，缓缓靠近横梁前导轨面，并支承于下面方木上，初步找正后装入镶条和压板，此时让压板与导轨间隙稍大一些，待以后再调整合适。

3）顶梁和横梁的安装。

① 顶梁的安装。

清洗检查顶梁加工接合面，加工面应平整光洁。在地面清洗顶梁上的两台蜗杆传动箱，将蜗杆箱和电动机安装于顶梁上，加注润滑油。

将立柱顶部接合面擦净，抹上润滑油。把顶梁吊升到立柱顶上，扶正缓缓落于立柱顶，穿上螺栓，插入定位销后，均匀拧紧所有联接螺栓。顶梁下的联系梁应先于顶梁安好。

检查顶梁和下部联系梁与立柱的结合情况。用0.03mm的塞尺插入顶梁与立柱的接合面，塞尺应插不进去；检测联系梁两端面与两立柱内垂直面的四周结合处，0.03mm的塞尺应插不进去，说明接合面结合密实，否则应刮研接合面，接合良好后再正式连接。

顶梁安好后，复测立柱的垂直度偏差及偏差方向（上窄下宽，方向相一致），应无变动或仍在要求的公差范围内。

② 横梁的安装和调整。

在床身导轨靠立柱处垫上两层左右方木，将横梁吊升到立柱前床身导轨面方木垫上，横梁与立柱结合面紧贴立柱导轨面，调平横梁上水平面。把升降丝杠从顶梁上部穿入，旋入横梁螺母内；装上横梁导轨镶条和压板，使横梁固定在立柱上，调整横梁与立柱结合面的间隙使之均匀；盘动电动机带动丝杠转动，将横梁稍作提升，盖上顶部的蜗杆减速箱盖。

检验横梁移动的倾斜度。在横梁上导轨水平面的中部，沿导轨纵向放置框式水平仪，上、下移动横梁，在全行程上每隔500mm测量并记录一次水平仪读数值（图4-19），全行程测量位置不能少于3处。水平仪读数的最大差值即倾斜度，横梁移动时的倾斜度应符合

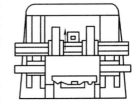

图4-19 检查横梁移动
时的倾斜度

表 4-8 的要求。

表 4-8　横梁移动的倾斜度

横梁行程/m	≤2	>2 ~ 3	>3 ~ 4
倾斜度误差不应超过	0.03mm/1000mm	0.04mm/1000mm	0.05mm/1000mm

导轨间隙的调整。

a. 导轨采用镶条结构时的间隙调整。

平镶条的间隙调整（图 4-20a、b、c）：调整时，调节螺钉 2（松或紧）移动平镶条 1 的位置，则导轨间隙增大或减小。用塞尺在导轨的上、中、下三处进行测量，间隙应均匀，且符合技术文件的规定。平镶条只局部与螺钉接触，较易变形，与导轨的接触情况较差。

楔形镶条间隙的调整（图 4-20d、e、f）：调整时，通过调节螺钉 2 的旋转，推动（或拉动）楔形镶条沿长度方向移动，从而增大或减小间隙，用塞尺进行测量。楔形镶条两个面都与导轨均匀接触，工作状态较平镶条好。楔形镶条的斜度一般为 1:40 ~ 1:100，但加工较难些。

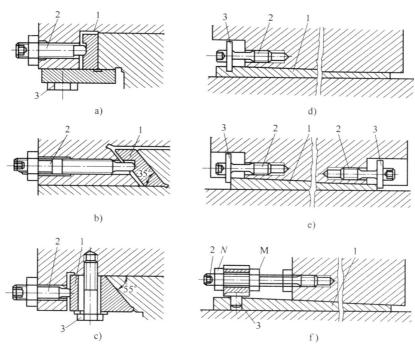

图 4-20　用镶条调整导轨间隙的方法
a)、b)、c) 平镶条　d)、e)、f) 楔形镶条
1—镶条　2—调节螺钉　3—拨块或定位件

b. 导轨采用压板结构时的间隙调整。螺钉 2 固定在导轨上的滑移工作台上，通过改变压板 1 上的 m 或 n 面来保证运动面之间的间隙，如图 4-21 所示。图 4-21a 所示是通过拧紧螺钉 2 使压板 1 上的 m 面与被连接件固定接触，采用刮研或磨削方法加工压板 1 上的 n 面，使其与导轨滑移工作面间获得一定的间隙，使用中，当压板 1 上的 n 面或与之接触的导轨工作面磨损后，间隙必然增大，修复的方法是磨削压板 1 上的 m 面来减小滑移工作面间的间

隙；图 4-21b 的间隙调整是靠压板与导轨结合面间垫片 3 的厚度改变，来达到调整间隙的目的；图 4-21c 的间隙调整是利用调整螺钉 5 来改变平镶条 4 与导轨滑移工作面间的位置，得到需要的间隙值，其间隙大小可用塞尺测量。图 4-21b 和图 4-21c 两项调整操作方便，应用较多，适宜于需要经常调整又受力不大的部位，但接触刚度较差。调整压板间隙值应按设备技术文件规定，未作规定时，可参照表 4-9 执行。

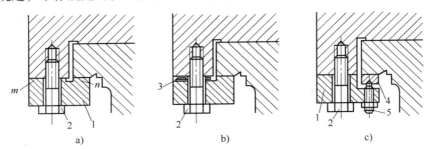

图 4-21 用压板调整导轨间隙的方法

1—压板 2—固定螺钉 3—垫片 4—平镶条 5—调节螺钉

表 4-9 压板间隙值

调整部位	调整间隙值/mm		调整部位	调整间隙值/mm	
	大型机床	重型机床		大型机床	重型机床
夹紧压板	0.30 ~ 0.60	0.60 ~ 1.50	固定压板	0.04 ~ 0.06	0.06 ~ 0.08

c. 滚珠导轨间隙的调整。如图 4-22a 所示为上下垂直方向受力的滚珠导轨的结构。滚珠导轨结构的滚珠上侧镶在工作台导轨 1 和 2 上，滚珠下侧导轨镶在床身上，为 5 和 6，装配时调整好，滚珠 3 用保持器 4 间隔开，其间隙通过工作台自重自动调节。

图 4-22b 所示为水平方向受力的滚珠导轨结构。该结构的间隙调整可以通过压紧或拧松调节螺钉 7 来改变外侧导轨的位置，从而增大或减小间隙。

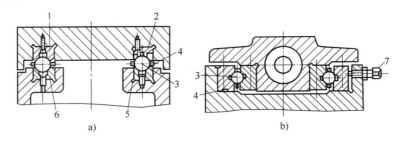

图 4-22 滚珠导轨

1、2、5、6—镶钢导轨 3—滚珠 4—保持器 7—调节螺钉

图 4-23a 所示的滚珠导轨一侧是 V 形断面，另一侧是矩形断面，中间是滚珠体，其间隙不需调整。图 4-23b 所示的滚珠导轨是燕尾形结构，调整螺钉 1，移动外侧导轨可增大或减小间隙。

横梁、垂直刀架安装调试完成后，即可检测垂直刀架在横梁水平移动时对床身导轨工作面（工作台）的平行度，如图 4-24 所示。

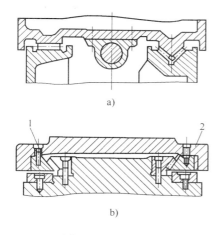

图 4-23　滚珠导轨
a）矩形 V 形导轨　b）燕尾形导轨
1—调节螺钉　2—导轨

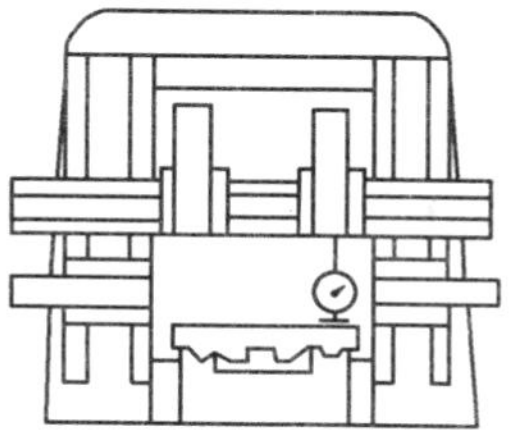

图 4-24　检验垂直刀架水平移动时
对床身导轨工作面（工作台）的平行度

检测方法是，将横梁固定在距床身导轨工作面 300～500mm 的高处，在床身水平工作面中间位置放置等高垫块和检验平尺，垂直刀架上固定百分表，测头顶在检验平尺的工作表面，移动刀架，在床身水平工作面全宽上进行测量。百分表读数的最大差值即为垂直刀架水平移动时对床身导轨工作面（工作台）的平行度，其差值应符合表 4-10 的规定。

表 4-10　垂直刀架水平移动对床身导轨工作面（工作台）面的平行度

刨削宽度	在 1000mm 测量长度上	每增加 500mm
平行度允许偏差/mm	0.02	增加 0.01

（4）传动装置的安装　大型龙门刨床主传动装置的电动机和减速箱是组装在一个底座上的，如 B2031 龙门刨床的两台 60kW 直流电动机与一台五轴减速箱组装在同一底座上，如图 4-25 所示。主传动装置的安装关键是保持电动机轴与减速箱输入轴的同轴度。

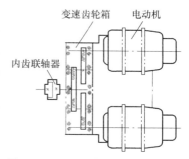

图 4-25　B2031 龙门刨床的电动机
与减速箱组装示意图

安装时，先将传动长轴穿入床身的铸孔内，将穿入端的内齿轮联轴器与床身中部的多头蜗杆轴相连接，并用垫木等垫平传动长轴，初步找正传动长轴与内齿轮联轴器的同轴度。再将已安装在同一底座上的减速箱和电动机吊装在安放好临时调整垫铁的基础上，粗调减速箱底板，使其输出轴与传动长轴基本同轴。再将内齿轮联轴器接上，之后安放好地脚螺栓进行二次灌浆，待混凝土养护期满后，更换好永久垫铁精平减速箱底板。减速箱输出轴与传动长轴的同轴度不应超过 0.2mm，轴向窜动间隙应符合设备技术文件的规定。安装完毕，用手盘动联轴器正转或反转时，转动应均匀、灵活、无阻滞，最后拧紧地脚螺栓。

（5）电气设备的安装与接线　龙门刨床的电气设备包括集中操纵按钮站、操纵台、电气开关柜和整流设备等。龙门刨床的主要运动一般都是电气控制的，并集中在悬挂按钮站内（操作按钮站）。电气设备的安装和接线在《机床使用说明书》中作了详细明确的规定，此处从略。

（6）安装工作台　安装工作台之前，必须首先对控制工作台运动的电气系统、液压系统及影响工作台润滑的润滑系统进行调试，调试的内容有以下几项。

1）试验换向开关是否准确可靠。开动驱动系统，使多头蜗杆转动，然后用手拨动换向开关，观察多头蜗杆能否及时按规定准确地正、反转，以保证工作台安装后能正确运行。

2）试验机床的快速和慢速运动。

3）试验油压和润滑系统的工作是否正常。

全部试验运转合格后，方可进行工作台的安装。

安装工作台时，应将床身及工作台下部的导轨面、齿条及蜗杆表面擦洗得十分干净，严格防止污物影响配合精度或研坏配合面；吊装工作台的机具必须稳妥可靠；吊点、捆扎方法必须符合要求；工作台吊起后要保持其基本水平；就位时要缓慢平稳，注意齿条与多头蜗杆啮合准确；在工作台移向蜗杆时不得发生冲击，以免碰伤齿面。齿条端部啮合数应有 3~4 个齿，齿数啮合不足时，不准开动机床。啮合间隙可用涂色法和压铅法检查，不符合要求时应进行调整。

（7）润滑系统的安装

1）按设备说明书要求将润滑设备安装在基础平台上，并找正固定。

2）清洗油箱、油管路，检查滤清器，吹扫设备，通油道和油管路。

3）安装油管路，包括油泵吸油管、出油管，滤清器排油管、出油管和机床进油管、回油管等。

4）润滑系统的安装要求。

① 系统必须清洁、畅通。

② 所有连接接头必须严密，无泄漏现象。

③ 吸油器位置和高度要符合要求。

④ 滤清器应清洁，进、出油的压差应符合要求。

⑤ 所有固定油管路和附件的支架和管卡要安装牢靠。

3. 龙门刨床试运转及精度检验

安装好工作台以后，进行机床的试运转和精度检查，这是一项重要而细致的工作，必须有机床的熟练操作人员参加，共同进行。龙门刨床的试运转工作可按下列顺序进行。

1）工作台运动先进行"步进""步退""前进""后退""停止"等各按钮的点动和分项试验，然后开动工作台连续往复运动。在第一个往复运动过程中，应特别注意行程换向开关和挡块的配合作用，严格防止动作失灵使工作台冲出床身导轨，发生事故。往复运行几次后，调整工作台的运行速度，使其分别处于低速、中速和高速状态下空载运行。

2）刀架及进给箱。先用手柄及手轮操作各刀架运动，观察各个方向运动是否灵活，然后开"快速移动"，最后开"自动进给"。

3）横梁升降及夹紧。应注意在横梁升降开始前，夹紧机构先行自动松开，横梁升降完成后，夹紧机构则又自动锁紧。横梁在升降过程中应平稳。

在上述试验进行的过程中，应随时检查润滑系统的工作是否正常，润滑油量是否充足、清洁，并注意机床运转时不应有噪声，工作台后移时不应有冲击。

机床试运转合格后，交付使用单位，并精刨工作台面，刨削深度不应超过 1mm，然后对机床进行工作精度的全面检查，检查内容有：工作台移动在垂直平面内的直线度和工作台移动的倾斜度，工作台移动在水平面内的直线度。

在对机床工作精度进行全面检查时，应注意以下事项。

1）各部件机构起动前应起动润滑系统供油，或手动给油泵供油，个别部位可用油壶、油枪加油才能起动。润滑系统排气时，要卸开给油点接头放尽空气，至连续稳定出油。要注意排净最高处和最远处给油点的空气。

2）当工作台或其他滑动面运动发生卡涩或爬行现象时，通常是润滑系统内有空气，局部发生干摩擦所致，应找出原因并消除。

3）工作台往复运动时，其运动方向两端不应站人，防止工作台飞出伤人，尤其是直流发电机组驱动的无级调速刨床。

第四节　组合机床自动线的安装

一、组合机床及组合机床自动线

1. 组合机床及其组成

组合机床是由按系列化、标准化、通用化原则设计的通用件以及按被加工工件形状和加工工艺要求而设计的专用部件所组成的高效专用机床，一般采用多轴、多刀、多面、多工位加工。加工时，刀具旋转为主运动，刀具或工件的直线移动为进给运动，加上一些辅助运动，即可完成一定的工作循环（包括快速趋近、工作进给和快速退回等）。如图4-26所示为一台单工位双面复合式组合机床及其组成示意图，图4-27所示为多工位组合机床的配置形式。

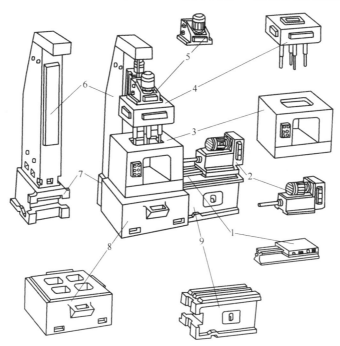

图4-26　单工位双面复合式组合机床及其组成示意图

1—滑台　2—镗削头　3—夹具　4—多轴箱　5—动力箱　6—立柱　7—立柱底座

8—中间底座　9—侧底座

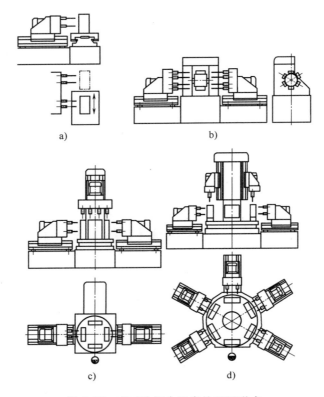

图 4-27　多工位组合机床的配置形式

a）移动工作态式　b）回转波轮式　c）、d）回转工作台式

从图中可以看出，组合机床由许多通用部件和少量专用部件组成。组合机床的通用部件是组成组合机床的主要部分，按其所起的作用一般分为下面五类。

（1）动力部件　动力部件如各种类型的切削头、滑头和动力箱等。它们在组合机床中完成主运动或进给运动，是传递动力的部件。动力部件是组合机床中最重要的通用部件，可供选择使用，其他部件的选用则以动力部件为基础进行配套。如图 4-28 所示为 1TA 系列镗削头和车削端面头的外形图。

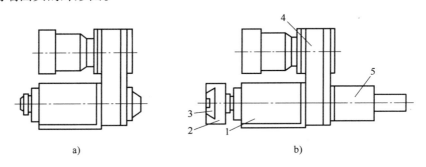

图 4-28　1TA 系列镗削头和车削端面头外形图

1—镗削头　2—径向进给刀盘　3—径向进给刀具溜板　4—主传动装置　5—径向进给传动装置

（2）支承部件 支承部件是组合机床的基础部件，如底座和立柱等。支承部件主要用于支承和连接组合机床的其他部件，并使这些部件保持准确的相对位置和相对运动轨迹。因此，支承部件应具有足够的强度、刚度和稳定性，工作时不应产生不允许的变形。

（3）输送部件 如多工位的工作台、回转工作台和回转凸轮等。它们一般用于多工位组合机床上，完成夹具的移动或转位。输送部件的分度和定位精度直接影响着组合机床的加工精度。

（4）控制系统及部件 控制部件用于组合机床的动作控制，使机床按预定的程序完成工作循环。控制部件一般有液压元件及系统、气动元件及系统、限位挡铁、行程开关和操纵台等。

（5）辅助系统及部件 辅助部件是完成机床辅助动作和功能的部件及系统，如冷却润滑装置、排屑装置和机械扳手等。

除上述各种通用部件外，根据加工零件形状及工艺要求，组合机床还需采用少量的专用部件，如根据工件孔位、孔距、孔数不同而设计制造的多轴箱以及根据工件的具体结构和定位基准不同而设计制造的夹具等。这些专用部件在组合机床中只占很少的一部分，而且在这少量的专用部件中，大部分零件也是可以通用的，如各种规格的传动轴和齿轮等。组合机床零部件的通用化程度可达 70% ~90% 。

2. 组合机床的用途

组合机床在我国已广泛用于汽车、拖拉机、柴油机、电动机、机床制造、缝纫机、仪器仪表、纺织机械、矿山机械及军工等大批量生产的机械制造加工企业。

组合机床最适于形状复杂、有一定批量的箱体类零件，如各种变速器的箱体、气缸体、电动机座、仪器仪表壳体等的加工。这类零件上所有的平面及各种各样要求的孔，几乎全部都可以在组合机床上完成加工。近年来，轴类、盘套类、叉类等零件也越来越多地采用了组合机床进行加工。

3. 组合机床的特点

1）组合机床与通用机床或一般专用机床相比，具有如下优点。

① 由于组合机床设计和制造时大量选用通用部件，只需设计、制造少量的专用部件，因此设计和制造的周期短。

② 由于组合机床的绝大部分零部件是由通用件组成的，当被加工零件变化时，这些通用零部件可以继续利用来组装新的组合机床，适应性强。

③ 用于组合机床的通用零部件都经过了实践的验证，结构比较合理，使用较为可靠，性能也比较稳定，用它们组装的组合机床具有较高的工作可靠性，有利于保证产品加工质量的稳定。

④ 组合机床采用多刀、多刃、多面、多件加工，工序集中，生产效率高。

⑤ 组合机床的通用部件可批量生产，制造成本可以降低。又由于组合机床的零部件大多是通用的，因此机床的维护和修理都比较方便。

2）组合机床也存在以下缺点。

① 组合机床中的少量专用部件和零件，在机床改装时不能重复利用，因此有一定的损失。

② 组合机床的通用部件不是为某种组合机床专门设计的，而是考虑了具有广泛的适应

性，规格有限，这样在组成各种类型的组合机床时，就不一定完全适合于某种具体情况和具体要求，可能有的结构显得较为复杂，或者尺寸较大。

4. 组合机床自动线

机械加工中，较复杂的零件，如气缸体、变速器体，电动机定子等，需要加工的面很多，加工的工序也长，即使是在多工位的组合机床上加工，也不能完成全部加工要求，往往需要工件的全部加工工序合理地分散在几台组合机床上，按顺序进行加工，这就是组合机床生产流水线。流水线上的机床，是按工件的工艺过程顺序进行排列的，各机床之间工件的流转用滚道或起重设备等输送装置连接起来，加工工件从流水线的一端"流"到另一端，就完成了整个加工过程。

这种流水线解决了提高生产效率和保证加工精度的问题，但是在流水线上加工，工人的劳动强度很大。为了改善工人的劳动条件，要求流水线上各机床间的工件输送、转位、定位和装夹等工作都实现自动化，并通过机械、电气和液压的结合使用，把整条线上的动作联系起来，按规定的程序自动地进行工作。这种能自动工作的生产流水线，就是组合机床自动线。如图4-29所示为组合机床生产自动线的组成示意图，全线由多台组合机床和一些辅助装置组成。加工时的全部动作，如工件的输送、转位、定位及加工等，全部由电气和液压系统进行控制，工人可在操纵台上用按钮控制全线的自动化工作。

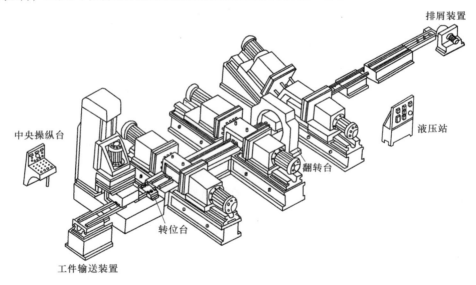

图4-29 组合机床生产自动线的组成示意图

组合机床自动线的全部加工过程是靠各种机械自动操作完成的，工人只需在自动线的前端安装毛坯，在末端取下完工的工件即可，可大大减轻工人的体力劳动强度。有些自动化程序较高的自动线，还能自动完成测量、试验、分组及装配等工序。

组合机床自动生产线是在组合机床的基础上发展起来的，其特点是生产效率高、质量稳定，自动化程度高。

二、组合机床自动线的安装工艺

组合机床自动线的安装工艺与其他机床的安装工艺基本相似。所不同的是，除按照设计要求将组成生产线的各台组合机床进行找正找平外，还应根据生产线产品的加工要求，将各台组合机床之间有相互联系的安装水平度、纵横坐标方向和位置、中心标高调整到允许的精度范围内。其基本安装步骤如下所述。

1. 组合机床自动线的放线、定位和找正

（1）安装前的准备工作

1）基础的放线。

① 按设计要求，确定组合机床自动线的安装基准中心点和标高基准点，放出各台组合机床纵向、横向安装基准中心线和标高线。放线时，应根据不同组合机床自动线上的机床配置形式和位置进行，如图4-26和图4-29所示。放线时应满足表4-11的要求。

表4-11　组合机床自动线的放线允差

检验项目	偏差值/mm
中心线	±2
标高	±1
各台设备间距	±2
首尾两台设备的间距	±2

② 按所放的线，初步找正各机床中心的位置。现场组装的机床，应按机床的组装顺序和方法进行清洗、组装和找正。

③ 以定位基准中心线划出机床的地脚螺栓中心线，确定地脚螺栓孔的位置。若是预留孔的，应按设计要求检查孔的位置及深度，以满足螺栓的安装要求。

2）基础检验。安装前，应对组合机床自动线各机床基础混凝土的强度报告、基础表面外观质量、尺寸，地脚螺栓孔的大小、深度以及各孔中心点的位置等进行审核复查，以便了解或及时采取措施补救在基础施工中可能存在的质量问题。经验收符合设计要求后，即可进行安装基准线的划线工作。

3）安放垫铁。

① 为保证各垫铁组顶面水平和标高一致的基本要求，安放垫铁前，应铲修各垫铁组所在的基础表面，使铲修面积满足安放垫板、垫铁时有足够的移动调整位置的要求，基础的铲修面应达到各垫铁组接触良好无晃动的要求。

② 按组合机床自动线技术文件设计规定的位置、数量安放垫铁组，垫铁组顶面应水平，垫铁组顶面标高可高于标高基准线2~5mm。否则，应加平垫块。各垫铁组顶面之间的高度差应小于2mm。垫铁组通常是由机床设备供应商提供的可调垫铁，安放时应将各垫铁组的高度调整块组调到可以调节的中间位置。

③ 安放垫铁组时，应检查各垫铁组调整块的滑动灵活性，并在垫铁组的调整块滑动工作面上及调整螺栓螺纹工作表面涂上防锈润滑脂。垫铁组安放后，应注意各垫铁组的外边线整齐。

（2）机床的就位

1）机床起吊就位之前，应认真检查床身的各导轨表面、其他部件的连接表面、运动和滑动表面以及床身与垫铁的接触表面有无因运输、放置等造成的损伤和突起，并及时进行处置。

对解体运装，需在现场进行组装的多段拼接床身机床，就位时首先应安装机床床身的中间段（或回转台），然后依次安装两端的各段。安装时，先将床身中间段起吊就位到已经排好的临时调整垫铁上，按放好样的基础中心线找正床身的安装位置，并将地脚螺栓穿入床身底座连接孔内，拧好螺母，自由地放入基础预留的地脚螺栓孔内。然后用同样的方法吊装其余各段床身，并与中间段进行拼接。通常的拼接方法是以中间段为基准，初步调整好水平和标高后，逐段调整与之相连接的床身的安装水平。

进行床身拼接时，两段床身结合端应放在同一垫铁上，利用联接螺栓和其他工具使结合面的定位销孔对正，然后推入定位销，再按一定顺序分次拧紧联接螺栓。相邻两段床身进行拼接时，严禁用定位销来找正床身。两端接合面的平面度超差的，应预先进行刮研修复。

2）组装机床重要的固定结合面时，应满足下列要求。

① 多段拼接的床身导轨在结合后，相邻导轨导向面接缝的错位量应符合表4-12的要求。

表4-12　相邻导轨导向面接缝的错位量

机床质量/t	错位量/mm
≤10	≤0.003
>10	≤0.005

② 紧固螺栓前、后均要用0.02~0.04mm（对应的机床精度等级为Ⅲ~Ⅴ级）的塞尺进行检查。

③ 允许1~2处插入塞尺，插入深度应小于结合面宽度的1/5，但不得大于5mm；插入部位的长度应小于或等于结合面长度的1/5，且每处不得大于100mm。

④ 滑动、移置导轨可用0.04mm塞尺检查。塞尺在导轨、镶条、压板端部的滑动面间的插入允许深度应符合表4-13的要求。

表4-13　检查导轨、镶条、压板结合面时塞尺的插入允许深度

机床重量/t	允许插入深度/mm	
	Ⅳ级和Ⅴ级精度机床	Ⅲ级和Ⅲ级以上精度机床
≤10	20	10
>10	25	15

3）床身就位后的精度检查。床身安装就位拼接工作结束后，将床身导轨面清洗擦净，就可进行床身导轨安装精度的检查了。

检测通常采用框式水平仪、光学准直仪、拉钢丝和显微镜等方法进行。所用检测器具的精度级，应能满足测量的要求。检测标准应按《金属切削机床安装工程施工及验收规范》的规定进行。

在床身安装精度的检查中，有可能出现超出要求的情况，一般应先做好记录，待全面检查结束后，进行分析，确定应怎样调整垫铁，才能达到最佳的调整效果。

调整结束后，可更换垫铁组，用可调的永久垫铁替换临时垫铁。调换垫铁时应注意床身水平不许有大的变动。同时，可进行地脚螺栓孔的细石混凝土二次浇注，将地脚螺栓与基础固定。待混凝土养护期满达到规定的强度后，再对床身进行精调。

（3）机床的拆卸、清洗和装配　一般组合机床就位固定后，就可着手进行拆卸、清洗和装配工作。机床设备的安装过程中，拆卸、清洗和装配是不可缺少的重要工作。这项工作的好坏，直接影响着机床设备的性能、使用寿命和生产的质量。

（4）机床在安装位置的精度检验　找正中心位置后，对自动线上的各组合机床进行初步找正找平，并根据各类机床的规定位置和精度要求用垫铁进行调整。组合机床在安装位置的水平度检测方法及要求如下所述。

1）钻、镗类机床的水平度检测。应在夹具或工件定位基面中央（如工作台）的纵、横向放平尺，其上放水平仪进行测量，其偏差均不大于 0.04mm/1000mm，如图 4-30 所示。

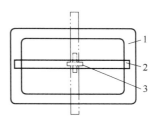

图 4-30　钻、镗类机床的
水平度检测
1—定位基面　2—平尺
3—水平仪

2）铣床类机床的水平度检测。可在床身基面中部按纵向和横向放置检验平尺或专用检具，然后在其上放水平仪进行测量。其水平度允差：普通级机床不应大于 0.04mm/1000mm；精密级机床不应大于 0.02mm/1000mm。

3）攻螺纹类机床的检验方法同铣床类机床基本相似，在机床夹具或工件定位基面的中间部位，用检具放置水平仪进行水平度测量。其纵、横向水平度偏差值同上。

4）组合机床进行安装水平的找正调整时，一般应按照自然安放和调平的原则，使机床处于自由状态，不应采用紧固地脚螺栓局部加压等方法，强制机床变形使之达到精度要求（指精调水平）。但对于床身长度超过 8m 的机床，采用自然调平存在困难时（考虑床身变形等因素），可先经自然调平，使导轨的水平偏差调至允许偏差的两倍范围内，然后借助紧固地脚螺栓等方法，使机床达到调平精度的要求。

紧固机床时，不能破坏已有的安装精度。

2. 组合机床自动线机床的精确定位调整

组合机床自动线机床初步找正找平后，待基础混凝土达到强度规定的条件后（一般大于规定值的75%以上），就可进行组合机床自动线机床的精确定位调整。进行精确定位调整的步骤如下：

（1）相邻机床中心距的调整　应用专用中心距测距尺（通常由制造厂提供）和套销进行中心距的检验。套销中心距 l 的偏差不应大于 0.06mm，如图 4-31 所示。

（2）相邻机床夹具定位基面等高度的检验　在相邻两台组合机床的夹具定位基面上放上专用平尺，将水平仪放在平尺上进行检测，如图 4-32 所示，测量的相邻两台组合机床高度偏差不应大于 0.04mm/1000mm。超过时，可通过调整垫铁使之符合要求。检测时，应将专用平尺转过 180°，再进行一次测量，两次测量值应相同或相似。若测量值相差较大，应分析原因并消除后再进行测量。

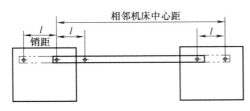

图 4-31　中心距的检验

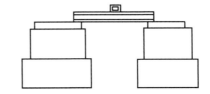

图 4-32　相邻机床夹具定位基准面等高度的检验

（3）相邻机床夹具定位销的共面度的检验

1）用直径 0.3~0.5mm 的钢丝拉线，将各台机床的夹具定位销（或工艺孔）的中心轴线对准钢丝线，若未对正可移动机床使之对正，如图 4-33 所示。

2）用平尺紧贴在相邻夹具定位销的一侧，用塞尺测量另外两个未贴靠的定位销与平尺之间的间隙 q 值，最大间隙即最大偏差值，其值不应大于 0.04mm，如图 4-34 所示。

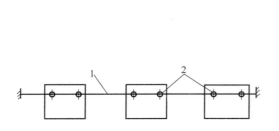

图 4-33　相邻机床夹具定位销的共面度的检验

1—钢丝　2—夹具定位销或（工艺孔）中心轴线

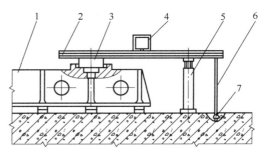

图 4-34　最大间隙值的测量

1—立车床身　2—检验平尺　3—检验用定位销
4—框式水平仪　5—可调定位销　6—内径千分尺　7—标高基准

（4）相邻机床夹具定位基面与输送基面之间间隙的检测

1）将平尺置于夹具基面上，用塞尺测量平尺与输送基面之间的间隙，其值应为 0.05 ~ 0.10mm。不符合规定时，可调整机床垫铁，如图 4-35 所示。

2）用同样的方法检测相邻机床夹具定位基面与输送基面之间的间隙，其测量值均应为 0.05 ~ 0.10mm。

（5）主输送装置导轨水平度的检验　将水平桥放在导轨面上，其上置水平仪，从导轨的一端开始，每隔等距离（通常为水平仪边长）测量并记录一次水平度，所有测量的偏差均不应超过 0.04mm/1000mm。超过时应调整垫铁使其符合规范规定，如图 4-36 所示。

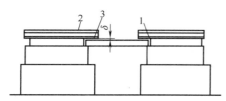

图 4-35　相邻机床夹具定位基面与
输送基面之间间隙的检测

1—输送带基面接头　2—平尺　3—塞尺

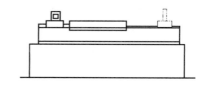

图 4-36　检验主输送装置导轨的安装水平度

（6）主输送带对其输送装置导轨的平行度检验　在主输送装置导轨上放水平桥，其上放百分表架，将百分表测头触及主输送带的垂直平面 a 和水平平面 b 的母线上，沿导轨移动水平桥尺并记录百分表指针的读数，如图 4-37 所示。对测量值进行比较，每 300mm 测量长度上，百分表指针的差值应 ≤0.03mm；a 平面和 b 平面应分别计算平行度，超过规定时，应进行调整。

（7）输送面基面接头处的等高度偏差检验　将检验平尺放在输送带基面上，用塞尺测量相邻输送基面接头处的间隙，其值不应超过 0.02mm，如图 4-38 所示。

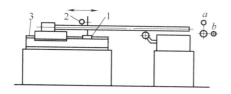

图 4-37　主输送带对其输送
装置导轨的平行度检验
1—水平桥　2—百分表　3—导轨

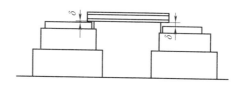

图 4-38　输送面基面接头处的
等高度偏差检验

（8）输送带棘爪与被输送件脱开间隙值的检测　应在输送件定位后，用塞尺测量棘爪端面与被输送件接触面之间的间隙，其值应为 0.20～0.60mm，如图 4-39 所示。

（9）自动线上其他辅助装置的检测　自动线上的其他辅助装置如中转台、转敲、清洗机等的纵、横向水平度偏差均不应超过 0.04mm/1000mm。

（10）用自准直仪检测床身导轨在垂直平面内的直线度

组合机床的安装调试中，若采用自准直仪检测床身导轨在垂直平面内的直线度，自准直仪应固定在床身一端外面的支架上，将反射镜固定在导轨面的桥板或专用检具上，调整反射镜使之在导轨面两端读数相等，并使反射镜与光轴垂直，再从导轨一端起移动水平桥或专用检具，每移动一桥板或检

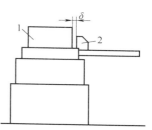

图 4-39　输送带棘爪与被输
送件脱开间隙值的检测
1—被输送件　2—输送带棘爪

具长度，应测量一次读数。在全程上测量，将秒值读数换算后，标在坐标纸上依次排列，画出偏差曲线图，并计算直线度偏差。若采用框式水平仪检测床身导轨在垂直平面内的直线度，在没有水平桥板（或专用检具）的情况下，可以用等高块和平尺代替，即将平尺放在等高块上，水平仪放在平尺上进行检验。水平仪检验一般以其长度尺寸来划分测量段，测量得到的直线度偏差曲线图的画法如图 4-12 所示。

（11）其他检测项目　结合检测过程，完成自动线上的设备固定、螺栓紧固和设备清洗等工作。

3. 各类典型组合机床安装精度的调整

（1）钻、镗类组合机床

1）检验机床导轨在垂直平面内的平行度。在导轨上放水平桥，其上垂直于移动方向放水平仪，沿导轨全长测量其水平度，每隔 300mm 测量记录一次，以水平仪的读数最大差值计，不应大于 0.04mm/1000mm，如图 4-40 所示。

2）检验立柱导轨对夹具或工件定位基面的垂直度。检验时，在夹具或工件定位基面上沿纵向、横向放置平尺或专用检具及水平仪，并在立柱的正面导轨和侧面导轨的下部靠贴水平仪进行测量，如图 4-41 所示以导轨与夹具或工件定位基面上两水平仪读数的代数差作为垂直度偏差。立柱正面导轨和侧面导轨对夹具或工件定位基面的垂直度偏差值不应超过 0.04mm/1000mm。

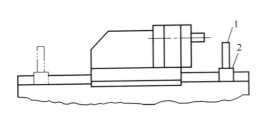 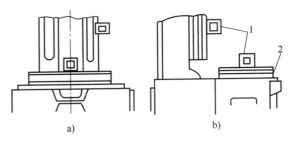

图 4-40　检验机床导轨在垂直平面内的平行度
1—水平仪　2—水平桥

图 4-41　检验立柱导轨对夹具或
工件定位基面的垂直度
a) 横向　b) 纵向
1—水平仪　2—平尺或专用检具

3) 检测主轴回转轴线对导轨的平行度。主轴回转轴线对导轨的平行度应采用移动滑台法或移表法进行测量。

① 移动滑台法。如图 4-42 所示,在主轴孔中插入检验棒,在移动滑台上固定百分表架,百分表测头触及检验棒垂直平面的上母线,记录 a 点读数;将移动滑台在导轨上水平移动 150mm,记录 a_1 点读数。计算出其代数差值,然后将主轴旋转 180°,求出第二次测量结果的代数差值,以其与第一次测量结果的代数差值之和的一半计值。再将百分表测头对正检验棒的水平面上的母线 b 处,用同样的方法将移动滑台在导轨上从 b 水平移动 150mm 到 b_1,测量并计算求得水平面内的偏差值。

② 移表法。在主轴孔中插入检验棒,将指示表固定在沿导轨横向放置的水平桥上,使其测头分别触及检验棒垂直面 a 和水平面 b 的母线上,移动水平桥 150mm 进行测量,其平行度偏差的取值和计算方法与移动滑台法相同。

4) 检验夹具导向孔或样件孔轴线对导轨的平行度。如图 4-43 所示,检验夹具导向孔或样件孔轴线对导轨的平行度时,应将检验棒插入夹具导向孔或样件孔内,将百分表固定在滑台主轴上,测头触及检验棒垂直平面的上母线 a,移动滑台行程 150mm 到 a_1 处,记录 a 和 a_1 两测点的读数,计算读数差值,即在垂直平面内的平行度值。平行度偏差在 150mm 测量长度上:对于固定夹具,不应大于 0.015mm;对移动夹具,不应大于 0.02mm。再将测头触及检验棒水

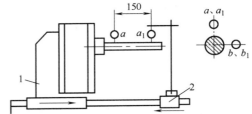

图 4-42　检测主轴回转轴线对导轨的平行度
1—滑台　2—水平桥
a、a_1—检验棒垂直平面母线上的起、止测点
b、b_1—检验棒水平平面母线上的起、止测点

平面的 b 母线上,移动滑台行程 150mm 到 b_1 处,记录 b 和 b_1 两测点的读数,计算平行度偏差。

(2) 铣削类组合机床

1) 检验机床的安装水平度。检验机床的安装水平度时,应在夹具或工件定位基面中央按机床纵、横向放置平尺或专用检具,其上放水平仪进行测量。纵向和横向偏差:普通级不应大于 0.04mm/1000mm;精密级不应大于 0.02mm/1000mm。

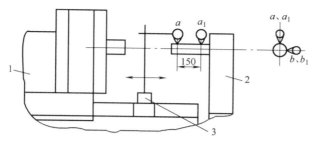

图 4-43 检验夹具导向孔或样件孔轴线对导轨的平行度

1—滑台 2—夹具及导向孔或样件孔 3—水平桥

a、a_1—检验棒在垂直平面母线上的起、止测点

b、b_1—检验棒在水平母线上的起、止测点

2）检验底座在垂直平面内的平行度。检验底座在垂直平面内的平行度时，在夹具或工件定位基面的纵向两端放检具和水平仪进行测量，两水平仪读数的代数差即平行度偏差，如图 4-44 所示。其值不应超过：普通级为 0.04mm/1000mm，精密级为 0.02mm/1000mm。

3）检验机床导轨在垂直平面内的平行度。检验机床导轨在垂直平面内的平行度时，在导轨上放水平桥，沿移动垂直方向放水平仪，移动水平桥在导轨全长上测量，每隔一定距离（如水平仪边长）测量并记录一次，平行度偏差以水平仪读数的最大代数差计，其值不应大于 0.04mm/1000mm，如图 4-45 所示。

4）检验立柱导轨对夹具或工件定位基面的垂直度。检验立柱导轨对夹具或工件定位基面的垂直度时，在夹具或工件定位基面上按纵、横向放检具或平尺，其上放水平仪，并在立柱导轨的正、侧面下部分别贴靠水平仪测量（图 4-24）。纵向和横向两水平仪读数的代数差即垂直度偏差，其值不应大于 0.04mm/1000mm。

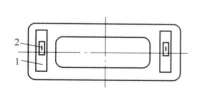

图 4-44 底座在垂直平面内的平行度检验

1—检具 2—水平仪

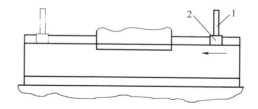

图 4-45 机床导轨在垂直平面内的平行度检验

1—水平仪 2—水平桥

5）检验机床主轴回转轴线对定位基面或样件的垂直度，如图 4-46a、b 所示。

① 纵向垂直度：检验时，可将百分表固定在主轴上，表测头距主轴中心线 150mm，测头触及纵向垂直定位基面（或样件）上，使主轴回转 180°，机床主轴旋转前后两次记录读数的差值即纵向垂直度偏差，应符合表 4-14 的要求。

② 横向垂直度：检验时，测头触及横向垂直的定位基面（或样件）上，同样使主轴回转 180°，机床主轴回转两次读数的差值，即横向垂直度允许偏差，应符合表 4-14 的要求。

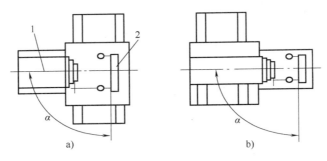

图4-46　机床主轴回转轴线对定位基面或样件的垂直度检验

a）纵向平面　b）横向平面

1—主轴轴线　2—定位基面或样件

表4-14　机床主轴回转轴线对定位基面或样件的垂直度允许偏差　（单位：mm）

检 验 项 目		普通级	精密级
		在300mm测量长度上	
垂直度允许偏差	纵向平面	0.07～0.12	0.03～0.05
		$\alpha \leqslant 90°$	
	横向平面	0.03	0.02

（3）攻螺纹类组合机床

1）检验攻螺纹类组合机床的安装平行度。检验时，在机床的夹具或工件定位基面中央按纵、横向放置平尺或专用检具和水平仪进行检测，其偏差值应不大于0.04mm/1000mm。

2）检验靠模体孔轴线对床身导轨的平行度。检验靠模体孔轴线对床身导轨的平行度时，应在靠模体孔内插入检验棒，并在导轨上横向放水平桥，其上固定百分表，使其测头分别触及检验棒垂直平面测点 a 和水平面测点 b 的母线，然后移动滑台150mm进行测量，分别计算 a、b 的偏差，百分表测头由 a 到 a_1、b 到 b_1 两处读数的差值即靠模体孔轴线对床身导轨的平行度偏差，其值在150mm测量长度上不应大于0.04mm，如图4-47所示。

3）检验样件孔轴线对机床导轨的平行度。检验样件孔轴线对机床导轨的平行度时，应在靠模体孔和样件孔内各插入一根检验棒，将百分表固定在靠模体孔中的检验棒上，使百分表测头分别触及靠模体孔及样件孔中的检验棒垂直平面上母线上 a 处和水平面测点 b 内的母线上，然后移动滑台150mm进行测量，分别计算 a 和 b 的偏差，a 与 a_1、和 b 与 b_1 两处百分表读数的差值，即检验样件孔轴线对机床导轨的平行度在150mm长度上的偏差，其值均不应大于0.04mm，如图4-48所示。

4）检验靠模孔轴线与样件孔轴线的同轴度。检验靠模孔轴线与样件孔轴线的同轴度时，应在靠模孔内和样件孔内各插入一根直径相等的检验棒，外露长度不超过150mm。其两端面相距10mm，并将长为175mm的刀口形直尺分别贴靠在检验棒垂直平面 a 和水平平面 b 的母线上，用塞尺测量刀口形直尺与检验棒之间的间隙 a 和 b 值，其最大间隙值即垂直平面内和水平平面内的同轴度偏差，其值均应不大于0.06mm，如图4-49所示。

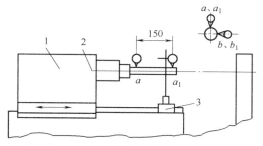

图 4-47　靠模体孔轴线对床身导轨的平行度检验

　　1—滑台　2—靠模体孔轴线　3—样件孔

　　a、a_1—检验棒垂直平面母线上的起、止测点

　　b、b_1—检验棒水平面母线上的起、止测点

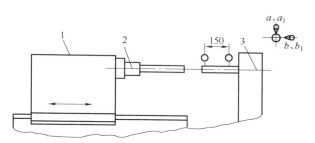

图 4-48　样件孔轴线对机床导轨的平行度检验

　　1—滑台　2—靠模体孔轴线　3—靠模孔轴线

　　a、a_1—检验棒在垂直平面上母线上的起、止测点

　　b、b_1—检验棒在水平面上母线的起、止测点

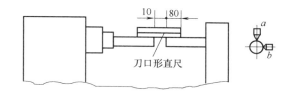

图 4-49　靠模孔轴线与样件孔轴线的同轴度检验

a—检验棒垂直平面的母线　b—检验棒水平面的母线

三、组合机床自动线的试运转

1. 组合机床自动线试运转的基本要求

　　在机床安装工程施工中，进行安装精度检验调整合格后，就可进入机床运转调试工序。通常只进行无负荷空载运转而不进行负荷运转，一般也不再进行全面的工作精度检验，因为这些项目在机床制造厂已经进行并检验合格。

　　1）在试运转机床前，必须做好以下各项准备工作。

　　① 检查主轴箱、进给箱及所有运动部位、零部件是否清洗干净，并按机床说明书或润滑图表的规定进行相应的润滑。

　　② 用手转动（或移动）各运动部件，应灵活无阻滞现象。

　　③ 指定专人按机床使用说明书了解并熟悉机床的结构性能和各操纵机构的操作方法。

　　④ 检查机床的控制系统、操作机构、安全装置、制动与夹紧机构以及液压与气动系统、润滑系统是否完好，性能是否可靠，必要时应及时调整和更换。

　　⑤ 检查电压、电流是否符合技术要求，电动机、电器绝缘是否良好，机床接地是否可靠，电动机的旋转方向是否与操作运动部件的运动要求一致。

　　⑥ 检查磨床用砂轮有无裂纹、碰损等缺陷，并进行动平衡试验或超速试验；检查卡盘卡爪是否收拢，卡盘扳手是否取掉，钻夹头钥匙是否取下，带轮、齿轮等防护罩是否罩好。

　　2）在进行机床试运转时，应根据机床的技术性能和要求，按先手动、后机动，先部分运转、后综合运转，由低速逐步变换到高速，对生产线上的机床设备应先单台机床试运转、再联机试运转的程序进行。各种运转速度的运行时间应不少于5min，生产工艺中最常用的运转速度的运行时间应大于30min。在运转一定时间，主轴轴承达到稳定温度（即温升小于5℃/h）时，检测组合机床的轴承温度和温升不应超过下列数值：滑动轴承，温度60℃，温升30℃；滚动轴承，温度70℃，温升40℃。

精密机床该项指标应低于上述值。对机床进行无负荷试运转时，应检查并记录好以下内容。

① 在油窗和外露导轨等处观察各润滑部位的供油正常与否。

② 机床的变速手柄动作是否灵活，机床转速与手柄位置标明的速度是否一致。

③ 机床的联动保护装置及制动装置动作是否准确可靠。

④ 自控装置的挡铁和限位开关必须灵活、正确和可靠。

⑤ 机床自动锁紧机构必须可靠，必要时应进行调整。

⑥ 快速移动机构动作应准确、正常。

⑦ 运转时机床不得有振动过大的现象，各运动部分均应运转平稳。

3）机床的动作试验应符合下列要求。

① 选择一个适当的速度，检验主运动和进给运动的起动、停止、制动、正反转和点动等，应反复动作数次，其动作应灵活、可靠。

② 自动和循环自动机构的调整及其动作应灵活、可靠。

③ 应反复交换主运动或进给运动的速度，变速机构应灵活可靠，其指标应正确。

④ 转位、定位、分度机构的动作应灵活、可靠。

⑤ 调整机构、锁紧机构、读数指示装置和其他附属装置应灵活可靠。

⑥ 其他操作机构应灵活、可靠。

4）具有静压装置的机床，其节流比应符合设备技术文件的规定；静压建立后，其运动应轻便、灵活；静压导轨运动部件四周的浮升量差值，不得超过设计要求。

5）电气、液压、气动、冷却和润滑等各系统的工作应良好、可靠。

6）测量装置的工作应稳定、可靠。

7）整机连续空负荷运转的时间应符合表4-15的规定，其运转过程不应发生故障和停机现象，自动循环之间的休止时间不得超过1min。

表4-15 机床整机连续空负荷运转的时间

机床控制形式	机械控制	电气控制	数字控制	
			一般数控机床	加工中心
时间/h	4	8	16	32

8）机床安装时的检具要求。当需要用的专用检具未随设备带来，而现场又没有规定的专用检具时，检验机床几何精度可以与《金属切削机床安装工程施工及验收规范》规定同等效果的检具和方法代替。一般用于检验机床精度的检具精度，应高于被检验对象的精度要求，检具偏差值应小于被检验设备公差项目的1/4。

此外，还应针对不同类型的机床进行特殊检查，特殊检查内容可参阅表4-16。

表 4-16　常见机床安装时的特殊检查内容

机 床 类 型		特殊检查内容
车床	重型车床	溜板、刀架、尾架的控制按钮是否操作正确、运转灵活，工件卡盘是否安全、牢固
	自动车床	工作循环是否正确、可靠，进料机构进给是否正常
	转塔车床	转塔头转位机构的定位是否准确可靠，走刀自动和停车机构是否准确可靠
	立式车床	工作台导轨间隙和润滑油压力正常与否，立柱移位是否平稳
钻床	摇臂钻床	摇臂和主轴箱夹紧机构的动作应可靠
磨床	外圆磨床	工作台移动平稳无爬行现象，反向是否平稳、迅速或无冲击
	平面磨床	电磁吸盘工作是否可靠
	导轨磨床	工作台移动是否无爬行现象，床身导轨润滑油分油器应确保 V 形导轨和平导轨油压均衡
	螺纹磨床	砂轮修整机构的动作是否正常
坐标镗床		恒温控制系统的可靠性及光学定位系统是否清晰可靠
龙门刨床		工作台是否动作平稳，有无抖动爬行现象，刀架走刀机构工作是否正常，工作台减速换向和变速是否正确可靠，工作台溜车制动机构工作是否可靠
龙门铣床		顺铣时清除丝杠间隙的机构是否工作可靠
磨齿机		其工作循环是否准确可靠
插齿机		让刀机构工作是否正常
拉床		油泵是否工作正常
插床		插头升降制动机构动作是否可靠
数控机床		编程装置工作是否正常

2. 典型组合机床自动线的试车内容

（1）钻、镗类机床的试车内容

1）主轴从低速到高速的各种转速实验。

2）各种进给速度、进给量的试验。

3）工作台、主轴箱或摇臂的移动和旋转实验，夹紧机构的动作试验，立柱的移动行程试验。

4）各种行程限位、返回及安全连锁等开关动作的准确度和可靠性试验。

5）其他设备技术文件要求的试运转。

（2）铣削类机床的试车内容

1）主轴的各种速度试验。

2）主轴进给箱、刀架移动及进给速度试验。

3）横梁或工作台的行程试验，夹紧机构的动作试验。

4）工作台往复运动试验。

5）行程开关、返回开关、安全连锁开关等动作的准确性和可靠性试验。

6）其他设备技术文件要求的试运转。

（3）攻螺纹类机床的试车内容

1）主轴的各种速度试验。

2）工作台往复移动试验。

3. 组合机床自动线安装的收尾工作

（1）试运转结束后，应立即完成下列工作

1）断电源和其他动力源。

2）将尾座、工作台、主轴箱、摇臂等移至规定的位置。

3）检查和复紧地脚螺栓及其他各紧固部位。

4）清理现场，并对机床床脚与基础之间进行灌浆固定并抹面，同时应注意对可调垫铁做护围，避免水泥砂浆粘附而影响其调整操作。

5）整理试运转的各项记录。

6）办理工程验收手续。

（2）交工验收　组合机床自动线安装工作结束后，即可进行交工验收。机床安装工程验收一般是机床使用单位向机床安装施工单位验收。交工验收工作是机床安装工程施工单位的最后一项重要任务。验收时，一般应准备好下列资料。

1）机床基础设计图样及有关技术资料。

2）变更设计的有关文件及竣工图。

3）各安装工序的检验记录。

4）机床安装精度及试运转的检验记录。

5）工序的检验记录，如机床开箱检查记录、机床受损情况（或锈蚀）及修复记录等。

6）其他有关资料，如仪器仪表校验记录、检测用工具、量具及检具的质量鉴定记录、重大问题及处理文件以及施工单位向使用单位提供的建议意见等。

第五节　数控机床的安装

一、概述

数控机床是数字控制机床的简称，是按加工要求预先编制程序，由控制系统发出数字信号对机床的运动及加工过程进行控制的机床。由于数控机床可以获得很高的产品加工精度和稳定的质量，大大提高了劳动生产效率，并可以方便地适应产品的更新换代（只需调整变换程序），因而在航天航空、汽车、造船及其他制造行业得到了广泛的应用。数控机床的工作原理如图4-50所示。

近年来，随着我国制造业的高速发展，数控机床的安装调试工作已成为机床安装工程的一项重要内容。

数控机床种类很多，通常以加工工艺分类，如数控钻床、车床、镗床、磨床、铣床、齿轮加工机床、拉床、弯管机、电火花切割机床及结构复杂的加工中心等。

一台数控机床通常由以下装置构成：数控装置、输入输出装置、外围设备、伺服系统、检测系统、执行机构、机床各种机构、加工中心的刀库、换刀机构和主轴变速机构等，如图4-51所示。

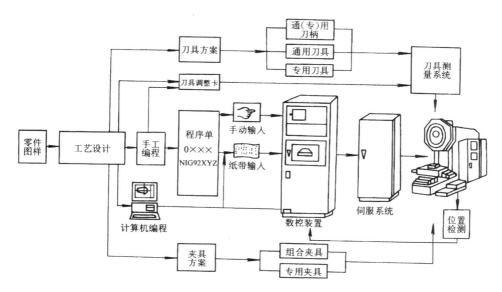

图 4-50　数控机床工作原理图

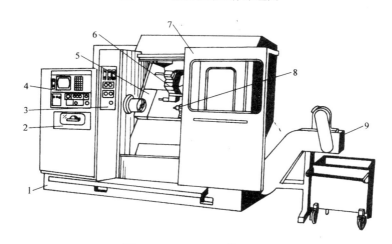

图 4-51　CK7815 型数控车床

1—床身　2—数控柜　3、4—操纵台　5—导轨
6—转塔刀架　7—防护门　8—尾座　9—排屑装置

加工中心是带有刀库及自动换刀装置的数控机床，可以在一台机床上实现多种加工工件的一次装夹，完成多工位加工，特别适用于生产量大、形状复杂、精度要求高、加工项目和规格各异的发动机机体和气缸盖等零件的切削加工，如图 4-52 和图 4-53 所示。

二、数控机床的安装工艺

数控机床的拆箱和就位安装要求与普通机床基本相同。

1. 数控机床的组装

数控机床的机械零部件如床身、导轨、工作台、主轴箱等的安装，与普通机床类似，组装时应尽可能使用原装定位元件（如销和定位块）。机械部件组装完成后，再按机床说明书中有关电气连接图、液压及气动管路连接图的要求，进行电缆、油管和气管的连接，并做好标记。连接时应特别注意清洁密封，确保无松动、损坏。

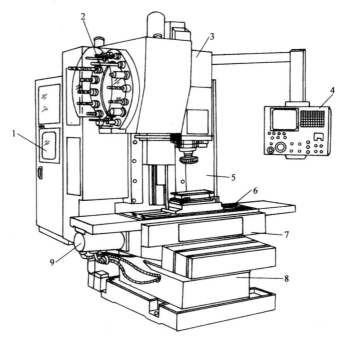

图 4-52　JCS-018 型立式加工中心

1—数控柜　2—刀库　3—主轴箱　4—操纵台　5—驱动电源柜

6—纵向工作台　7—滑座　8—床身底座　9—伺服电动机

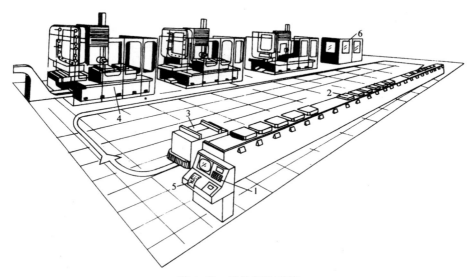

图 4-53　柔性制造系统

1—带有记录生产数据的主计算机控制与计算机接口　2—托盘与上、下料工作站

3—感应式无轨小车　4—卧式镗铣加工中心　5—生产数据记录打印　6—工作清洗站

2. 数控系统的连接和调整

（1）数控系统的开箱检查　按随机文件对所有数控系统进行开箱检查，核查系统主体、进给速度控制单元、伺服电动机、主轴控制单元和主轴电动机等的包装是否完好无损，规格型号与订单是否相等，控制柜内各插接元件有无松动，接触是否良好。

（2）外部电缆连接　按随机文件要求对数控装置与外部 MDI/CRT 单元、强电柜、机床操作面板、进给伺服电动机、主轴电动机动力线、反馈线以及脉冲发生器等进行电缆连接，并做好接地连接。地线应采用辐射接地法，以防止窜扰。这种接地可将数控柜中的信号线接地、强电接地、机床接地等连接到公共的接地点上。同时，应保证数控柜与强电柜的保护接地电缆截面积不小于 $6mm^2$，总的公共接地电阻应小于 4Ω。接地点要十分可靠，最好应与车间地网相接。

（3）数控系统电源线的连接　连接数控柜电源变压器输入电缆时，对进口设备应先检查电源变压器与伺服变压器的绕组抽头连接是否正确，因进口设备电源电压等级与国内不同，出厂时可能未改为我国所需的电压。

（4）输入电源电压、频率及相序的检验和确认

1）检查确认变压器的容量是否是控制单元和伺服系统的电能消耗。

2）检验电源电压波动范围是否在数控系统允许的范围内。进口设备的数控系统通常允许电压波动值为额定值的 85% ~ 110%，个别国家的要求甚至更小，否则应加装交流变压器。

3）用相序表检测采用晶闸管控制元件的调速单元和主轴控制单元的供电电源相序，对不正确相序应改变接法，以及时纠正和防止不正确相序大电流造成调速单元的输入熔丝烧断。

（5）检测直流电源单元电压对地是否短路　各种数控系统内部都有直流稳压电源单元，为系统提供 +5V、+15V、+24V 的直流电压。系统通电前，应检查这些电源的负载是否对地有短路现象，以便及时解决。

（6）接通数据柜电源，检查各输出电压　断开电动机的动力线，接通电源，检查数据柜内的排风扇是否旋转，以确认电源是否接通；检查各电源单元的输出电压是否正常，各种直流电压是否在允许的范围内波动。

（7）确认数控系统中各种参数的设定　设定系统参数（包括 PC 参数），确保机床具有最佳的工作性能。随机参数表是参数设定的依据，应妥善保管，不得遗失，否则机床维修和恢复性能会很困难。通过 MDI/CRT 单元上的"PARAM"（参数）键，可显示已存入系统存储器的参数，参数内容应与机床安装调试后的参数表一致。

（8）确认数控系统与机床侧的接口　数控系统一般具有自诊断功能，CRT 画面可显示数控系统与机床接口以及数控系统内部的状态。可编程序控制器（PC）可反映从 NC 到 PC、PC 到 MT（机床）以及 MT 到 PC、PC 到 NC 的各种信号状态。各种信号的含义和相互逻辑关系随每个 PC 的梯形图而异，可根据随机梯形图说明书，通过自诊断画面确认数控系统与机床之间的接口信号状态是否正确。

上述 8 项检查工作一般由设备使用厂家自行完成，安装单位应积极配合参与。

3. 精平调整和灌浆

机床水平度、垂直度的精平调整应在各部分连接完成后进行。

数控机床的灌浆除通常方法外，还可采用环氧树脂与固化剂经合理配比混合进行灌注新工艺。这种灌注方法凝固时间短、强度高，非常适用于加工中心等中小型数控机床。

三、数控机床的调试

完成上述安装工作后，机床可进行通电调试，切断数控系统电源，连接电动机的动力线，恢复报警设备的调试

1. 通电试车

机床通电无负载试验可分为两种方式：一种是所有部件全面通电；另一种是各部件分别通电，然后再进行总通电试验，分部件通电比较安全，但整个过程时间长。通电后，首先观察有无报警故障，然后用手动方法逐步起动各部件，检查安全装置是否正常可靠。如起动液压系统，判断液压泵电动机的转动方向是否正确，液压泵是否形成足够的油压，各液压元件是否正常工作，有无异常噪声，各接头有无渗漏，液压系统的冷却装置是否正常工作等。

数控系统与机床联机通电空载试车时，应有紧急断电措施。否则，一旦伺服系统电动机的反馈信号线接反或断线，均会出现机床"飞车"的现象，此时应能立即切断电源加以检修。通常，电动机首次通电瞬间，可能会产生微小的转动，但系统的自动漂移补偿功能会使电动机轴立即返回，此后再次通电或断电，电动机就不会转动。通过多次通断电源或急停按钮的操作，可确定系统的自动漂移补偿功能是否可靠。

机床基准点是指机床加工程序起始点的位置。必须检查各移动部件有无自动返回基准点的功能以及每次返回基准点的位置是否一致。

2. 机床精度和功能的测试

1）通过地脚螺栓和垫铁精调机床几何精度，使其达到类似普通机床允许的范围。

2）手动调整装刀机械手和卸刀机械手相对主轴的位置，可能过调整机械手行程、移动机械手支座和刀库位置来消除误差，必要时可修改换刀位置点的设定（改变数控系统内的参数）。然后装上几把接近规定允许质量的刀柄，重复进行从刀库到主轴的往复自动换刀操作，以检验换刀装置的工作准确性。

3）检查并确保其他各项机械动作符合指令要求。

3. 数控机床试运行

按设备制造厂提供或自行编制的考机程序对数控机床整机进行自动负载运行，全面检查机床功能及工作可靠性。试运行时间为每天运转8h，应连接运转2~3天。每天运转24h时，应连续运转1~2天。

考机程序包括以下内容。

1）主要数控系统的功能控制。

2）主轴的最高、最低及常用转速。

3）自动取用和更换刀库中的刀具。

4）各种进给速度。

5）工作加工面的自动变换。

6）主机M指令的使用等。

4. 数控机床的试切削

试动行结束后，安装单位可根据设备使用单位的要求，按实际产品加工工艺要求进行生

产性运行调试，通过不断调整程序内参数的设定，达到产品加工精度的要求。

四、数控机床的验收

数控机床的检测验收极为复杂，对检测手段及技术要求都很高。数控机床通常进行以下项目的检测验收。

1. 机床几何精度的检验（以普通立式加工中心为例）**内容**

1）工作台的平面度。

2）各坐标方向移动的相互垂直度。

3）水平面内纵、横方向移动时工作台对主轴轴线的平行度。

4）水平面内纵向移动时工作台 T 形槽侧面对导轨的平行度。

5）主轴的轴向窜动量。

6）主轴孔的径向圆跳动。

7）主轴箱沿铅垂方向移动时主轴轴线的平行度。

8）主轴回转轴心线对工作台面的平行度。

9）主轴沿铅垂方向移动的直线度。

数控机床几何精度检测必须在地基以及地脚螺栓的固定填料完全固化后才能进行。机床床身精调合格后，再精调其他部件，并在使用半年后，重新精调机床水平。

2. 数控柜的检查

数控柜的检查验收主要有以下几个方面。

（1）外观检查 检查数控柜中 MDI/CRT 单元、位置显示单元、指令接收单元（或纸带阅读机）、直流稳压单元、各印制电路板等是否有破损和污染，连接电缆的捆扎处是否损坏，如果是屏蔽电缆，还应检查屏蔽层是否有剥落现象等。

（2）数控柜内部紧固情况的检查 应检查螺钉的紧固情况、插接器的紧固情况和印制电路板的紧固情况等。

（3）伺服电动机外表的检查 脉冲编码器的伺服电动机外壳应特别检查，尤其是后端盖处。如果发现有磕碰现象，应将电动机后盖打开，再取下脉冲编码器外壳，检查光码盘有否破损情况。

3. 机床定位精度的检测

数控机床的定位精度代表机床各运动部件在数控装置控制下的运动精度，其检测内容有以下几点。

1）直线运动的定位精度（包括 X、Y、Z、U、V、W 轴）。

2）直线运动重复定位的精度。

3）各直线运动轴机械原点的返回精度。

4）直线运动矢动量的测定。

5）回转运动的定位精度（转台 a、b、c 轴）。

6）回转运动的重复定位精度。

7）回转圆点的返回精度。

8）回转轴运动的矢动量的测定。

测量直线运动的检测工具有测微仪和成组块规、标准长度刻线尺、光学读数显微镜和双频激光干涉仪等。回转运动的检测工具有 360 齿精确分度的标准转台或角度多面体、高精度圆光栅及平行光管等。

4. 机床切削精度的检测

机床切削精度检测是对机床的安装几何精度与定位精度在切削条件下的一项综合考核。对于加工中心，主要单项精度有下面几项。

1）镗孔精度。

2）镗孔的孔距精度和孔径圆柱度。

3）面铣刀铣削平面的精度。

4）直线铣削的精度。

5）斜线铣削的精度。

6）圆弧铣削的精度。

7）箱体掉头镗孔的精度。

8）水平转台回转 90°铣四方的加工精度。

5. 机床性能及 NC 功能试验

数控机床（立式加工中心）的性能检查试验有以下内容及要求。

1）主轴系统的性能。

2）进给系统的性能。

3）自动换刀系统的性能。

4）机床试运转的总噪声不得超过 80dB。

5）试运转前后分别对电气装置的绝缘性能和接地可靠性进行检查。

6）数字程序控制装置的动作功能可靠性检查。

7）机床保护功能和对操作者的安全性检查。

8）对压缩空气系统、液压管路系统的密封性能与调压性能的检查。

9）检查定时定量润滑装置的可靠性。

10）检查机床各附属装置的工作可靠性。

11）检查数控系统主要使用功能的准确性和可靠性。

12）连续 8h、16h 或 24h 无载荷运转的工作稳定性。

6. 机床外观检查

数控机床是价格昂贵的高技术设备，除参照通用机床有关标准进行外观检查外，还应对各级保护罩、油漆质量、机床照明、切削处理、电线和油管、气管的走线固定及防护进行细致的检查。

思考题与习题

4-1 机床型号一般包括哪些内容？说明下列机床型号代表的意义。

CK6140、CA6140-1、B2012

4-2 机床基础的平面尺寸及厚度尺寸应如何确定？

4-3 简述机床安装的一般分类方法和安装程序。

4-4 什么是自然调平法？采用自然调平法安装机床有什么优点？

4-5 金属切削机床空负荷试运转前应做好哪些准备工作？

4-6 大型龙门刨床床身的主要特点是什么？安装调整中有哪些要求？如何进行安装调整？

4-7 龙门刨床安装过程中应检验哪些基本项目？如何检验？

4-8 大型龙门刨床的床身导轨在垂直平面内的直线度和在水平面内的直线度应怎样进行检验？床身导轨的平行度应怎样进行检验？

4-9 龙门刨床的立柱怎样进行安装？如何检查其安装精度？

4-10 数控机床安装一般包括哪些内容？

4-11 数控机床的调试有哪些内容？考机程序包括哪些内容？

4-12 数控机床的验收主要有哪些项目？应如何进行检测？

第五章　工业锅炉的安装工艺

第一节　概　　述

※一、锅炉的用途和分类

1. 锅炉的用途

锅炉是一种通过燃料在燃烧室不断燃烧，将燃料的化学能转变为热能，锅炉的受热面不断吸收热量将水加热，使水汽化，成为具有一定温度和压力的蒸汽和热水的热力设备。

2. 锅炉的分类

（1）按锅炉的用途分　有电站锅炉、工业锅炉和动力锅炉。

（2）按锅炉的输出工质分　有蒸汽锅炉、热水锅炉和汽水锅炉。

（3）按锅炉使用的燃料分　有燃煤锅炉、燃气锅炉和燃油锅炉。

（4）按锅炉的工作压力分　有低压锅炉（工作压力低于2.5MPa）、中压锅炉（蒸汽压力为2.5~3.8MPa）、高压锅炉（蒸汽压力3.9~9.8MPa）、超高压锅炉（蒸汽压力9.8~13.7MPa）和亚临界锅炉（蒸汽压力9.8~16.7MPa）。

（5）燃煤锅炉按燃烧方式分　有层燃炉、悬燃炉和沸腾炉。

（6）按锅炉本体的结构分　有火管锅炉和水管锅炉。

（7）按锅筒放置的方式分　有立式锅炉的卧式锅炉。

（8）按锅炉的运输方式分　有整装（快装）锅炉、组装锅炉和散装锅炉。

本章主要介绍散装、卧式水管锅炉的安装工艺。

3. 锅炉型式的代号

参见表5-1。

表5-1　锅炉型式的代号

锅炉总体型式	代　号	锅炉总体型式	代　　号
立式水管	LS（立、水）	单锅筒纵置式	DZ（单、纵）
立式火管	LH（立、火）	单锅筒横置式	DH（单、横）
卧式外燃	WW（卧、外）	双锅筒纵置式	SZ（双、纵）
卧式内燃	WN（卧、外）	双锅筒横置式	SH（双、横）
单锅筒立式	DL（单、立）	纵横锅筒式	ZH（纵、横）
		强制循环式	QX（强、循）

二、工业锅炉设备

工业锅炉设备由锅炉本体及其辅助设备两部分组成，现简单介绍各部分的主要部件及设备。

1. 锅炉本体

锅炉本体由锅筒、水冷壁、对流管束、燃烧室、集箱、过热器、省煤器和空气预热器等部件组成，如图5-1所示。

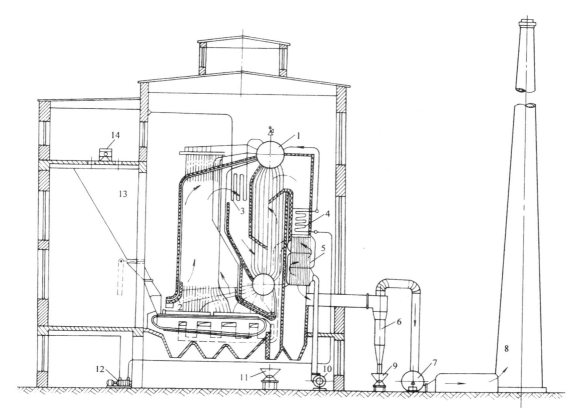

图 5-1　锅炉房设备简图

1—锅筒　2—链条炉排　3—蒸汽过热器　4—省煤器　5—空气预热器　6—除尘器　7—引风机
8—烟囱　9、11—灰车　10—送风机　12—给水泵　13—煤仓　14—运煤带式运输机

（1）锅筒　锅炉的锅筒又称汽包，是锅炉的主要受热面，蒸汽过热器、省煤器和空气预热器则是锅炉的辅助受热面。

锅筒为圆柱形容器，两端是凸形封头。在锅筒的一端封头上开有人孔，以便安装和检修锅筒的内部装置。

目前生产的工业锅炉大多都有两个锅筒，一个上锅筒和一个下锅筒，两个锅筒用对流管束连接起来，起着汇集、储存、净化蒸汽和补充给水的作用。

上锅筒是汇集汽水混合物和使汽水分离的装置。上锅筒下部连接有许多上升管和下降管，上部接出饱和蒸汽管，给水管接至内部配水槽上，补充给水。在锅筒内部装有汽水分离器和排污装置。汽水分离器有隔板式、孔板式、集管式和旋风分离式等多种形式，目的是将蒸汽中的水分和盐分分离出来，提高蒸汽品质。排污装置是装在水面下 100mm 左右的排污管，目的是将浓缩的含盐较高的炉水连续排出炉外，改善炉水品质。如图 5-2 所示为上锅筒内部结构图。

为了保证锅炉安全运转，在上锅筒的一端装有两只安全阀与一只排空阀，还有压力表接出管。

（2）水冷壁及集箱　水冷壁又称水冷墙，一般用 $\phi51 \sim \phi76\text{mm}$ 的锅炉钢管制成。它布置在燃烧室四周，以保护炉墙，防止结焦，吸收炉内的辐射热量，是水管锅炉的重要受热面。

　　水冷壁的上端一般与上锅筒相连接，或与接至上锅筒的集箱连接；下端与下锅筒连接，或与下锅筒连接的下集箱连接。上锅筒的给水经下降管到下集箱，然后到水冷壁受热，受热后成为汽水混合物，再回到上锅筒，组成水循环系统，如图 5-3 所示。在水冷壁下集箱底部，装有定期排污管，可按期按量排除沉淀在集箱底部的盐类和杂质。

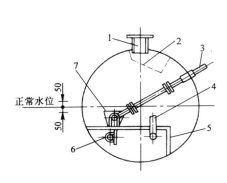

图 5-2　上锅筒的内部结构图
1—蒸汽出口　2—均汽孔板　3—给水管　4—连续
排污管　5—支架　6—加药管　7—给水槽

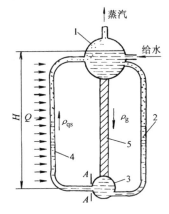

图 5-3　蒸汽锅炉水循环示意图
1—上锅筒　2—下降管　3—下集箱
4—上升管　5—隔烟墙

　　（3）对流管束　对流管束又称对流管排或水排管，它组成对流受热面，是中、小型锅炉的主要受热面。对流管束由上下锅筒之间的许多弯曲炉管组成，全部放置在烟道中，受到烟气的冲刷，管内的水吸收热量后，产生汽水混合物，上升到上锅筒进行汽水分离。根据管子的排列和烟气流向，对流管束内的水和汽水混合物组成有规则的自然循环。

　　对流管束与锅筒或集箱的连接方式有焊接和胀接两种。

　　（4）燃烧室　燃烧室又称炉子，是燃料燃烧的空间和场所。由于燃料种类不同，燃烧室的构造和类型也不相同。按照组织燃烧的方式不同，可分为层燃炉、悬燃炉和沸腾炉三种类型。

　　（5）蒸汽过热器　蒸汽过热器一般由 $\phi 32 \sim \phi 38mm$ 的锅炉钢管弯制而成。它的作用是加热饱和蒸汽，使之成为过热蒸汽。蒸汽过热器通常布置在烟道的高温区，如燃烧室的出口或装在燃烧室顶部。

　　蒸汽过热器按传热方式可分为辐射式（装在燃烧室顶部）、半辐射式（装在燃烧室的出口、烟道高温区）和对流式（装在一小部分对流管束的后面）三种；按放置的方式可分为立式和卧式（图 5-4）；按蒸汽和烟气的流向可分为逆流、顺流、双逆流和混合流四种（图5-5）。

　　（6）省煤器　省煤器是锅炉尾部的

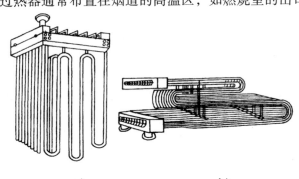

a)　　　　　　　　　　b)

图 5-4　蒸汽过热器结构
a）立式　b）卧式

辅助受热面，设置在对流管束后面的烟道中。它是利用低温烟气热量加热锅炉给水的一种换热装置。省煤器按材料和形状可分为钢管式和铸铁式两种，如图 5-6 所示为铸铁式省煤器。按省煤器出口的水温可分为沸腾式和非沸腾式两种。

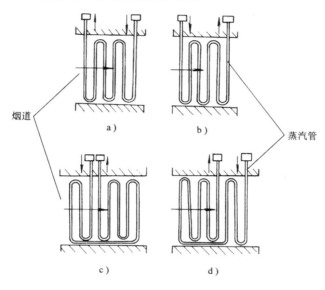

图 5-5　蒸汽过热器蒸汽与烟气的流向

a）逆流　b）顺流　c）双逆流　d）混合流

（7）空气预热器　空气预热器是预热空气的装置。它装设在省煤器后面的烟道内，是利用烟气的余热加热供燃料燃烧所需的空气。它分为板式、管式和再生式等，使用较多的为管式空气预热器，如图 5-7 所示。

（8）炉墙和构架　炉墙的主要作用是炉内负压运行时，能防止冷空气漏入炉膛；正压运行时，能防止烟气外流，以免威胁运行人员的安全和影响环境卫生。炉墙还能防止燃料燃烧后放出的热量外传，减少散热损失。同时，燃烧室和烟气的流动通道也是由炉墙构成的。

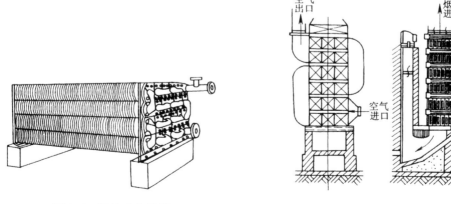

图 5-6　铸铁式省煤器　　　　　图 5-7　管式空气预热器

锅炉构架是支承锅炉的锅筒及水冷壁、水排管等受热面重量的钢结构或钢筋混凝土结构。由于锅炉的大小和结构形式不同，锅炉构架也不相同，但所有构架均应置于炉墙的外面，以防止炉墙将热传到构架上。

2. 锅炉的辅助设备

锅炉的辅助设备由运煤除灰系统、通风系统、汽水系统和仪表控制系统四个系统组成。

（1）运煤除灰系统 由提升机、输送机、煤斗以及灰斗、除渣机、运灰小车等设备组成，将燃料连续地供给锅炉燃烧，同时又将生成的灰渣及时地排走。

（2）通风系统 由送风机、除尘器、引风机、风道、烟道和烟囱等组成，将燃料燃烧所需用的空气送入锅炉，并将生成的烟气经过处理后排到空中。

（3）汽水系统 由水处理设备、水箱、水泵、管道和分气缸等组成，将经过软化处理后的水送入锅炉，并将锅炉生成的蒸汽或热水输送给用户。

（4）仪表控制系统 是为了保证锅炉安全经济运行而设置的仪表和控制设备，如蒸汽流量计、水流量计、风压表、烟气温度计、水位报警器和电气控制柜等。

三、锅炉的基本特性指标

（1）蒸发量 蒸发量是锅炉每小时能够产生的额定蒸汽量，单位为 t/h。

（2）蒸汽参数 蒸汽参数是指锅炉出口处蒸汽的额定工作压力和温度，单位为 MPa 和℃。

（3）蒸发率 锅炉的蒸发量与受热面积之比，称为锅炉的蒸发率，单位为 kg/m^2。

（4）炉排热强度 炉排热强度表示每平方米炉排上每小时燃烧的燃料所产生的热量，单位是 W/m^2。

（5）流量 流量是单位时间内流体通过管道或其他流体通道横断面的数量，单位为 m^3/h。

第二节　工业锅炉的安装

一、锅炉钢架的安装

1. 安装前的准备工作

（1）基础验收和划线 在钢架安装前，应对土建施工的基础进行检查。除检查基础浇灌质量外，还应仔细地检查基础的位置和外形尺寸。锅炉基础的位置和外形尺寸应符合有关图样和技术规定。

在检查基础的同时，还要给钢架安装定好位置线，即基础划线。

划线时，根据土建施工提供的基准点，在基础的上方拉两根钢丝线，且两线互相垂直。钢丝线应拉紧。两根钢丝线中，其中一根与锅炉房中心线平行，称为锅炉的横向中心线的基准线，另一根就是锅炉纵向中心线的基准线。将两根钢丝线投影到基础上，用几何学中的等腰三角形原理来验证两条基准线是否相垂直，如图 5-8 所示。

以上述两条基准线为基础，再根据锅炉房标高为 ±0.000m 层基础平面布置图，通过拉钢丝并吊锤的方法，进一步测量出每排立柱的中心线。最后用测量对角线的方法来验证所测量的基础中心线是否准确，如图 5-9 所示。其允许误差如下：

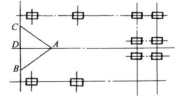

图 5-8　基础中心线垂直度的检查

各基础中心线间距误差为 ±1mm；各基础相应对角线误差为 5mm。

基础中心线划好后钢再用墨斗将中心线清楚地弹出，并将中心线引到基础的四个侧面上，以便于安装时钢架的找正。除此之外，还应将各辅助中心线、锅炉钢柱的底板轮廓线等全部划出来，以满足锅炉安装的需要。

（2）钢架及平台钢结构件的检查和校正　锅炉钢架在安装前应进行开箱清点，对各单独构件应进行检查。根据装箱单及图样，检查立柱、横梁、平台和护板等主要部件的数量和外形尺寸，其偏差不得超过表5-2的规定。发现问题均须做好记录，并进行处理。对无法在现场修整的缺陷，应会同有关部门联系制造厂处理。

立柱、横梁等的弯曲度超过规定值时，根据具体情况，可分别采用冷态矫正、加热矫正和假焊矫正方法。

2. 钢架和平台的安装

（1）吊装前的准备和检查　在钢架吊装就位前，必须将基础清理干净。再次测量各基础的标高，即用水准仪将建筑物的原始标高（±0.000m 标高和 +1m 标高）引至附近厂房的柱子上，然后再逐个测量出各基础顶面的实际标高，同时将每根

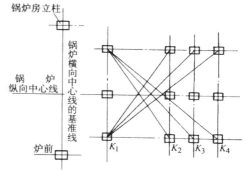

图 5-9　用对角线检查划线基础中心线是否准确

立柱上 +1m 标高线以下的实际高度也测量出来，以便计算出每个基础上立柱底板与基础间的垫铁厚度。

表 5-2　锅炉钢结构组装前的允许偏差

项次	项目	偏差不应超过/mm	项次	项目	偏差不应超过/mm
1	立柱、横梁的长度偏差	±5		全长	10
2	立柱、横梁的弯曲度：每米	2	4	护板、护板框的平面度	5
	全长	10	5	螺栓孔的中心距偏差：两相邻孔间	±2
3	平台框架的平面度：每米	2		两任意两孔间	±3

在钢架吊起前，应将基础的表面凿出麻面，以保证二次灌浆的质量。其中放置垫铁的位置应铲平，放上垫铁后再测量每组垫铁表面的标高，如图5-10所示。垫铁标高测量合格后，将各层的几块垫铁定位焊在一起。垫铁应放置在立柱的中心线上和有加强筋处，以防止钢架就位后立柱底板变形。

在起吊前必须对钢架组合件进行一次全面的检查，所有应焊接的部位均应焊接完，随同钢架组合件一起吊装的零部件应固定牢靠。

组合件的起吊绑扎位置要按施工方案执行，但应注意检查绑扎位置和加固结构的刚性，使其在起吊过程中不致产生永久变形，甚至发生设备损坏或人身安全事故。

（2）钢架的吊装、找正和固定　在起吊钢架前应进行试吊，即将钢架平行吊离地面 200~300mm 高度，检查各千斤绳的受力是否均匀，持续 5min 后再看有无下沉现象，如果情况良好，则正式起吊。

钢架起吊、就位后，即可以用拉绳或硬支撑进行固定。当采用拉绳临时固定时，拉绳的一端拴在柱顶上，另一端拴在厂房上，然后将拉绳换为圆钢拉筋，一端接上花兰螺钉，以便

找正。拉筋的设置要保证立柱或钢架在数根拉筋相拉平衡下不至走动，也不妨碍其他组合件的起吊安装。拉筋一般为$\phi 20mm$的圆钢。

钢架找正以基础中心线及立柱1m标高线为准，先调整标高，后调整位置。用水准仪测量立柱上的1m标高与厂房的1m标高是否一致。若有误差，则进行调整。调整标高时可以利用千斤顶抬高立柱，也可以把楔形垫铁放在立柱底板下面，用锤子敲打，使立柱随楔形垫铁的进入而抬高，然后再调整垫铁的厚度。钢架立得是否垂直，可用吊线锤的方法对立柱的两个立面进行上、中、下三处的测量检查，如图5-11所示。若三处测量的尺寸都相等，则说明钢架垂直，否则就要进行调整。

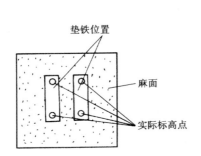

图5-10　钢架基础处理

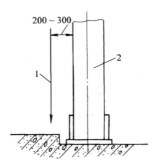

图5-11　钢架就位后垂直度的测量
1—吊线锤　2—立柱

四角立柱都找正就位后，还要测量立柱间的对角线，相对应的对角线应相等，如图5-12所示。测量对角线不仅要测量立柱上下两处，而且要测量中间各主要标高处，如超过图样上允许的误差，应进行调整。

找正结束后，将拉筋的可调部分用螺母紧固，并将立柱底板四周的预埋钢筋用火焰烤红，弯贴在立柱上，如图5-13所示，然后将全部钢筋焊在立柱上，以避免立柱走动。

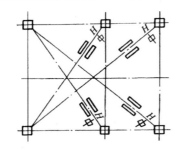

图5-12　钢架就位后对角线的测量

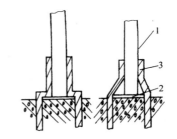

图5-13　基础钢筋的固定方法
1—立柱　2—底板　3—钢筋

钢架焊接完成后，可进行二次灌浆。用木板在每个立柱底板四周做一个浇模。二次灌浆应饱满，其高度应符合图样要求。待达到一定强度后再去掉模板。

锅炉的平台和扶梯等不影响锅筒吊装的部分，可在钢架焊接完毕后按施工工序装上去。妨碍施工操作的部分，留待以后安装。

二、锅筒的安装

当锅炉主要钢架已焊接牢固，立柱底板下浇灌混凝土强度已达到75%以上，钢架验收合格时，便可进行锅筒的安装。

锅筒是锅炉蒸发设备中的主要部件，质量也最大。

1. 锅筒的检查

锅筒是锅炉的最主要部件，如果加工有问题或运输中有损伤，都会给安装工作带来麻烦，也影响安装质量。因此，在安装锅筒以前，需进行以下项目的检查。

1）检查锅筒外表面是否有因运输而损伤的痕迹，特别是短管（管接头）焊接处。

2）核对其外形尺寸，检查其弯曲度。

3）检查锅筒两端标定锅筒的水平中心线和垂直中心线等（图5-14）的位置是否准确，必要时可略加调整，使之最好与各排孔中心线相符。

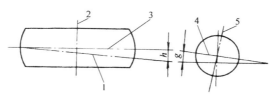

图5-14　锅筒上的各中心线（在偏差位置）

1—水平线　2—锅筒横向中心线　3—锅筒纵向中心线

4—锅筒端面水平中心线　5—锅筒端面铅垂中心线

4）如锅筒上没打有横向中心线记号时，应按纵向管排的管孔划出。

上述内容应逐项检查，应详细记录鉴定结果。若发现问题，应与有关单位共同研究解决。

2. 安装锅筒的支承物

由于锅炉的构造不同，锅筒的数量及它们相互间的相对位置也不同，锅筒的支承物位置也有差异。锅筒的支承方法通常是将一个锅筒放在支承物上，另一个锅筒则是靠管束支撑或吊挂起来的。

在安装锅筒时，可将有支承物的锅筒放在支承物上，而无支承物的锅筒也需临时装设支承物，这样才能方便锅筒的调整工作。临时支承物的形式可根据锅筒所在的位置确定。一般情况下，可用型钢制作临时性的支座。待胀管工作完成后，用气割将它割掉。作为临时的支承物，应保证锅筒的稳定。拆除支承物时，不应用锤敲打，以防锅筒摇动使管口松弛。

锅筒的支承物有支座式和吊环式两种。安装支承物时，要按图样的要求耐心细致地调整，尽量使其位置正确，这样可给锅筒的调整工作带来方便。

3. 锅筒的吊装

锅筒的吊装工作应按施工组织设计确定的方案进行。为了保证人身和设备的安全，要严格地按照安全操作规程进行工作。

吊装锅筒的方法可根据钢架的结构形式不同，选用钢架内或钢架外起吊。

吊装时，锅筒要绑扎牢固可靠。钢丝绳的绑扎位置不得妨碍锅筒就位，和短管也要保持一定的距离，以防钢丝绳滑动碰弯短管。严禁将钢丝绳穿过锅筒上的管孔。

4. 锅筒的调整

当锅筒就位后，应立即进行调整工作。经过调整后，锅筒的纵、横向中心线与基础纵、横向中心线之间的相对位置，锅筒纵、横向中心线的水平度，锅筒与锅筒之间的相对位置等必须符合规范的要求。

调整锅筒纵、横向中心线与基础线的纵、横向基准的距离时，可采用如下两种方法。

一种方法是将锅筒的纵、横向中心线用投影法投影在基础上，测量它与纵、横向基准线间的距离。这种方法可在锅筒的纵、横向中心线的两端挂上线锤，测量线锤在基础面上的投影与基础纵、横向基准线的距离。另一种方法是用拉钢丝的方法将基础的纵、横向基准线提高到锅筒上，然后测量锅筒纵、横向中心线与细钢丝之间的距离。细钢丝两端可固定在墙或钢架上，在钢丝上挂上线锤并调整它与基础上的基准线相吻合，测量锅筒的纵、横向中心线至纵、横向钢丝间的距离，就是锅筒纵、横向中心线与基础纵、横向基准线之间的距离。

若锅筒是纵向布置的，锅筒纵向中心线的调整，应以纵向基准线为准，测量锅筒两端和中央共三点，如图 5-14 所示。

若锅筒是横向布置的，锅筒横向中心线的调整，应以横向基准线为准，测量锅筒两侧的两点，如图 5-14 所示。

调整锅筒端面的垂直中心线时，可用挂在细钢丝上的线锤在锅筒两端进行测量，如果两端封头上、下样冲记号均与铅垂线相重合，则符合要求，如图 5-15 所示。若不符合要求时，可将锅筒绕纵向中心线轻轻地转动，调到符合要求时为止。

经调整后，若锅筒两端封头上、下两个样冲记号仍不能同时符合要求时，要引起注意，并仔细地检查制造厂打的记号是否准确。如确属制造厂打的记号不准时，可以管孔为准进行调整。一般可采用如下两种方法。

1）在锅筒内，同一水平面的管孔放一条平尺，在平尺上再放一只水平仪进行调整。测量点不少于三处，如图 5-16 所示。

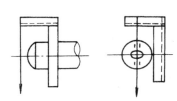

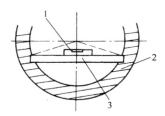

图 5-15　锅筒端面垂直中心线的调整图　　　　图 5-16　用水平仪调整锅筒

1—水平仪　2—锅筒　3—平尺

2）可按图 5-17 所示挂一个线锤，通过同一铅垂线上的管孔进行调整。测量位置不少于三处。

调整锅筒纵向中心线的标高和水平度时，可用液体连通器测量，检查锅筒两个端面上的水平中心线两端，四点样冲记号应在同一水平面上。如不平，应在支座下增减垫片调整。悬吊式锅筒可用旋转螺母调整吊环螺栓螺纹长度的方法，达到调整锅筒的目的。

如上锅筒已调整合格，调整下锅筒时可依上锅筒为准，调整两锅筒的相对位置。

经调整后，锅筒应符合表 5-3 的要求。

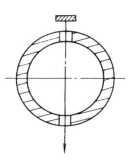

图 5-17　用铅垂线调整锅筒

表 5-3　组装锅筒时的允差

项次	项　目	允差/mm	附　注
1	锅筒纵、横向中心线的水平方向距离	±5	以锅炉的纵向或横向基准线为准，锅筒横向测两侧两点，纵向测两端和中央三点
2	上项所测两端距离数值的不等长度	2	
3	主锅筒标高	±3	以标高基准为准
4	锅筒全长的横向水平度 g	1	见图 5-14
5	锅筒全长的纵向水平度 h	2	见图 5-14
6	上、下两锅筒间的水平方向距离 a	±2	见图 5-18
7	上、下两锅筒间的垂直方向距离 b	±2	见图 5-18
8	上、下两锅筒最外边管孔中心线间的距离 c	±3	见图 5-19
9	上、下两锅筒同侧端的铅垂中心线当设备技术文件规定在同一铅垂线上时，其不对准偏移（沿锅炉纵向）d	±1	见图 5-19

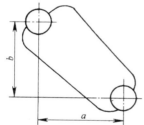

图 5-18　上、下两锅筒间的距离

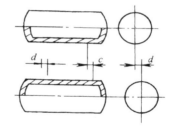

图 5-19　上、下两锅筒间的相对位置

组装锅筒时，应按设备技术文件的规定留出纵向膨胀间隙，锅筒内部零件留待水压试验完毕后再按设备技术文件规定的位置和数量进行装配。应特别注意联接螺栓不得漏装，并且均应拧紧。

三、受热面管子的安装

1. 管子的检查与找正

散装锅炉的受热面管子在制造厂已按规定及数量弯好。但由于运输等方面的原因，管子会有变形、损伤和缺件的可能，因此在安装前必须进行清点、检查和找正工作。

管子的质量应符合下列标准。

1）管子的表面不得有裂纹、刻痕、蚀点和压伤，内壁不得有严重的锈蚀。

2）管子的直径和圆度应满足焊接和胀接的要求。

3）直管的弯曲度允差为 $1mm/1000mm$，长度允差为 ±3mm。

4）弯曲管的外形允差应符合图 5-20 的规定。

5）弯曲管平面的平面度允差（图 5-21）应符合表 5-4 的规定。

6）管子胀接端面应垂直于管子的外壁，用直角尺测量时，如图 5-22 所示，间隙 h 不得超过管子外径的 2%，同时边缘不得有毛刺。

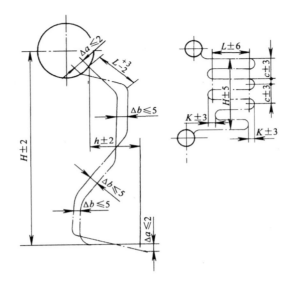

图 5-20　弯曲管的外形允差

表 5-4　弯曲管平面的平面度允差 （单位：mm）

长度 c	平面度允差 a	长度 c	平面度允差 a
50 ~ 500	3	1000 ~ 1500	5
500 ~ 1000	4	大于 1500	6

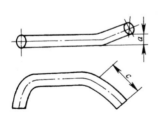

图 5-21　弯曲管的平面度

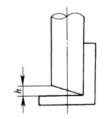

图 5-22　用直角尺测量

7）管子找正完毕后，应做通球试验，以全部通过为合格。圆球的直径为管子内径的 80% ~85% 。圆球应是钢制或木制的。

在检查管子的过程中，如有不合格的管子，应更换新管重新弯制，但其材质与规格均不变。

2. 胀接过程

胀接方法是利用金属的塑性变形和弹性变形的性质，将管子胀在锅筒或集箱上。将胀管器伸入管端的内部以后，用人力或机械转动胀杆，随着胀杆的伸入，胀珠对管端径向施加压力，使管径渐渐扩大产生塑性变形。当管子外壁与管孔完全接触后，压力也开始传到管孔壁上，使管孔壁产生一定的塑性变形。当取出胀管器以后，被胀大的管子牢牢地箍紧。在胀接过程中，要随时注意管端是否有裂纹出现或管端与管孔之间有无间隙等现象，一经发现须立即停止胀管，经处理后，方可继续胀管。

在胀接以前，要做以下几方面的准备工作。

（1）管端退火　为了保证管端在胀接时更容易产生塑性变形，防止管端产生裂纹，胀接前需进行退火。

管端退火可采取加热炉内直接加热或用铅浴法。管端退火长度约150mm，退火温度应为600~700℃，加热时间不少于10~15min。待退火时间一到，立即将管取出插入干燥的石棉灰或石灰内，缓慢冷却到常温后再取出分类堆放。

（2）管端与管孔的清理　退火后的管子，要除掉管端胀接面上的氧化层、锈点、斑痕和纵向沟槽等，否则将会影响胀接质量，所以需将已退火的管端全部打磨干净，其长度要比管孔的壁厚长出50mm。

打磨管端的方法有手工打磨和机械打磨两种形式。

锅筒和集箱上的管孔，在胀管前可用棉纱擦去防锈油和污垢等，然后用砂布沿圆周方向将铁锈打磨干净，遇有纵向沟痕，必须用刮刀沿圆周方向刮去。

（3）管子和管孔的选配　为了提高胀接的质量，管子与管孔之间需进行选配，使全部管子与管孔之间的间隙都比较均匀。选配前，先测量经打磨过的管端外径、内径和管孔的直径。将管孔的直径数据记在管孔展开图上，管端的外径和内径的数据也分别加以记录，然后根据数据统一进行选配。选配时，将同一规格中大的管子配在相应的大的管孔上，小的管子配在相应的小的管孔上，然后将选定的管子编号记入管孔展开图上。在胀接时，将管子按选定的编号插入管孔内进行胀接。经过选配以后，各管孔与管子之间的间隙都比较均匀，每个管端的扩大程度也相差不大，这样便于控制胀管率，以保证胀接的质量。

经过清理后的管子和管孔直径，应符合表5-5的规定。

表5-5　管子胀接端和管孔的直径　　　　　　　　　　　　（单位：mm）

公称直径	38	51	60	76	83	102	108
管子外径	38 ± 0.4	51 ± 0.4	60 ± 0.5	76 ± 0.6	83 ± 0.7	102 ± 0.8	108 ± 0.9
管孔直径	$38^{+0.94}_{+0.6}$	$51^{+1.1}_{+0.7}$	$60^{+1.1}_{+0.7}$	$76^{+1.2}_{+0.8}$	$83^{+1.46}_{+1.0}$	$102^{+1.66}_{+1.2}$	$108^{+1.76}_{+1.3}$

3. 胀管器

胀接工作可分成初胀（固定胀管）和复胀（包括翻边）两个工序（此种方法称为二次胀接法，当两个工序一次完成时称为一次胀接法）。

初胀是将管子与管孔间的间隙消除后，再继续扩大0.2~0.3mm，使管子初步固定在锅筒或集箱上，这一工序是用固定胀管器完成的。复胀是在初胀的基础上，进一步将管子扩大到与管孔紧密配合的程度，并呈喇叭口形状，管子的扩大与翻边是用翻边胀管器同时进行的，不得单独扩大后再翻边。

根据胀接工作的需要，胀管器的构造有固定胀管器和翻边胀管器两种，这里只介绍固定胀管器。如图5-23所示，在胀管器的外壳上，沿圆周方向相隔120°有三个胀珠槽，每个槽内有一个直胀珠。由于胀珠的锥度为胀杆锥度的一半（胀杆的锥度为1/20~1/25），所以在胀接过程中，胀珠与管子内圆的接触线总是平行管子轴线，因此管子与管孔壁的接触线也不会有锥度出现。

使用胀管器时，在胀珠和胀杆上要涂适量的润滑脂，但切勿使其流入管子与管孔之间。

每胀完 15 ~ 20 胀口后，应清洗加油一次。

4. 胀接工序

（1）初胀　将管子初步固定在锅筒或集箱上，也称为固定胀接（或挂管）。

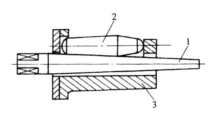

图 5-23　固定胀管器
1—胀杆　2—胀珠　3—外壳

挂管前，应选与管孔相应的同类管子中最短的几根，分别挂在上下锅筒左右两个位置，实际比量一下，看最短的管子是否能满足安装所需要的长度，经比较证实可行时再进行挂管。

挂管时，管端伸入管孔的长度（图 5-24）应在表 5-6 所规定的范围内。管子胀接端伸入管孔内时，应能自由伸入。当发现有卡住或偏斜等现象时，不得用力插入，应将管子取出找正后再用。

随锅炉配带的各类管子，可能会比规定的略长些，经测量做上记号，将长出部分锯掉。一定要挂一根锯一根，不能以一根为样管将同类管子一次锯完，以免因锅筒安装不准和管子曲率不同等因素使管子插入管孔伸出的长度不一致，导致报废。

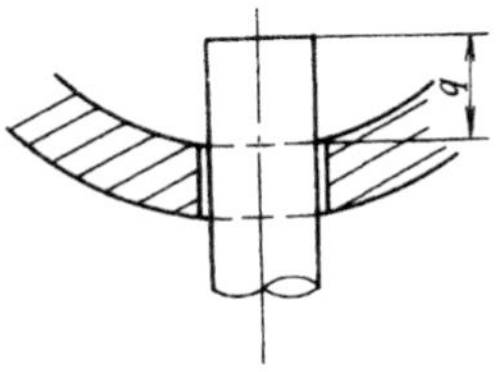

挂管时，上下锅筒内应有胀管人配合，锅筒外应有专人负责找正。各种规格的管子均先在锅筒前后各挂两根作为基准，并拉起线来，中间的管子以此基准线为准，按图样规定的管距，从锅筒中心分别向两边依次胀完。同一根管子宜先胀锅筒端、后胀集箱端，先胀上端后胀下端。胀管质量一般由有经验的操作人员或在外观察的人员凭经验判断。

图 5-24　管端伸入管孔的长度

表 5-6　管子胀接端伸入锅筒或集箱内壁的长度　　　（单位：mm）

管子公称外径		38	51	60	76	83	102	108
管端伸入长度 q	正常	9	11	11	12	12	15	15
	最小	6	7	7	8	9	9	10
	最大	12	15	15	16	18	18	19

（2）复胀　当初胀管完成后，为避免生锈，在短时间内就应翻边复胀。复胀是保证胀管质量的最关键的一道工序，要求复胀以后管子与管孔间的配合严密而牢固。

复胀时，为避免邻近的胀管口松弛，应采用反阶式胀接顺序，如图 5-25 所示。在挂管方面，按照 Ⅰ、Ⅱ、…的顺序；在管孔方面，按照 1、2、3、4、…的顺序。

（3）胀管率　胀管是为了将管子扩大，但变形过大，管壁变薄向管孔四周壁外胀出（过胀），强度反而降低了，有时甚至可能产生裂纹或管端与管孔间松弛，造成漏水（气）。所以，对胀管程度——胀管率有所规定，规范规定胀管率应在 1% ~ 1.9% 范围内。

（4）胀接缺陷　管子与锅筒胀接，既要相当严密，又不能有过胀和偏挤（单边）现象（图 5-26）。

水压试验漏水的胀口，应在放水前做出明显的标记，放水后立即进行补胀。补胀无效的管子应予以撤除，更换新管。

5. 受热面管子的焊接工作

管子对接焊接后，应进行通球试验，试验圆球直径应是规定的大小。

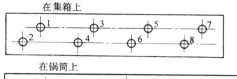

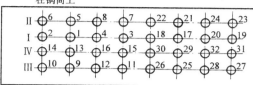

图 5-25 反阶式胀接顺序

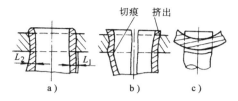

图 5-26 胀接缺陷
a) 单边切管 b) 具有"切痕"或
"挤出" c) 过胀

当管子的一端为焊接，另一端为胀接时，例如管子的上端与锅筒胀接，下端与集箱焊接时，应先焊后胀，以免胀口受焊接应力的影响。

四、过热器、水冷壁和集箱的安装

在锅炉锅筒安装完毕后，可进行过热器、水冷壁和集箱的安装工作。采用单独吊装法时，可先装集箱后装管子。如采用组合吊装法时，应有牢固的组合架，并采取正确的吊装方法，使组合体不受损伤和变形。集箱的位置应进行调整，使其符合图样规定的与锅筒的距离。组装过热器时，其允差应符合表 5-7 的规定，并参照图 5-27 执行。

表 5-7 组装过热器的允差

项　次	项　　　目	允差/mm	附　　　注
1	进口集箱与锅筒水平方向的距离 a	±3	
2	进口与出口集箱间水平方向的距离 b	±2	
3	进口与出口集箱间对角线 d_1、d_2 的不等长度	3	在最外边管孔中心处测量
4	集箱的水平度，全长	2	
5	进口集箱与锅筒铅垂方向的距离 c	±3	
6	进口与出口集箱间铅垂方向的距离 d	±3	
7	进口集箱横向中心线与锅筒横向中心线间水平方向的距离 f	±3	如集箱与锅筒正交，则为与锅筒纵向中心线
8	集箱与蛇形管最底部的距离 e	±5	
9	管子最外缘与其他管子间的距离	±3	

组装水冷壁时，应按照表 5-8 的规定，并参照图 5-28 执行。

表 5-8 组装水冷壁时的允差

项　次	项　　　目		允差/mm
1	上集箱与上锅筒铅垂方向的距离	h_1	±3
2	下集箱与上集箱铅垂方向的距离	h_2	±3
3	集箱与邻近主柱（或立柱）间的距离	d	±3
4	下箱的水平度	全长	2
5	上、下集箱最外边管孔中心线间的偏移	n	±3

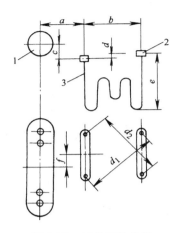

图 5-27　过热器的允差

1—锅筒　2—集箱　3—过热器蛇形管

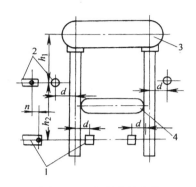

图 5-28　水冷壁的允差

1—下集箱　2—上集箱　3—上锅筒　4—下锅筒

五、其他设备及附件的安装

1. 省煤器的安装

安装省煤器前，先按照有关规定核对支架，经检查无误时便可安装省煤器。

2. 管式空气预热器的安装

钢管式空气预热器安装前，需将各管子内的尘土和锈屑清刷干净，用钢丝刷将管子与管板焊接缝上的焊渣和防锈漆等刷净，仔细检查焊缝表面有无裂纹、气孔等缺陷。必要时，可对胀口或焊缝进行渗水或渗油试验，检查其严密性。

经检查合格后，可进行安装工作。安装质量应符合有关规定。

3. 链条炉排的安装

组装炉排以前，需按图样规定检查炉排构件的尺寸，凡超出允差的构件应予以找正，使其符合要求。

链条炉排的安装，需在验收预埋件后先装墙板。墙板及其构件是整个炉排的骨架，在它前后各装一根轴。前轴和齿轮变速箱相连，轴上装有齿轮，拖动全部链条炉排转动。

安装前、后轴时，应按设备技术文件的规定留出前、后轴的轴颈与轴承间的间隙和轴的膨胀间隙。按规定的标准调整两轴的标高、水平度以及轴上的齿轮和链轮的位置。

已组装完毕的链条炉排应符合图样的规定。链条炉排全部组装完毕并与传动装置连接后，可在冷态下进行试运转，并符合有关规定。

在以后的烘炉、煮炉、蒸汽密封性试验和全负荷试运转过程中，若链条炉排的运行情况良好，轴承冷却水出口温度不超过 50℃ 时，即为合格。

4. 水位表的安装

安装水位表时，其标高允差为 ±2mm（以锅筒为准）。

5. 吹灰器的安装

吹灰器已经过水压试验（试验压力与锅炉相同）并合格，炉墙砌筑达到要求的高度时，便可进行安装。

第三节 锅炉机组的试运行

一、水压试验

锅炉水管系统安装完毕后即可进行水压试验,目的是检查胀口和焊缝的质量。

锅炉水压试验应在周围温度高于5℃时进行。在常温下做水压试验时,进水温度为20~30℃。

1. 水压试验前的准备工作

1)将锅筒和集箱的杂物清理干净,使管路畅通,然后关闭人孔和手孔门。

2)检查胀口和焊缝质量。

3)在过热器和省煤器到锅筒的给水管道上各装一只校验过的压力表。

4)将所有管道上的阀门、法兰和安全阀等附件上的螺栓拧紧,关闭安全阀。

5)所有的排污、放水阀门全部关闭。

6)打开锅筒上的放气阀和过热器上的安全阀,以便进水时排出锅炉内的空气。

2. 水压试验的过程

将水徐徐注入炉内。上水时应经常观察有无漏水,如有漏水则应及时修好。待水到锅炉最高点后,排尽空气,关闭所有排气口,然后均匀升压,升压速度不得超过0.15MPa/min。试验压力应符合表5-9的规定。

表5-9 水压试验压力

项次	试压部分名称	锅筒工作压力 p/MPa	试验压力/MPa	附注
1	锅炉本体	≤0.5	1.5p	不得小于0.2MPa
2	锅炉本体	大于0.5	1.25p	不得小于p+0.3MPa
3	过热器	—	与锅炉本体同压	—
4	非沸腾式省煤器	—	1.25+0.5	—

当压力升到0.3~0.4MPa时,应停压检查严密性。当压力徐徐升到工作压力时,暂停升压,检查各胀口有无漏水,然后再升到试验压力,保持5min,回降压力至工作压力,关闭进水阀,再进行检查,达到下列标准为合格。

1)渗水与有滴水的胀口数之和不得超过总胀口数的3%;滴水不得流淌,有滴水的胀口数不得超过总胀口数的1%。

2)焊缝、法兰、阀门、人孔和手孔等处均无渗漏现象。

水压试验后应将水全部放出。在水压试验的过程中,发现的任何渗漏情况都应做上记号,以便采取措施进行修理。水压试验合格后,方可进行砌筑和保温工作。

二、烘炉、煮炉和定压

1. 烘炉

锅炉机组全部安装和砌筑完毕,锅炉房内部脚手架已拆除,锅炉周围场地已打扫干净,具备投产条件时,便可进行烘炉。烘炉的目的是把炉墙中的水分慢慢地烘干,以免在运行时由于炉墙内的水分急剧蒸发而出现裂缝。

烘炉之前,按设备技术文件的规定选定炉墙的监视(测温)点或取样点。另外,打开炉门用自然通风方法先将燃烧室内墙干燥几昼夜,然后向炉内注入清水(最好是软水)至正常水位，并在烘炉过程中一直维持这个水位。

烘炉一般用火焰法，烘炉期限一般为7～14天。

烘炉时，燃料先放在燃烧室炉排上的中间位置。开始时火要小，且不要离墙太近，慢慢烘烤，缓慢升温。应按过热器后烟道的温度来控制燃烧程度，第一天温升不超过50℃，以后每天温升不超过20℃，最终温度不得超过220℃。另外，还应定期转动炉排，防止炉排因过热而烧坏。

烘炉达到下列情况之一即为合格。

（1）用炉墙灰浆试样法　灰浆试样水分要降至2.5%（质量分数）以下，或者挖出一些炉墙外层砖缝的灰浆，用手指碾成粉末后不能重新捏在一起。

（2）用测温法　当燃烧室侧墙中部炉排上方1.5～2m的红砖墙外表面向内100mm处温度达到50℃，并维持48h之后，烘炉才算完毕。

2. 煮炉和定压

煮炉的目的是除掉锅炉内的油垢和铁锈等。

煮炉最早可在烘炉末期，当炉墙耐火砖灰浆水分降至7%（质量分数）、红砖灰浆水分降至10%（质量分数）以下时或当过热器前耐火砖温度达100℃时开始进行。

在煮炉之前，应先按规定计算出煮炉所需的药量，然后用水将其调成含量为20%（质量分数）的溶液。溶液要搅拌均匀使药物充分溶解，并除去杂质，不准将固体药品直接投入锅筒内。

直接接触药物的操作人员要注意安全，应配备必要的劳保用品，操作地点附近应备有清水和必备的药物及纱布等，以备急需。

煮炉时，锅筒内的水位应保持最低水位，用加药桶将调好的药液加入锅筒内，所有药品应一次加完（注意：药物和水均不得进入过热器）。为了保证煮炉效果，在煮炉末期应使蒸汽压力保持在锅筒工作压力的75%左右。煮炉的期限（包括加药时间3h左右）一般为2～3天。煮炉后应符合下列要求。

1）锅筒和集箱内部无锈蚀痕迹、油垢和附着的焊渣。

2）锅筒和集箱内壁用棉布轻擦能露出金属本色。

煮炉结束后放掉碱水，用清水冲洗锅炉内部，将污水从排污阀排出，然后注入软水加热至工作压力，进行蒸汽严密性试验，检查各胀口、焊缝、人孔、手孔、阀门、法兰和垫料等处的密封性。同时，检查锅筒、集箱等处的膨胀情况以及炉墙外部表面有无裂缝等。经检查确认合格后，可进行安全阀的调整工作。

安全阀在安装前应进行单独的水压试验，检查其严密性及灵活程度，如有缺陷应及时修理，并在开启的压力位置上做记号，供定压调整时参考。

安全阀的开启压力应调整到表5-10所规定的数据。

安全阀的调整顺序，应先调整开启压力最高的，然后依次调整压力较低的安全阀。

锅炉安装各道工序均合格后，尚需在全负荷下连续运行72h。经检查和试验各部件及附属设备运行正常时，便可交付投产使用。

三、锅炉试运行

锅炉的试运行和调整试验是锅炉安装的最后一个阶段，一般由用户派人操作，由安装单位协助进行。

表 5-10　安全阀的开启压力

锅筒工作压力 p/MPa	安全阀名称	开启压力/MPa
大于 1.3	锅筒控制安全阀 锅筒工作安全阀 过热器安全阀	$p+0.02$ $p+0.03$ 略低于锅筒控制安全阀
1.3 ~ 3.5	锅筒控制安全阀 锅筒工作安全阀 过热器安全阀	$1.03p$ $1.05p$ $1.02p$
任何压力	非沸腾式省煤器入口安全阀 非沸腾式省煤器出口安全阀	$1.25p$ $1.01p$

锅炉试运行是在正常的运行条件和额定负荷下检查锅炉的制造和安装质量，在正常运行条件下考验锅炉本体所有零件的强度和严密性，而且检验所有辅助设备的运行情况，特别是传动机械在运行中有无振动和轴承过热现象等。

锅炉的试运行包括锅炉的起动和在额定蒸汽参数和负荷下连续运行 72h 后停炉。锅炉试运行是按照施工验收规范的规定进行的。

思考题与习题

5-1　锅炉设备由哪几部分组成？

5-2　简述锅炉本体中主要设备的构造及作用。

5-3　锅炉基础检查的内容有哪些？

5-4　锅炉钢架检查的内容有哪些？常用哪些找正方法？

5-5　锅炉钢架应如何安装？有哪些质量要求？

5-6　锅筒安装前应进行哪些方面的检查？锅筒应怎样进行安装和找正？

5-7　简述锅炉的胀接原理。胀接可能有哪些缺陷？

5-8　安装过热器有哪些要求？

5-9　怎样安装省煤器？

5-10　怎样安装链条炉排？

5-11　锅炉水压试验前应做哪些准备工作？如何进行锅炉水压试验？

5-12　烘炉、煮炉的目的各是什么？

第六章　其他设备的安装工艺

第一节　活塞式压缩机的安装

一、活塞式压缩机的工作原理

活塞式压缩机的工作原理如图 6-1 所示。

二、活塞式压缩机的安装技术要求

活塞式压缩机的安装是一项重要的工作，它将直接影响压缩机的运行和使用寿命。其要求如下：

1）高压侧机身和低压侧机身的中心线要装成水平。

2）高压侧机身和低压侧机身的中心线标高要相同。

3）高压侧机身和低压侧机身的中心线要与主轴中心线相互垂直。

4）高压侧机身和低压侧机身的中心线要相互平行。

5）机身与气缸以及气缸与气缸的中心线要重合（即同心）。

如果不能很好地满足上述条件，会带来极为严重的影响。例如高压侧机身和低压侧机身的中心线不平行或标高不相同，就会使活塞产生局部磨损；连杆和活塞受到附加的弯曲载荷，会加速其损坏。

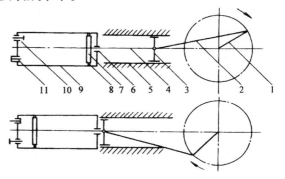

图 6-1　活塞式压缩机的工作原理示意图
1—曲柄　2—连杆　3—十字头　4—活塞杆
5—滑道　6—密封装置　7—活塞
8—活塞环　9—气缸　10—吸气阀　11—排气阀

三、活塞式压缩机安装前的准备工作

1）审阅与熟悉压缩机安装时所必需的各种技术资料。

2）做好施工组织设计和人力、物料、机具、量具的准备。

3）基础、垫铁、地脚螺栓和小千斤顶的验收应符合图样要求（图 6-2、图 6-3）。

4）开箱逐件清点检查设备及附件。

四、活塞式压缩机的安装方法

1. 压缩机的无垫铁安装

压缩机无垫铁安装是目前较为先进的安装方法，其优点是调整方便，安装精度较高，速度快，节省钢材。这种方法是取消垫铁而采用调整螺栓、专用工具、千斤顶和定位螺母来安装压缩机，把调整螺栓拧入到压缩机的基础板和机座底架上，校准位置后用防松螺母固定。为了避免调整螺栓和浇灌的混凝土接触，调整螺栓的螺纹部分应包上厚纸，在最后拧紧地脚

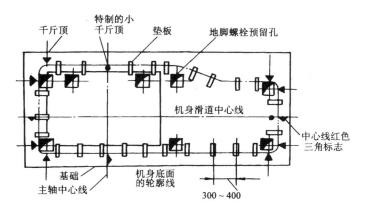

图 6-2　垫铁和千斤顶的放置图

螺栓之前，应将调整螺栓松开 2~3 扣。此外，也可以使用定位螺母和蝶形垫片来找正找平压缩机。校准压缩机时，也可以用专用工具千斤顶来调整压缩机的标高及水平度。无垫铁安装压缩机应严格控制灌浆材料的配合比。

2. 压缩机的座浆法安装

压缩机的座浆法安装是先将压缩机混凝土基础施工完毕，再定出设备垫铁的位置，用风动工具将基础面铲出麻面，然后安放一定尺寸的木模箱，并向箱内浇灌特制的无收缩水泥或膨胀水泥，将水泥砂浆捣实，使其表面平整，略有出水现象，然后将垫铁放在上面，用水准仪或激光准直仪测定垫铁标高，用水平仪测定垫铁的水平度。如有高低不平，调整垫铁下面的砂浆厚度即可。安放垫铁 36h 后即可安装压缩机。座浆法的垫铁，每组只采用三块，其中平垫铁一块，斜垫铁两块（斜度为 1/5）。

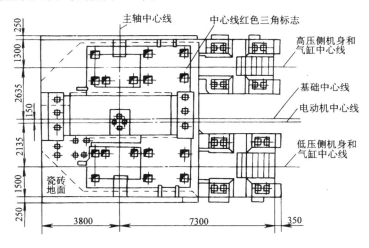

图 6-3　压缩机基础平面图

五、活塞式压缩机机体的安装

压缩机机体一般由中体及曲轴箱两部分组成，中小型压缩机两者多为一体。机体是压缩机的受力零件，其安装质量直接影响压缩机的运行及使用的可靠性。

小型压缩机采用整体安装。中型压缩机（L 型）机身的安装，要求把纵向水平和横向水平控制在允许的偏差范围内。

对称平衡式压缩机的对置式机体有两列，安装时，应先划出每列机身两侧的气缸中心线及主轴中心线，吊装机体并按中心线使机体就位。

在机体就位吊装之前，机体应先用煤油进行试漏检查，其方法是在机体外部各连接处涂上白粉，将机体用枕木垫起，注入煤油（注入高度应达到机体内润滑油的最高位置）观察，2~3h内不应渗漏。如有渗漏，可用下列方法修补。

1）钻孔攻螺纹，用丝堵堵死。

2）加盲板，用3~4mm的纯铜板钻孔，在机体上钻铰孔螺纹，再在纯铜板与机体之间涂铅油，用螺钉将盲板拧紧。修补后应重新试漏，时间要保持6~8h。

机体滑道的油孔应用油或压缩空气试漏与吹洗。

安装机体时，应先将垫铁的一部分露在机座外部，以便调整机体的标高与水平度。为减小机体在安装过程中的弹性变形，应将机身上横梁与拉紧螺栓拧紧后再找正找平。找正找平后，横梁与拉紧螺栓在拆装时，均应维持配合间隙，使其数值不变，各横梁不得错位。

机体的水平度用小千斤顶调整，用精度为0.02mm/1000mm的框式水平仪测量机体的纵向与横向水平，偏差不应超过0.05mm。

纵向水平度在机体滑道的前、中、后三点位置测量；横向水平度在机体轴承处测量；L型机体在机体法兰面上测量。

纵向水平度的测量数值以前、后两点为准，中间一点仅供参考。测量水平度时，应在水平仪测得数值后就地调转180°再测一次，取两次所测的平均值为准，以后测量均按此方法进行。

第一列机体安装好之后，应以此为基准安装第二列机体，其找正找平方法同第一列机体。H型压缩机两列机体的四个主轴承孔应严格保持同心。

纵向水平度与横向水平度必须同时进行测量，以防止水平调好后又发生变化。

机体安装后，应对称均匀地拧紧地脚螺栓，并复查垫铁组是否压紧，再查机体的水平度和主轴承的同轴度。

六、曲轴（主轴）、主轴承及其安装方法

压缩机的曲轴是压缩机中最重要的机件，其作用是把电动机轴的旋转运动变成活塞组件的往复直线运动。它从原动机接受动力矩，通过活塞对气体做功，因此它周期性地承受气体力和惯性力，并产生变应力和弯曲应力、扭转应力。

1. 主轴承的安装

中小型压缩机大多采用滚动轴承。这里主要介绍滑动轴承的安装。

安装前，应仔细检查轴瓦、合金层的质量，不允许有任何脱胎、裂纹、孔洞、沙眼、划痕和夹渣等，对瓦背、轴承座也应同样进行检查，并用煤油浸泡0.5h，取出擦净，涂上白粉，检查合金层与瓦胎的贴合程度。如发现渗油，则需要换新的轴瓦。然后用涂色法检查瓦背与主轴承洼窝弧面的接触情况，应有90°~120°的弧面接触，接触面达70%以上，接触点要均匀分布。对薄壁瓦原则上不允许刮研。

2. 曲轴的安装

1）安装前要仔细检查曲轴有无生锈、裂痕和砂眼等缺陷，然后用煤油或柴油清洗干净，用压缩空气吹净油孔，保持油路畅通、干净。

2）大型曲轴吊装就位时，要特别注意曲轴的平稳性，防止由于吊装不平稳碰坏曲轴或轴瓦。

3）曲轴的安装与主轴承的安装同时进行，并密切配合。曲轴就位后，分别在主轴颈与轴的中间位置上用水平仪测量其水平度。反复盘车观察主轴与轴瓦的贴合程度及其间隙值。曲轴每转动90°位置测量一次；还要反转再每隔90°测一次。取四次读数的平均值，其值应不超过 0.1mm/1000mm。

压缩机曲轴与轴瓦之间的间隙，必须严格按照安装规范或有关技术文件的规定，不允许超出规定范围。因为间隙过小，润滑油的油膜易被破坏，无法润滑曲轴和轴瓦，导致主轴颈及轴瓦严重磨损及烧毁，产生变形；如果间隙过大，会导致曲轴在运转中松动、敲击和泄漏油液。

曲轴与轴瓦的侧间隙用塞尺测量。塞尺塞进间隙中的长度不应小于主轴颈的1/4；曲轴与轴瓦的顶间隙则用铅丝测量。若实际测得的顶间隙超出规定值时，则应减去或增加接合面处的薄垫片或修刮接合面。

4）主轴颈与曲柄销平行度的测量与曲轴的水平度检测同时进行，即在曲柄销上也放上水平仪。每当曲轴旋转90°时，对照一下曲轴销与主轴颈上水平仪的读数，即可得出平行度误差。平行度允差为 0.2mm/1000mm。

5）曲柄销两边的两曲柄间的距离称为曲柄开挡（或称曲柄开度）。测曲柄开挡偏差的方法多用百分表（图6-4），将百分表放在距曲柄边缘 15~20mm 处，在曲柄上、下、左、右四个位置各测一次，比较其差值。其数值变化量应符合技术文件的规定，如无规定时，不应大于万分之一活塞行程。若曲柄开挡偏差过大，容易引起轴承温升过高或烧坏轴瓦。

6）曲轴中心线与滑道中心线应垂直，否则会使字头、小头瓦和大头瓦发生偏磨损。其垂直度允差为 0.1mm/1000mm，具体测量方法如图6-5所示。

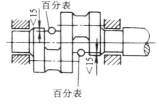

图6-4 曲柄开挡的测量

制做一个测量架，将其固定在曲轴销上，沿滑道中心线架设一条钢丝。用内径千分尺测得 a_1 值，转动曲轴180°后，再测得 a_2 值，则其垂直度偏差 Δ_L 为

$$\Delta_L = \frac{a_1 - a_2}{l} \tag{6-1}$$

式中　l——两测点的间距（m）。

施工现场也可不做测量架，可直接在曲柄侧壁上取点测量。

七、大型电动机的安装

大型电动机一般是指电枢直径（直流电动机）或定子铁心外径（交流电动机）超过1m的电动机。

大型同步电动机由定子、转子和底座三部分组成。根据运输条件和安装使用条件，定子和转子可分为整体式和对开式。其安装过程简述如下。

1. 底座的安装

1）按要求布置垫铁，除按垫铁布置原则外，还要在载荷集中处增设垫铁组，如轴承座、定子的底座下的固定部位要增设垫铁，并尽可能将垫铁布置在底座带有肋板的部位。

2）底座吊装就位并初步找正找平，其水平度允差为0.10mm/1000mm；中心线允许偏差为±0.5mm；标高允许偏差为±0.5mm。其精确调整常在轴承、转子、定子等部件安装后，结合其中心一并进行。

2. 安装轴承座

要求在轴承座与台板（安装轴承座的部位）的接触面间加绝热垫片，以防止"轴电流"的产生而使轴承过热，甚至烧坏轴承。要求轴承座的中心线与机组轴线重合。

3. 安装定子和转子

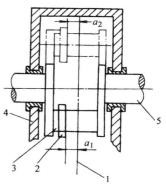

图 6-5　曲轴与滑道中心
线垂直度的测量
1—钢丝　2—测量架
3—曲轴　4—机体　5—轴身

安装步骤是：首先把下半个转子垫放好后，吊上曲轴，再把上半个转子放上，将转子与轴牢固把紧，注意使转子端面与轴上定位台肩靠紧，转子与轴的键槽要对准；把转子连同主轴自定子的一侧穿入（若定子是对开式的，也可按上述方法进行）；在定子与支座之间放入软垫铁（厚约2~3mm），将主轴连同转子、定子一同吊放到机座上的轴承座上再行找正。

定子与转子安装好以后，必须检查：定子内圆圆弧的程度；转子外圆圆弧的程度；定子与转子连接处的错口情况及张口或缩口情况；定子与转子间周围空气间隙的均匀情况。各项应符合电动机说明书的规定。

空气间隙的调整，可借助增减定子底座与支架间垫片厚度以及移动定子前、后、左、右的位置来达到要求。

各项调整工作结束后，应将定子支架与底座的联接螺栓拧紧；安装定位销，并以电焊焊牢。转子上各磁极的联接螺栓及风扇螺栓应拧紧，试车前应将两半转子的装圈热装好。

同步电动机安装完毕后，安装励磁机、集电环和集电环的引风机。电动机的防尘罩应在电动机试车合格后再行安装。

八、气缸的安装

安装气缸前，应认真清洗和检查各级气缸，要求无机械损伤及其他缺陷，特别是气缸内壁面不允许存在划痕、斑疤及孔洞。对于有底座的气缸，应将其与支座对研，使接触良好，并用0.04mm塞尺检查，不得插入。

气缸经检查合格后，即可进行安装。安装气缸的关键问题是如何达到气缸轴心线与滑道中心线的同轴度要求。如同轴度达不到规范要求，则应用刮刀或锉刀刮削、锉削气缸的定位凸肩或止口进行调整。

此外，气缸倾斜方向应与滑道水平度方向一致。

安装气缸时，不允许使用加垫或用外力强制定心，只能通过修刮气缸与中体的结合面来纠正气缸的中心偏差，修刮后，接触面应达65%以上（图6-6）。

九、二次灌浆

当机身、中体、气缸及电动机安装结束后，应及时进行二次灌浆。二次灌浆的示意图如图6-7所示。

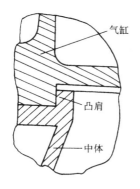

图 6-6 气缸与中体连接

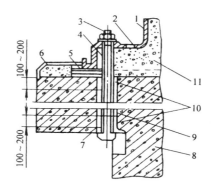

图 6-7 压缩机的二次灌浆示意图

1—机身 2—灌浆孔 3—地脚螺栓 4—套筒
5—垫板 6—抹面砂浆 7—锚板 8—钢筋混凝土基础
9—干砂层 10—砂浆层 11—二次灌浆层

二次灌浆的混凝土，应采用细碎面混凝土，其标号应比基础混凝土高一号。二次灌浆时，中途不允许停顿，并要不停捣固，以使其充满机身底部的所有空间。二次灌浆层稍微硬化后，机身外缘的基础上面还应以抹面砂浆将其顶部抹一向外倾斜的平面，并将棱角抹圆。

十、十字头、连杆的结构与安装

1. 十字头、连杆的结构

十字头和连杆的组装图分别如图 6-8 和图 6-9 所示。

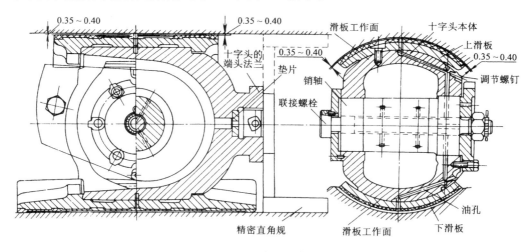

图 6-8 十字头组装图

2. 十字头和连杆的安装

十字头在工作时起导向作用并承受侧向力的作用。因此，在安装十字头之前，将十字头拆开，用着色法检查滑覆与滑道的接触面，要求接触点分布均匀，接触面积不少于滑覆面积的 60%，若不合格，应刮研滑覆。在刮研过程中，边刮研边用塞尺检查滑覆与滑道之间的间隙（每侧不少于三处测量）。滑覆与滑道间隙的大小可由垫片来进行调整。卧式压缩机气缸列滑覆与机体滑道的径向间隙应置于滑道不受侧向力的一侧。

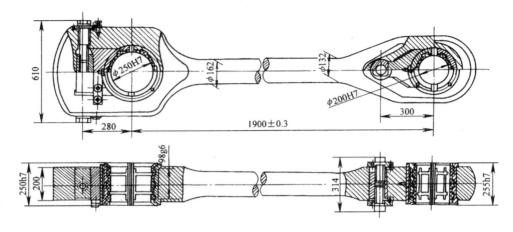

图 6-9 连杆组装图

连杆的安装是在十字头放入机体滑道内及曲轴就位后进行。安装连杆前，应分别刮研连杆大头轴瓦和小头轴瓦（当大头轴瓦为薄壁瓦时可不刮研），使其与曲轴销和十字头销轴的接触面积为其本身面积的 70% 以上，接触点应均匀分布。连杆大、小头轴瓦的配合间隙应严格控制，间隙过大，会产生撞击；间隙过小，则会产生过热烧瓦、抢瓦或卡死。连杆的定位，一般以小头瓦的轴向间隙为准，定位端的两侧轴向间隙要求均匀相等。

连杆小头瓦的径向间隙可用塞尺检查，也可凭经验判定。连杆大头瓦的径向间隙可用塞尺或压铅法检查；轴向间隙用塞尺检查或将百分表挂于曲轴上，测杆触头靠在大头瓦的一侧端面上，拨动连杆，百分表的读数即为轴向间隙。

连杆螺栓和螺母的拧紧程度要求严加控制，因其受力情况复杂，断裂将会造成严重的事故。

十一、活塞及活塞杆、活塞环的安装

安装前必须检查活塞杆上凸肩及螺母与活塞槽上的沉槽的装紧程度是否良好，有无松动和转动现象，如有，应在装前拧紧。活塞上不得有气孔、沟槽及裂纹等缺陷。活塞环端面应平整，毛刺应去除，活塞环必须能自由沉入活塞槽内，并有 0.3～0.5mm 的沉入量，如图 6-10 所示。活塞环在气缸中应留出一定的开口间隙，作为活塞环工作时的热膨胀的间隙。同组活塞环开口处的位置应均匀错开，所有开口位置应让开阀门口处。

活塞杆和活塞组对好后，将活塞（此时不装活塞环）呈水平状态吊起，用人力慢慢地推入气缸内，如图 6-11 所示。在将活塞推入气缸时，应保证活塞与气缸同轴，活塞杆呈水平，但允许向前端高 0.05mm/1000mm

活塞杆与十字头的连接，应在十字头滑覆装配修刮后进行，连接后应进行刮研。当气缸盖安装以后，利用金属垫片及缸盖法兰面间的密封垫来确定气缸内余隙。气缸止隙一般用铅丝从气阀孔伸入气缸内，慢慢盘车，使活塞到达止点位置时铅丝被压扁的厚度就是气缸的实际止隙。若不符合要求，应认真进行调整。其方法有以下几种：①增减活塞杆头部与十字头凹孔内的调整垫片厚度来调整气缸止隙；②利用十字头与活塞杆连接的双螺母来改变活塞的位置，以改变气缸的止隙；③改变气缸端盖下的垫片厚度来调整气缸的止隙。

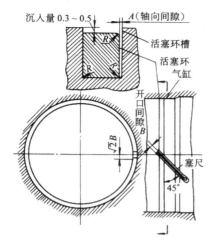

图 6-10 活塞环的轴向间隙、
沉入量、圆角半径和开口间隙示意图

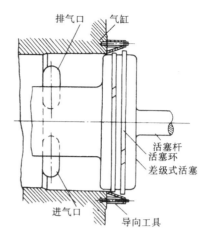

图 6-11 用导向工具将活
塞装入气缸的方法

十二、填料函及刮油器的结构与安装

1. 填料函及刮油器的结构

填料函是用来阻止气体从活塞杆与气缸之间的缝隙泄漏的组件，如图 6-12 所示。图 6-13 所示为刮油器的装配图。

2. 填料函及刮油器的安装

将填料函各盒经过认真拆卸、清洗检查并做好标记，以保证各部件不混乱。填料函在气缸内的安装，应保证油、水、气孔畅通、清洁，填料函盖应均匀地拧紧，以免十字头翘起。在组装填料函时，可用塞尺检查填料环及填料盒的各处间隙，应均匀分布，如图 6-12 所示。图中 A、B、C 为需要研刮修整的配合面。

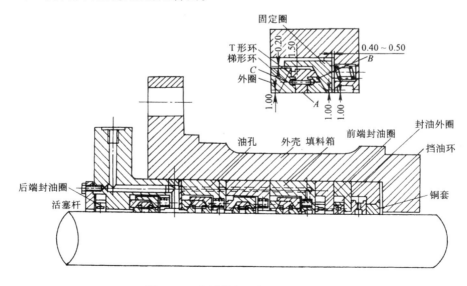

图 6-12 密封填料函各部分间隙图

刮油器由三瓣组成，套在活塞杆上，刮油环不应倒圆、反装，各处间隙如图 6-13 所示。

十三、气阀的安装

活塞式压缩机的气阀是随气缸内被压缩气体状态的变化而自行开闭的，因此气阀不能反装。气阀在安装前，应拆卸清洗，并检查各零件的变形和损伤情况。气阀的弹簧弹力应均匀，阀片应平滑。气阀装配后，应采用煤油进行渗漏试验。阀片与阀座的接触面要求密合。气阀阀片的开启高度应在气阀安装后进行检查，其值应符合有关规定。

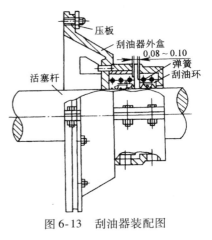

图 6-13　刮油器装配图

十四、润滑系统的安装

安装时必须将各润滑循环部件和管道拆卸清洗干净。润滑系统安装以后，应对油泵、油管封闭进行液压试验，要求不应有渗漏现象。油管应先进行排气排污后，再与各供油润滑点连接。在安装油管时，管子的弯曲半径不要太小，要求不应有急弯、折扭和压扁等现象发生。

十五、附属设备的安装

压缩机的附属设备包括水封槽、各级冷却器、缓冲器、油（水）分离器和集油槽等。这些设备在安装就位以前就应根据设备图样检查其结构和尺寸、管器方位以及其地脚螺栓孔和地脚螺栓的位置等，然后按规定进行强度及气密性试验。立式附属设备安装就位后，应检查其铅垂度，允差不超过 1mm/1000mm。

所有压缩机的附属设备在就位前和施工将完成时，均应按容器的不同要求彻底清洗干净，不得有污垢、铁屑和杂物等存留。

十六、活塞式压缩机试运转前的准备工作

压缩机试运转的步骤如下：

（1）循环润滑油系统的试运转　要求整个系统各连接处严密、无泄漏；冷却器、过滤器工作效果良好；整个系统清洁；油泵机组工作正常；无噪声和发热现象；液压泵安全阀在规定的压力范围内工作；系统油温及油压指示正确；油压自动联锁（包括盘车器联锁）应灵敏。

（2）气缸填料注油系统的试运转　要求系统各连接处严密无泄漏现象，阀门工作灵敏，注油器工作正常，无噪声和发热现象，各注油口滴油应清洁。

（3）冷却水系统的试运转　冷却水系统畅通无阻，水量充足，水压正常，各阀门工作灵敏可靠，各接合处应严密无泄漏。

（4）励磁机通风系统的试运转　要求运行稳定、风量充足、风压正常、各连接处无泄漏，出口吹出的空气清洁。

（5）原动机的单独试运转　开车前必须对电动机的安装、调整（电动机旋转方向正确，不允许反转）、耐压试验及干燥等工作严格操作。用塞尺测电动机的空气间隙，检查并紧固电动机的各连接处，要求无松动。接通电动机的测控仪表，盘车 3 转以上，若无碰撞和摩擦声响，方可开动电动机。

第一次只能瞬间起动电动机，并立即停车，检查转动方向和各部分有无障碍。第二次起动运转 5min，然后停车检查。第三次起动运转 30min，如正常，则可连续运转 1h。停车后，检查主轴承温度不超过 60℃，电动机温升不超过 70℃，电压电流应符合规定值。

（6）压缩机各部位的检查及准备

1）全面检查压缩机各运转件与静止机件的紧固情况，调整气缸支撑并加润滑油脂。

2）检查二次灌浆层的强度是否达到设计要求。

3）复查各部位的间隙及气缸止隙是否符合要求，并盘车检查转动是否灵活、轻松。

4）检查各部分的测试仪表是否安装完毕，联锁装置是否灵敏可靠。

5）检查安全防护装置是否良好，放置是否可靠。

6）将压缩机擦拭干净，把附近的杂物搬开，做好防尘工作，以免粉尘被吸入气缸内。

7）拆去各级气缸上的气阀和管道，换上试运转用的筛网。

十七、活塞式压缩机的无负荷试运转

无负荷试运转的目的是为使各运动部件的磨合良好；考验附属系统的工作可靠性；发现问题并处理；为压缩机进入负荷试运转创造条件。

首先瞬间起动压缩机并立即停车，观察压缩机主轴旋向是否正确，各部分经检查无异常后，再依次运转 5min、30min 和 4~8h。每次运转前，均应检查压缩机的润滑情况是否正常。试运转过程中，每隔 0.5h 填写一次运转记录。各项工作运行指标均应符合设备技术文件的规定。

十八、活塞式压缩机的吹除

在压缩机无负荷试运转结束后，负荷试运转之前，应开动压缩机利用各级气缸排出的空气吹除该级排气系统内的灰尘及污物。吹除之前，应先装上滤清器，并逐级装上吸、排气阀。吹除工作应分级进行，逐级吹除，直至排出的空气清洁为止。但每级吹除的时间不少于 30min，各级吹除压力应符合技术文件上的规定。

吹除完毕后，应拆下各级进、排气阀并清洗干净，经检查无损伤后，再行安装。

十九、活塞式压缩机的负荷试运转

压缩机负荷试运转的目的是为检验压缩机，了解压缩机在正常工作压力下的气密性、生产能力（即排气量）以及各项技术性能指标等是否符合设备文件规定的要求。

在压缩机负荷试运转之前，必须把吹除时用的临时管路、筛网、盲板等全部拆除，装上正式试运转需用的管路、仪表及安全阀，然后正式开车。开车后，应分次逐级升压。每次升压之前，应该稳压一段时间。每次升压的幅度也不宜过大。

在逐级分次升压的过程中，应对机组的运转情况进行全面的检查。每 0.5h 填写一次试运转记录，各种数据应在规定范围内。在额定工作压力下的试运转时间一般不应少于 24h，或按设备技术文件的规定进行。停车后应进行全面检查。

在上述试车合格后，应断开电源和其他动力源；消除压力和负荷；更换润滑油；装好试运转前预留未装和试运转中拆下的部件和附属装置；整理试运转的各项记录。

二十、活塞式压缩机的拆卸检查及再运转

负荷试运转后，应拆开检查压缩机各运转部分的磨合情况是否正常；各紧固部分是否松动；拆下各级气阀进行清洗；检查气缸镜面磨损情况；全面检查电动机的各部分；复测气缸及曲轴的水平；消除试运转中发现的缺陷。

拆卸检查后应再次试车，试车过程同压缩机负荷试运转，以考验再装配的正确性。

二十一、活塞式压缩机的主要故障分析及排除方法

压缩机在试运转和正式运转过程中，常会发生一些故障，这些故障产生的原因各异，对于不同的产生原因应采用不同的排除方法，现将其列于表 6-1 中。

表6-1 活塞式压缩机常见故障、成因及排除方法

序号	发现的问题	发生的原因	解决的方法
1	排气量达不到设计要求	（1）气阀泄漏，特别是低压级气阀泄漏 （2）填料漏气 （3）第一级气缸余隙容积过大 （4）第一级气缸的设计余隙容积小于实际结构的最小余隙容积	（1）检查低压级气阀，并采取相应措施 （2）检查填料的密封情况，采取相应措施 （3）调整气缸余隙 （4）若设计错误，应修改设计或采取措施调整余隙
2	功率消耗超过设计规定	（1）气阀阻力太大 （2）吸气压力过低 （3）压缩级之间的内泄漏	（1）检查气阀弹簧力是否恰当，气阀通道面积是否足够大 （2）检查管道和冷却器，如阻力太大，应采取相应措施 （3）检查吸、排气压力是否正常，各级气体排出温度是否增高，并采取相应措施
3	级间压力超过正常压力	（1）后一级的吸、排气阀不好 （2）第一级吸入压力过高 （3）前一级冷却器冷却能力不足 （4）活塞环泄漏引起排出量不足 （5）到后一级间的管路阻抗增大 （6）本级吸、排气阀不好或装反	（1）检查气阀，更换损坏件 （2）检查并消除之 （3）检查冷却器 （4）更换活塞环 （5）检查管路使之畅通 （6）检查气阀
4	级间压力低于正常压力	（1）第一级吸、排气阀不良引起排气不足及第一级活塞环泄漏过大 （2）前一级排出后或后一级吸入前的机外泄漏 （3）吸入管道阻抗太大	（1）检查气阀，更换损坏件，检查活塞环 （2）检查泄漏处，并消除之 （3）检查管道，使之畅通
5	排气温度超过正常温度	（1）排气阀泄漏 （2）吸入温度超过规定值 （3）气缸或冷却器冷却效果不良	（1）检查排气阀，并消除之 （2）检查工艺流程，移开吸入口附近的高温机器 （3）增加冷却器水量，使冷却器畅通
6	运动部件发生异常的声音	（1）连杆螺栓、轴承盖螺栓、十字头螺母松动或断裂 （2）主轴承及连杆大、小头轴瓦、十字头滑道等间隙过大 （3）各轴瓦与轴承座接触不良，有间隙 （4）曲轴与联轴器配合松动	（1）紧固或更换损坏件 （2）检查并调整间隙 （3）刮研轴瓦瓦背 （4）检查并采取相应措施
7	气缸内发生异常声音	（1）气阀有故障 （2）气缸余隙容积太小 （3）润滑油太多或气体含水多，产生水击现象 （4）异物掉入气缸内 （5）气缸套松动或断裂 （6）活塞杆螺母或活塞螺母松动 （7）填料破损	（1）检查气阀并消除故障 （2）适当加大余隙容积 （3）适当减少润滑油量，提高油水分离器效果或在气缸下部加排泄阀 （4）检查并消除之 （5）检查并采取相应措施 （6）紧固之 （7）更换填料

（续）

序号	发现的问题	发生的原因	解决的方法
8	气缸发热	（1）冷却水太少或冷却水中断 （2）气缸润滑油太少或润滑油中断 （3）脏物带进气缸，使镜面拉毛	（1）检查冷却水的供应情况 （2）检查气缸润滑油油压是否正常，油量是否足够 （3）检查气缸，并采取相应措施
9	轴承或十字头滑履发热	（1）配合间隙过小 （2）轴和轴承接触不均匀 （3）润滑油油压太低或断油 （4）润滑油太脏	（1）调整间隙 （2）重新刮研轴瓦 （3）检查油泵，油路情况 （4）更换润滑油
10	液压泵的油压不够或没有压力	（1）吸油管不严密，管内的空气 （2）液压泵泵壳的填料不严密，漏油 （3）吸油阀有故障或吸油管堵塞 （4）油箱内润滑油太少 （5）滤油器太脏	（1）排出空气 （2）检查并消除之 （3）检查并消除之 （4）添加润滑油 （5）清洗滤油器
11	填料漏气	（1）油气太脏或由于断油，把活塞杆拉毛 （2）回气管不通 （3）填料装配不良	（1）更换润滑油，消除脏物，修复活塞杆或更换之 （2）疏通回气管 （3）重新装配填料
12	气缸部分发生不正常的振动	（1）支撑不对 （2）填料和活塞环磨损 （3）配管振动引起的 （4）垫片松 （5）气缸内有异物掉入	（1）调整支撑间隙 （2）调换填料和活塞环 （3）消除配管的振动 （4）调整垫片 （5）消除异物
13	机体部分发生不正常的振动	（1）各轴承及十字头滑道间隙过大 （2）气缸振动引起 （3）各部件接合不好	（1）调整各部分间隙 （2）消除气缸振动 （3）检查并调整之
14	管道发生不正常的振动	（1）管卡太松或断裂 （2）支撑刚性不够 （3）气流脉动引起共振 （4）配管架子振动大	（1）紧固之或更换新的，应考虑管子热膨胀 （2）加固支撑 （3）用预流孔改变其共振面 （4）加固配管架子

第二节　桥式起重机的安装

一、概述

桥式起重机是车间的重要设备之一，几乎每个车间都要使用桥式起重机。桥式起重机一般在车间或构筑物两侧梁上的钢轨上运行，是车间内起吊和水平运输各种材料、半成品或成品的必备设备。常见的电动单梁桥式起重机如图 6-14 所示。

二、桥式起重机的安装工艺

1. 轨道安装工艺

轨道安装施工首先是将吊车梁上平面按设计规定用细石混凝土找平，然后放线进行轨道安装。其测量方法如下：

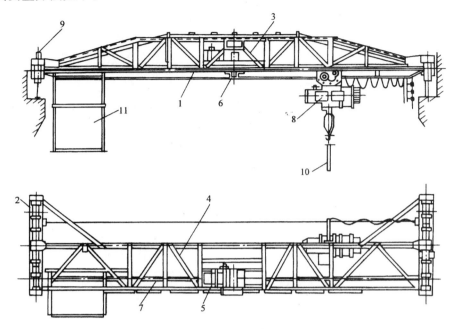

图 6-14　常见的电动单梁桥式起重机

1—工字钢主梁　2—槽钢拼接的端梁　3—垂直辅助桁架　4—水平桁架　5—电动机　6—减速器
7—传动轴　8—运行式电动葫芦　9—行程开关　10—电缆按钮盒　11—操纵室

找平测量：将水准仪架设到安装轨道的梁面上调整好，把标尺放在梁面的中心位置，测出标尺上的读数，沿梁的上平面每 3m 测一点，做出记录（图 6-15），两根轨道梁面要一次测出。根据测量记录，找出梁面最高的位置，以此为准，按设计规定 30～50mm 混凝土找平层要求，计算出各点应做的垫层厚度。之后按此依据在各测点用混凝土做出要求高度的堆台，待混凝土初凝后，再用水准仪逐一对混凝土堆台的高度进行检测，看其是否在同一平面上，若高差超过 2mm 时要进行修整。找平后，将梁面用水洗净，再用木塞将螺栓孔保护好，然后沿梁的方向紧靠混凝土堆台上平面拉一条钢丝线，这就是做混凝土垫层的基准线，并按此线进行垫层施工。施工时应将垫层平面度延长度方向控制在 1mm/1500mm 内。吊车梁顶全长设计标高的偏差应小于 $^{+10}_{-5}$mm，混凝土养护好后，就可进行放线。

轨道中心线的测量（图 6-16）。在梁的两端，按梁的预留螺栓孔，用钢直尺量出两孔中心点的位置 $A'A$，将经纬仪架设到 A 点。一般梁面窄，可能架不住，此时可向柱子方向，移动一个距离。设位移为 0.2m，得 B 点，在 A' 点也做出一个位移 0.2m，得 B' 点，将仪器架在 B 点瞄准 B' 点，这时一人在梁上用 300mm 长的一钢直尺横放在梁面上，当尺上的 0.2m 恰在望远镜纵丝上时，零端就是轨道中心线，按尺零端在梁上画线标明，就是轨道安装中心线。每 6m 测一点，然后按设计选定的轨道型号，按钢轨底面宽度值，再沿轨道安装中心线向两侧量出各 1/2 轨底宽度尺寸划线，并用墨线连接。安装轨道时就可按此线找正轨道（图 6-16）。此线是轨道底面边线，另外一趟轨道安装基准线可按已划出的一条轨底边线，用钢直尺跨越量取，但必须保证设计跨距的要求，放出线后，就可以进行轨道的安装施工了。

轨道安装好后，还必须对轨道中心线、轨顶标高及跨距进行检查，方法如下：

（1）轨道中心线位移的检查　安置经纬仪于吊车梁上，瞄准吊车梁中心线两端点，用正倒镜法逐渐将仪器中心移至轨道中心线上，而后逐一检查轨道面上每 6m 一点的中心线是否在一直线上。

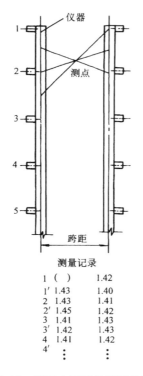

图6-15　梁面水平测量的测量数据　　　　图 6-16　轨道中心线的测量

（2）跨距检查　用钢卷尺检查跨距，在检查时要考虑尺长和温度改正数，拉力要与检定钢卷尺时所用的拉力相同。

（3）轨顶标高检查　轨道安装好后，可用水准仪直接在轨道上进行测量检查。

2. 桥式起重机的吊装方法

安装电动双梁式桥式起重机时，为减少高处作业和缩短工期，一般都在地面上把大梁、小车、操纵室等组装成整体后吊装就位。当然，各种桥式起重机的安装应根据施工现场的条件、厂房结构、使用机具和规定工期做好施工组织方案。一般常用的施工方法有以下几种。

（1）桅杆吊装

1）直立单桅桅杆吊装法：即将桥式起重机两扇大梁运到起吊位置进行现场拼装。桅杆直立在大梁之间，再将小车、操纵室装上，并将小车捆牢，用卷扬机牵引桅杆吊耳上的起升滑轮组，整体起吊桥式起重机到一定高度后，再将桥式起重机回转一个角度安装在其运行轨道上。这种方法适于安装各式双梁桥式起重机。

2）斜立单桅桅杆吊装法：即用斜立单桅桅杆分部件起吊双梁桥式起重机的大梁、小车及操纵室等，待这些部件就位后再进行组装。这种方法也适于整体起吊单主梁式桥式起重机。

3）斜立双桅桅杆吊装法：即用双桅桅杆整体吊装桥式起重机。

（2）利用房屋结构吊装

1）利用房屋构造吊装法：当使用桅杆吊装桥式起重机时，可在厂房内的构造柱承载能力许可的情况下，利用构造柱悬挂滑轮组进行吊装，在起吊桥式起重机一端到指定位置后，再吊另一端到指定位置。采用这种方法，可整体吊装、也可分部件吊装，但必须验算构造柱的许用水平分力，必要时也可在柱的外侧加设缆风绳，并进行验算。

2）利用屋架吊装法：在某些钢屋架上设有检修点或吊点时，也可利用其能承受载荷的能力起吊桥式起重机。但是，正式吊装前必须经过试吊，并仔细观察房架挠度的变化情况，检查厂房结构，确认稳定可靠，无其他不安全的隐患时方可进行吊装。

（3）利用起重机吊装

1）利用单台自行式起重机吊装。

2）利用两台自行式起重机吊装。

3）利用上层桥式起重机吊装下层桥式起重机。

此外，还有一些吊装方法，如既利用房屋结构，又利用起重机械等的联合吊装方法。

3. 直立单桅桅杆整体吊装桥式起重机

先将桥式起重机的大梁等部件运到起吊位置组装好后，将桅杆直立在大梁之间，在桅杆上挂滑车组，用卷扬机牵引，一次完成整体起吊（图6-17）。

（1）吊装前的准备工作

1）确定桅杆的位置，如图6-18所示，由于桥式起重机的大车与小车是在地面组装、整体提升的，桅杆不能立在车间跨距的中心，而是偏移车间跨距中心线一段距离，该距离在未装操纵室时，可按下式进行计算

$$L_1 = m_2 L_2 / m_1 \tag{6-2}$$

式中　L_1——桅杆中心线至车间跨距中心（即大车的中心，可认为是大车的重心）间的距离（m）；

　　　　L_2——桅杆中心线至小车重心（可认为是小车的中心）的距离：起重量为75t和75t以下的桥式起重机取小车的长度，100t和100t以上的桥式起重机取小车的轨距（m）；

　　　　m_1——大车质量（t）；

　　　　m_2——小车质量（t）。

2）桅杆如立在土地面上，必须将地面夯实、平整，应铺两层以上的枕木，必要时中间应加轨道（图6-19）。

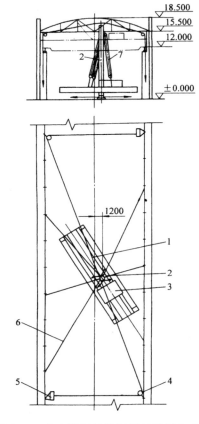

图6-17　直立桅杆整体起吊起重量为50t、跨度为22.5m的桥式起重机示意图
1—大车　2—桅杆　3—小车　4—导向滑车
5—卷扬机　6—缆风绳　7—滑车组

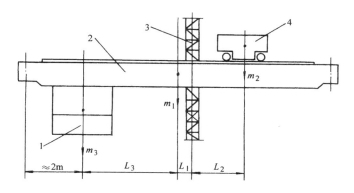

图 6-18　桅杆的站位

1—操纵室　2—大车　3—桅杆　4—小车

铺设枕木的面积计算式为

$$A = F/p \tag{6-3}$$

式中　F——底座所承受的轴向压力（N）；

p——土壤许用压强，对土地面取 0.2MPa。

3）确定桅杆的长度，首先应按大车轨面标高加上大车轨面至屋架下弦的距离再加立桅杆处的屋架高度之和，减去屋面板至桅杆顶面的操作空隙，再减去桅杆底座的垫层厚度，得出桅杆的最大长度。

如图 6-20 所示，用公式表示为

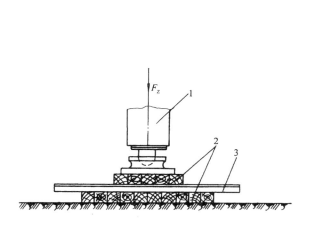

图 6-19　桅杆底部的设置

1—桅杆　2—枕木　3—钢轨

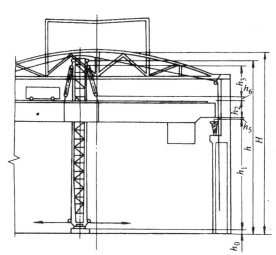

图 6-20　桅杆高度的计算示意图

$$h_6 = h + h_0 - h_1 - h_2 - h_3 - h_4 - h_5 \tag{6-4}$$

式中　h_6——捆绑绳露出大车梁顶面的高度（m）；

h——桅杆的有效高度（m）；

h_0——桅杆底座的垫层厚度（m）；

h_1——大车轨面标高（m）；

h_2——大车轨道面至小车轨道面的高度（大车轨道面至起重机顶面距离减去小车高度）（m）；

h_3——滑车组上、下两轮之间的最小尺寸（m）；

h_4——卡环的高度（m），图中表达不出来；

h_5——提升桥式起重机时大车轮底超出轨面的高度（m）。

经计算，若 h_6 为负值时，可将起重滑车组的动滑车系结在大车梁里面（在大车梁顶面架设横梁，两端系结吊索，吊索从大车梁底面绕入拴住滑车）。

4）桥式起重机在轨道上空的转向、就位：起重量50t以下的桥式起重机，在6m柱距的车间一般都转得过来。如果车间（或露天的）两边都有封墙，可借助于窗户转向，无窗户的就转不过来。

起重量 75～200t 的标准桥式起重机在 12m 柱距的车间，两边有钢托架和小柱子或是混凝土托架梁和小柱子，其托架下至大车轨道的距离必须超出桥式起重机端梁高度的300mm以上，用标准计算纸正确绘出起吊转向缩小图（作大车轨面部位平面和桥式起重机外形平面的缩小图）来定转向。一般是桅杆靠小柱屋架方向，其顶部滑车组转向时不碰屋架下弦是能转过来的。如果转不过来，可用分片起吊，或用临时假端梁连接大车梁的方法起吊。

5）考虑缆风绳和卷扬机的布置：缆风绳应尽量均匀地对称布置，但缆风绳不得通过高压输送线路，必要时必须采取有效的安全措施。卷扬机布置的要求如下：

① 距离起吊地点要大于桅杆的长度。

② 便于各台卷扬机操作人员都能明显地看见统一指挥人员的信号。

③ 尽可能使卷扬机的迎头导向滑车的跑绳绕入卷筒中点时与卷筒的轴线相垂直，其距离应为卷筒直径的25倍。

（2）竖立桅杆

1）注意事项。

① 竖立桅杆，其吊点应系在距桅杆重心 1～1.5m 处，若系点高度受限制，不能吊在桅杆重心以上时，应在底部另加配重，以降低重心位置来达到上述要求。

② 吊前的桅杆捆点应位于起重滑车组的正下方，在整个起吊过程中也应尽量保持该滑车组始终处于垂直状态，并不得碰击建筑物等设施。

③ 在桅杆底部应设牵引和溜放滑车组，以保证桅杆向前移动和起重滑车组的垂直位置。若桅杆自重大，下部应装设木排及滚杠，以减轻桅杆前进的阻力。

④ 桅杆的缆风绳。室外的应事先系于桅杆缆风绳盘上；室内的应事先系在屋架下弦处，待桅杆被吊到指定位置成直立状态后，应立即拴好所有的缆风绳，并收紧固定。

⑤ 起吊桅杆时，对车间屋架下弦的中间水平支撑有妨碍时可以拆掉，待桅杆拆除后应立即将支撑恢复原状。

2）用汽车式、轮胎式、履带式起重机竖立桅杆。

① 选择起重机时，要满足起吊桅杆的高度和负荷。

② 放置桅杆的底座时，注意对准导向滑车的方向。

③ 桅杆就位时，应正确地落于桅杆底座的中心。

3）用辅助桅杆竖立桅杆。

① 辅助桅杆的最小长度约为桅杆长度的 $1/2 + 3 \sim 4m$。辅助桅杆的单侧起吊能力应大于桅杆的自重。竖立辅助桅杆可在厂房屋架上挂起重滑车，用卷扬机牵引进行竖立。但必须是在屋架允许的情况下才能采用辅助桅杆。

② 辅助桅杆的拆除，用原来的起吊滑车组系在已竖立的桅杆上进行。

（3）装小车

1）用汽车式、轮胎式、履带式起重机吊装小车，应选用既能起吊小车到大车高度和转向就位时不碰起重机臂桅杆，能正确地落于小车轨道，又能满足负荷吨位的起重机。

2）用立桅桅杆与厂房的吊车梁吊装小车。

① 如图 6-21 所示为用一套滑车组 S_1 挂在吊车梁上，与桅杆上的一套滑车组 S_2 抬吊小车，将桅杆另外一侧的滑车组临时捆在大梁上，加以平衡。

② 用滑车组同时吊起小车，吊至大梁高度时慢慢松滑车组 S_1，使小车靠近桅杆，小车与桅杆同时回转 90° 就位。

也可将起重滑车组 S_1 挂在柱脚处与桅杆上的起重滑车组 S_2 夺吊小车。其方法是：先起重滑车组 S_2 吊起小车一端；起重滑车组 S_1 溜放小车另一端，逐渐形成立吊小车，当靠近桅杆时即转 90° 并在端梁上拴手拉葫芦拖拉小车，边拖边拉就位。

3）用已竖立桅杆倾斜 2° 左右起吊小车，其步骤如下：

① 将桥式起重机大梁运至桅杆两旁，小车要按就位方向运到两片大梁中间。

② 在两片大梁的车轮底下垫上轨道，找平，轨道下面搭枕木堆，具备组装大车的条件。

③ 用已竖立桅杆上的一套起重滑车组立吊（或平吊）小车，另一套滑车组固定于大车梁或柱脚，以平衡立吊小车的力。

④ 当小车提升超过大梁高度后便开始组装大车。在端梁上挂手拉葫芦，拴在正吊着小车的下方，边拉边落于小车轨道上就位。

（4）试吊

1）先按未装操纵室计算小车的位置 $L_2 = m_1 L_1 / m_2$，式中符号同式（6-2）。根据计算出来的数据，用吊索将小车固定。

2）试吊的注意事项。

① 所用的卷扬机必须试灵敏度，试制动器的可靠性。吊起桥式起重机悬空 $300 \sim 500mm$，经 10min 后未出现问题，再做晃动桥式起重机的试验。

② 所有的缆风绳、地锚等起重设施必须进行严格的检查。

（5）装操纵室　装上操纵室，调整小车的位置 L_2 按下式计算（图 6-18）

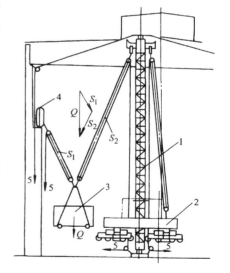

图 6-21　用桅杆与厂房的吊车梁吊装小车示意图
1—桅杆　2—大车　3—小车
4—吊车梁　5—至卷扬机的跑绳

$$L_2 = (m_1 L_1 + m_3 L_3 + m_3 L_1)/m_2 \tag{6-5}$$

式中　m_3——操纵室质量（t）；

L_3——操纵室中心线至大车重心的距离，一般可按桥式起重机跨度的 $1/2 - 2m$（m）。

将桥式起重机吊离起放在约 2.5m 高的枕木堆上。待操纵室装完，将小车沿轨道向远离操纵室端缓慢移动，防止小车滑跑，严格控制大梁的平衡。固定小车，再次试吊，确认已平衡，其他起吊设施也确认安全可靠，方可进行正式起吊。

（6）正式起吊、就位　所有参加起吊的人员都必须坚守工作岗位，听从指挥，统一行动，确保安全起吊。当起到超过大车轨道后，将同时牵拉事先拴在两端的绳索开始转车，对准轨道就位。

（7）拆除桅杆

1）利用桥式起重机小车拆除桅杆：先将小车盘到靠近桅杆处，将吊索固定在小车的卷筒轴承座上，挂滑车组卸除桅杆。

2）利用桥式起重机大车梁拆除桅杆：在大梁上架设横梁，常用枕木或枕木上加滚杠或加轨道、工字钢等方法，在横梁上挂滑车组卸除桅杆。

拆除桅杆时应注意以下问题

① 利用小车或搭横梁拆卸桅杆时，必须将小车、大车车轮用木楔子固定。

② 吊点应在桅杆的重心以上，否则应在其底部加配重，防止发生桅杆翻倒事故。底部还应设置拖拉和溜放的绳索。

③ 拆除桅杆前，可略放松缆风绳进行试吊，如无异常，便可解开缆风绳扣，待桅杆顶部放至与大车梁平齐时，再拆除缆风绳，缓慢地放倒在地面上，最后拆除桅杆。

第三节　电梯的安装工艺

电梯是一种用来载人、运货的运输设备。电梯的安装实质上是电梯制造的最后组装工序，而且这种组装工作通常远离电梯制造厂。因此，从事电梯安装的技术人员与操作者应认真了解和熟悉所安电梯的分类和电梯的基本结构，掌握电梯的工作原理，同时还应具有电梯安装的理论知识和丰富的实践经验。

一、电梯的分类、工作原理及基本构造

1. 电梯的分类

电梯的分类比较复杂，其分类方法有以下几种。

（1）按用途分类

1）乘用电梯：用来运送乘客的电梯。这类电梯运行速度较快，自动化程度较高，安全设施齐全，装潢美观。

2）载货电梯：用来运送货物的电梯。载货电梯又分为主要载货但同时有人伴随的电梯和主要用来运送乘客同时也可运送货物的电梯。这类电梯的主要特点在于装潢不太讲究，自动化程度较低，运行速度一般较慢，载重量较大。

载货电梯还有仅供载货的电梯（杂物电梯），供图书馆、办公楼、饭店运送图书、文件和食品等。这类电梯的安全设施不齐全，不准用于载人。为了避免人员进入轿厢，轿厢的门洞及轿厢的面积都设计得很小，轿厢的高度一般小于 1.2m。

根据具体用途的不同，电梯还可分为病床电梯、住宅电梯、观光电梯、防腐电梯、防爆电梯和车辆电梯等特种电梯。

（2）按速度分类　按速度不同，电梯可分为以下三类。

1）低速电梯：速度 $v \leqslant 1.0 \text{m/s}$ 的电梯。

2）快速电梯：速度 $1.0\text{m/s} < v < 2.0\text{m/s}$ 的电梯。

3）高速电梯：速度 $v \geqslant 2.0\text{m/s}$ 的电梯。

（3）按曳引电动机的供电电源分类，可分为交流电源供电电梯和直流电源供电电梯。

（4）按有无蜗轮减速器分类

1）有蜗轮减速器的电梯，用于梯速小于 3.0m/s 的电梯。

2）无蜗轮减速器的电梯，用于梯速大于 3.0m/s 的电梯。

（5）按驱动方式分类

1）钢丝绳式。曳引电动机通过蜗杆、蜗轮和曳引绳轮，驱动曳引钢丝绳两端的轿厢和对重装置作上下运动的电梯。

2）液压式。电动机通过液压系统驱动轿厢和对重装置作上下运动的电梯。

（6）按曳引机房的位置分类可分为机房的位置位于井道上部和井道下部的电梯。近年来也有不设置机房的电梯，称为无机房电梯。

此外，还可以按控制的方式和拖动方式进行分类。

2. 电梯的基本工作原理

电梯的工作原理是：借助于曳引机的曳引绳与钢丝绳的摩擦力，带动钢丝绳绕曳引轮转动，从而使轿厢运行，完成提升或下降荷载的任务。

作为垂直方向的运输工具，电梯是由许多机构组成的复杂机器系统，其主要的工作机构是由曳引机、轿厢和对重及将这三大部分有机连接成一个系统的钢丝绳组成的。电梯的基本工作原理如图 6-22 所示。

3. 电梯的基本组成

电梯由机械系统和电气控制系统两大部分组成。

机械系统由曳引系统、轿厢、轿厢的对重装置、导向系统、厅轿门和开关门系统和机械安全保护系统等组成。其中，曳引系统由曳引机、导向轮、曳引钢丝绳和曳引绳锥套等部件组成；导向系统由导轨架、导轨和导靴等部件组成；机械安全保护系统主要由缓冲器、限速器和安全钳、制动器、门锁等部件组成。厅、轿门和开关门系统由轿门、厅门、开关门机构和门锁等部件组成。轿厢的对重装置一般是由用以平衡轿厢及其所载物（或人）质量的铸铁板叠合而成的。

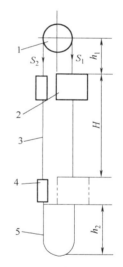

图 6-22　电梯的基本
工作原理
1—曳引机的曳引轮
2—轿厢　3—钢丝绳
4—对重　5—补偿绳

电气控制系统主要由控制柜和操纵箱等十多个部件和数十个分别装在各有关电梯部件上的电器元件组成，包括电力拖动系统、电气控制系统、自动安全系统、伺服系统以及连接各系统的线路等。电梯的电气控制系统的安装作业必须由具有特种职业技能资质的专业电工进行，其他工种配合。如图 6-23 所示为有减速机的乘客电梯的主要结构。

二、电梯的安装方法和基本安装程序

1. 电梯的安装方法

由于电梯的安装实质上是电梯制造过程组装工序中的一部分，而且电梯与建筑物的关系比其他机电设备要紧密得多，因此要结合建筑物的实际情况来确定具体的安装方法，通常有以下几种。

（1）大件安装法　大件安装法是将零件、部件及组件预先在工厂或安装单位的施工配套基地组装成组合形式，如轿厢、厅门及门架、传动装置等，并经过调整和试车，然后搬运到现场进行安装。

（2）组合段安装法　组合段安装法是以组合段进行的安装。组合段是指一层楼高的井段、混凝土地坑、机房混凝土地板或装配良好的机房整体，安装时，除电梯的机械部分、电气运行自动控制系统及信号和安全装置外，还包括与建筑结构的连接固定。

（3）散装安装法　散装安装法是将单个零件及组件在电梯井内、井坑、机房中直接进行安装。目前国内多采用这种安装法。

2. 电梯安装的基本程序

电梯设备是属于机电一体化结合非常密切的典型设备，同时又是国家有关法规明确规定的特种设备，因此电梯的安装必须严格遵守国家有关规定，并且电梯的安装施工的操作必须由具备合格上岗证的、有经验的安装电工与安装钳工共同协调配合完成。其中安装钳工应当担负的电梯机械系统的安装施工基本程序如图6-24所示。

三、电梯安装前的准备工作

1. 电梯零部件的清点及运放

电梯设备安装前，应根据供货单和有关技术资料，与建设单位或供应单位一道，开箱索取电梯的随机技术文件，并根据随机技术文件清点清查各零、部件是否齐全，有无损坏；清点时应仔细不遗漏。对电梯各零、部件质量要认真检查，有无因运输、

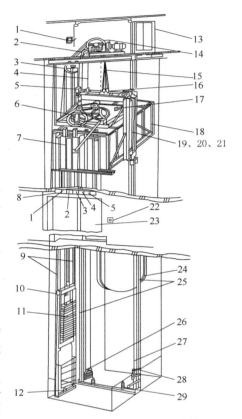

图 6-23　乘客电梯的主要结构

1—极限开关　2—限速器　3—导向轮　4—限速钢绳　5—滑动导靴　6—开关门机器　7—轿门　8—层门指示灯　9—对重导轨　10—对重靴　11—对重装置　12—对重缓冲器　13—控制柜　14、15—曳引机　16—绳头组合　17—平层器装置　18—轿厢　19、20、21—轿厢架　22—呼梯按钮　23—厅门　24—电缆　25—轿厢导轨　26—涨绳轮　27—极限开关钢丝绳　28—限速开关　29—轿厢缓冲器

搬运造成的丢失、损坏和变形等问题，特别是轿厢板、门扇等具有动作灵活可靠性要求、安全性及装饰性要求很高的部件，安装前要认真检查，发现问题应及时处理并做好检查交接记录。

随机技术文件应包括电梯安装说明书、使用维护说明书、易损件图册、电梯安装平面布置图、电气控制说明书、电路原理图、装箱单和合格证等。

清点检查工作结束后，要及时组织安装施工。施工前，应认真阅读随机技术文件，了解电梯的型号、规格和主要参数尺寸，弄清安装方法和要求，并将各部件按照安装顺序及部位分别运放到相应地点或材料库。如曳引机、选层器、发电机、限速器、配电柜等运到机房；导向轮、复绕轮、轿厢运至夹层及顶层；对重、缓冲器、轨道等运至底层；厅门运至相应各层电梯门洞口附近的材料间；对容易变形、容易弯曲的部件如轨道、门扇、轿厢板等，应放平垫实；对电气控制设备及易损元件等更应妥善保管。

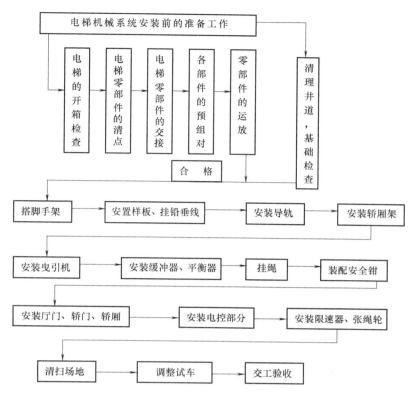

图 6-24　安装钳工担负的电梯机械系统的安装施工基本程序

2. 电梯安装前的准备工作

安装前，应先将轨道、轿厢等系统进行预组对，以检查其配合和连接部分的加工质量是否符合设计要求，同时可以检查各部分零、配件有无缺损。

（1）轨道的预组对　预组对时，将合格的轨道按阴阳榫进行清洗和排列，依次检查接头、阴阳榫及轨道工作面的情况，检查合格后进行预组装。如有碰损应进行修复，使其符合要求并进行编号。规范规定，轨道的直线度偏差不应大于其长度的 1/6000，全长应不大于 0.7mm。不符合要求的应加以调整或更换。

（2）轿厢的预组对　轿厢的预组对，主要检查各厢板接合榫口及螺孔是否相符，不适合的应进行修理，确认无误后进行编号，以免在梯井中装配时发生错装情况。电梯的轿厢是由轿厢架和轿厢体两大部分组成的，其基本结构如图 6-25 所示。

1）轿厢架。轿厢架由上梁、立梁和下梁组成。上梁和下梁分别用两根 16~30 号槽钢制成，立梁一般用槽钢或角钢制成，轿厢架的各种梁也可用钢板压制而成。上梁和下梁通常有两种结构形式，一种是将槽钢背对背放置，一种是将槽钢面对面放置。由于上、下梁槽钢放置的形式不同，作为立梁的角钢或槽钢的放置形式也有所不同，从而使安全钳的安全嘴的结构也有明显的不同。预组对时，应结合轿厢架的具体结构进行。

2）轿厢体。轿厢体由轿底、轿壁、轿顶和轿门等机件组成。

① 轿底一般用 6~10 号槽钢和角钢按设计要求的尺寸焊接成框架，再铺设 3~5mm 的钢板或木板以及其他防滑或装饰材料。高级载人乘用电梯轿底的结构较为复杂，预组对时应

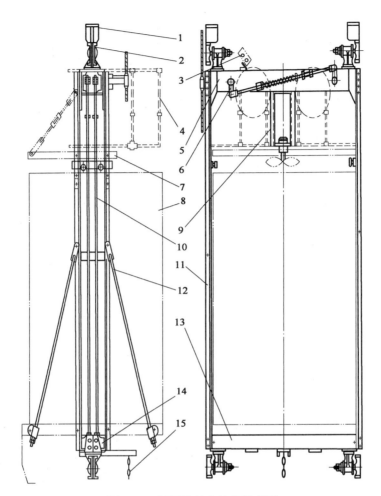

图 6-25　轿厢的基本结构示意图

1—导轨加油盒　2—导靴　3—轿顶检修厢　4—轿顶安全栅栏　5—轿架上梁
6—安全钳传动机构　7—开门机架　8—轿厢　9—风扇架　10—安全钳拉条
11—轿架直梁　12—轿厢拉条　13—轿架下梁　14—安全嘴　15—补偿装置

特别注意。轿底的结构示意如图 6-26 所示。

② 轿壁通常为 1.2～1.5mm 的薄钢板压制成瓦楞形以提高板壁的强度和刚性，两头焊上角钢作为堵头。轿壁的内侧一般安装有装饰面板，如防火塑料板、不锈钢板和整容镜等。

③ 轿顶的结构与轿壁相仿，装有照明、通风、应急出口和安全监控等装置。

轿底、轿壁、轿顶之间通常采用螺纹联接件进行联接。轿厢结构架上的其他附件如图 6-27 所示。

进行轿厢的预组对时，要特别注意避免划伤装饰表面。预组对后，对有问题的地方应及时处理，并将所有

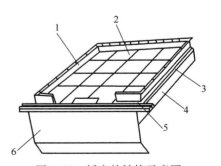

图 6-26　轿底的结构示意图

1—轿壁围裙　2—塑胶板与夹板　3—薄钢板
4—框架　5—轿门地坎　6—护脚板

机件妥善保管好，以备正式安装。

四、电梯机械部分的安装

1. 导轨架和导轨的安装

（1）导轨架的安装 导轨架是固定导轨的基础件，根据电梯的安装平面布置图和样板架上悬挂下放的导轨和导轨架铅垂线（或应用 JZC 电梯导轨检测仪放线）确定位置并分别将导轨架稳固在井道的墙壁上。JZC 电梯导轨检测仪放线的示意如图 6-28 所示。

如果两列导轨并联共用一组导轨架，其安装方法如图 6-29 所示。

无论导轨架的类别及长度如何，其水平度偏差均不应大于 5mm，如图 6-30 所示。

根据导轨架的不同结构，其常用的固定方法有以下几种。

1）埋入法。采用埋入法稳固导轨架是一种比较简单的方法。按预先计算后确定的位置及样板架上放线确定的位置稳固导轨架。将导轨架上固定 T 形导轨的压板螺栓孔或固定角钢导轨的螺栓孔中心对准铅垂线，并使导轨架面与铅垂线之间预留 3~5mm 的距离，以便于测量和用导轨调整垫片调整两列导轨间的面距，如图 6-31 所示，然后把导轨架埋入图 6-31b 所示的预留孔内，再用水平尺找正，然后用水泥砂浆灌满即可。最后，按上述方式依次稳固每列导轨的各个导轨架。

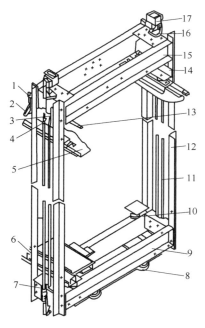

图 6-27 轿厢结构架上的其他附件

1—制动钩 2—提拉壁 3—安全开关打板 4—提拉杆
5—轿顶 6—轿底 7—安全钳 8—缓冲块 9—下梁
10—隔振块 11—连杆 12—立柱 13—操纵轴
14—厢体固定架 15—上梁 16—导靴 17—注油器

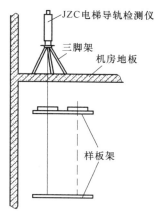

图 6-28 JZC 电梯导轨检测仪
用于安装中的放线示意图

2）地脚螺栓法。这种方法将尾部预先开叉的地脚螺栓埋在井壁中，如图 6-32a 所示。螺栓埋入深度不应小于 120mm，待混凝土凝固后再安装和找正导轨架。

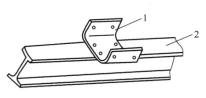

图 6-29　两列导轨共用的导轨架

1—导轨架　2—工字钢

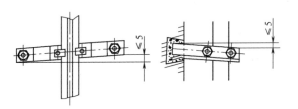

图 6-30　导轨架的水平度

3）膨胀螺栓法。这种方法用膨胀螺栓代替地脚螺栓。它不需预先埋入，只需安装时在现场打孔，放入膨胀螺栓后拧紧固定即可，具有简单、方便、灵活可靠等特点，在施工中被大量应用，如图 6-32b 所示。

4）预埋钢板法。它是预先将钢板按照导轨架的安装位置埋在井壁中，然后将导轨架焊接在钢板上，如图 6-32c 所示。

5）对穿螺栓法。当井壁厚度小于 100mm 时，以上几种方法都不适用，便可采用对穿螺栓法，将螺栓穿过井道壁。此时，应在外部加垫一尺寸不小于 100mm×100mm×10mm 的钢板，如图 6-32d 所示。

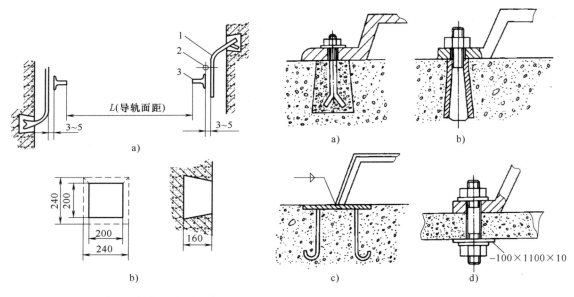

图 6-31　铅垂线、导轨架预留孔示意图

a）铅垂线与导轨架　b）稳定导轨架预留孔

1—导轨架　2—铅垂线　3—导轨

图 6-32　导轨的固定方法

a）普通地脚螺栓法　b）膨胀螺栓法

c）预埋钢板法　d）对穿螺栓法

（2）导轨的安装　导轨包括轿厢导轨和对重导轨两种。安装前，应先将导轨表面及销孔清洁后，按图样的要求计算出导轨的长度，并使两根导轨接头错开，使其不处于同一个水平高度上。安装时，由下而上逐根起吊安装，吊一根组对一根。安装中要注意每节导轨的凸榫头应朝上，以便清理灰尘，如图 6-33 所示。

安装中同时要注意保持导轨支承面上的宽度线对齐，接头对正后，装上压板，待找正找平后再拧紧螺栓。找正找平导轨时，从上到下以铅垂线（或激光束）为基准，在每个支架处用钢直尺（或仪器）测量（支架间隔为2.5m）。若发现偏差，可用加减垫片和左右调整的方法进行补偿，要求导轨内表面与导轨的间隙在整个高度上铅垂度偏差不超过1mm，导轨侧工作面的直线度偏差每5m长度上不大于0.7mm。井道顶部导轨的吊装可按图6-34所示的方法进行。

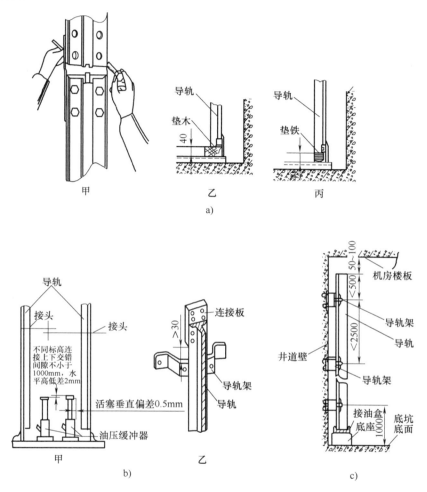

图6-33　导轨凸榫头的位置

2. 承重梁、曳引机、导向轮和复绕轮的安装

（1）安装承重梁　曳引机一般多位于井道上方的机房内，固定安装在承重钢梁上。因此，承重梁是承载曳引机、轿厢和对重装置等总重量的机件。承重梁的两端必须牢固地埋入墙内并稳固在对应井道的机房地板上。

常见的承重梁安装方式有以下三种。

1）放置在机房楼板下面。当井道顶层高度足够高时，可把承重梁安在机房楼板下面。这样使机房布置整齐，承重梁在土建时就要预先埋入，与楼板浇注成为一体，如图6-35a所示。

2）放置在机房楼板上面。当井道顶层高度不够高时，可把承重梁安装在机房楼板上，

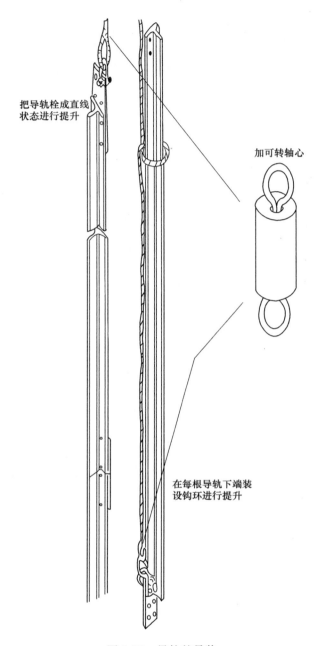

把导轨栓成直线
状态进行提升

加可转轴心

在每根导轨下端装
设钩环进行提升

图 6-34　导轨的吊装

但需在机房楼板上留出十字形孔洞，施工时在承重梁与楼板之间应有适当的距离，以防电梯起动时，承重梁弯曲变形时冲击楼板，如图 6-35b 所示。

　　3）承重梁用混凝土台架设。当井道顶层高度较低时，可用两个高出机房楼面 600mm 的混凝土台把承重梁架起来。在承重梁两端上下各焊两块钢板，在混凝土台与承重梁钢板的接触处垫放 25mm 厚的减振橡皮，通过地脚螺栓把承重梁紧固在混凝土台上，如图 6-35c 所示。

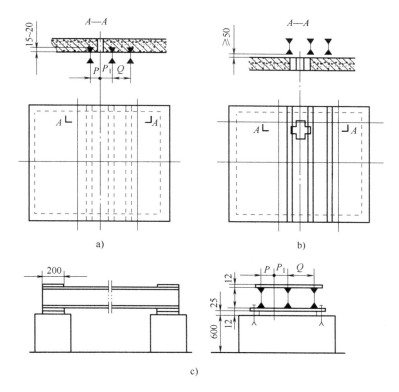

图 6-35 承重梁的安装示意图

a）承重梁在楼板下 b）承重梁在楼板上 c）承重梁在楼板上的混凝土台上

（2）曳引机的安装 承重梁经安装、稳固和检查符合要求后，方可开始安装曳引机。曳引机的安装方式与承重梁的安装方式有关。曳引机的固定方法有两种。

1）刚性固定。曳引机直接与承重梁或楼板接触，用螺栓固定。这种方法简便，但曳引机工作时，振动会直接传给楼板，因而适用于低速电梯。

2）弹性固定。常见的形式是曳引机先装在用槽钢焊制的机架上，在机架与承重板之间加有减振的橡胶垫，如图 6-36 所示。其中图 6-36a 所示为曳引机底座与承重梁采用专用减振垫的安装方法；图 6-36b 所示是曳引机底座与承重梁用螺栓直接固定，在承重梁下面加装减振垫的安装方法。

（3）导向轮和复绕轮的安装

1）导向轮的安装。安装导向轮时，先在机房楼板或承重梁上放一根铅垂线，并使其对准井道上样板架的对重装置中心点，然后在该铅垂线两侧根据导向轮的宽度另外放两根辅助的铅垂线，以找正导向轮水平方向的偏摆，如图 6-37 所示。

2）复绕轮的安装。用于高速直流电梯的复绕轮和曳引轮，安装方法除与导向轮的安装方法相同外，还必须将复绕轮与曳引轮沿水平方向偏离一个等于曳引绳槽间距 1/2 的差值，如图 6-38 所示。

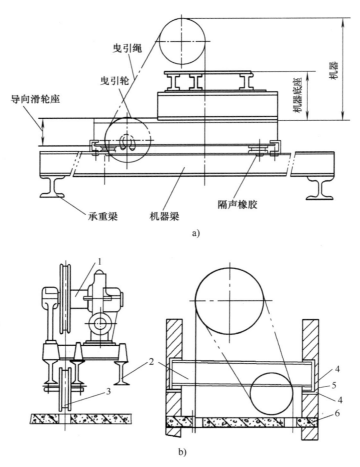

图 6-36　曳引机及减振垫的安装

a）曳引机底座与承重梁采用专用减振垫的安装方法

b）曳引机底座与承重梁用螺栓直接固定，在承重梁下面加装减振垫

1—曳引机　2—承重梁　3—导向轮　4—钢板　5—橡胶垫　6—楼板

　　导向轮和复绕轮经安装调整找正后，其平行度应不大于1mm，如图6-39a 所示；导向轮的垂直度应小于等于0.5mm，如图6-39b 所示；导向轮的位置偏差在前后方向不应大于5mm、在左右方向不应大于1mm，如图6-39c 所示；挡绳装置距离曳引绳的间隙应为3mm。

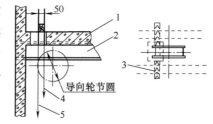

图 6-37　导向轮的安装示意图

1—机房地板　2—承重梁　3—方木

4—辅助铅垂线　5—铅垂线

3. 轿厢和安全钳的安装

（1）轿厢和安全钳安装前的准备工作

1）拆除上端站的脚手架。

2）在上端站的厅门门口地面与对面井道壁之间，水平地架设两根不小于200mm×200mm 的方木或钢梁。方木或钢梁的一端平压在厅门门口上，另一端水平地插入井道后壁的墙洞中，作为组装轿厢的支承架。两根方木或钢梁应在一个水平面上并固定。

3）在与轿厢中心对应的机房地板预留孔处悬挂一只 2 ~ 3t 的环链手动葫芦，以便组装时起吊轿厢底和上下梁等质量较重的大型零件，如图 6-40 所示。

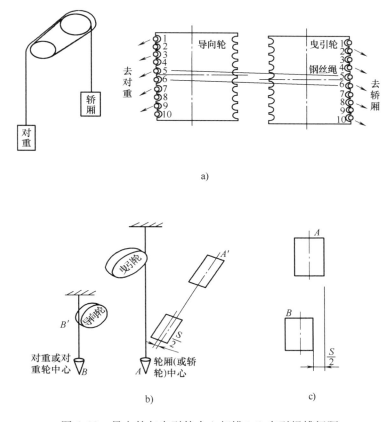

图 6-38　导向轮与曳引轮中心相错 1/2 曳引绳槽间距

（2）轿厢和安全钳的安装步骤

1）把轿厢架的下梁放在支撑架上，使两端安全嘴与两列导轨的距离一致，并找正找平，其水平度误差应小于 2mm/1000mm。

2）把轿厢底放在下梁上，支撑垫好并找正找平，其水平度误差应小于 2mm/1000mm。

3）竖立轿厢两边的立梁，用螺栓分别把两边的立梁与下梁、轿底等连接并紧固。立梁在整个高度内的铅垂度误差应不超过 1.5mm。

4）安全钳的安装。安全钳一般有瞬时动作安全钳和滑移动作安全钳，其基本结构如图 6-41 和图 6-42 所示。安全钳的安装方法是，把安全钳的楔块放入下梁两端的安全嘴内，装上安全钳的拉杆，使拉杆的下端与楔块连接，上端与上安全钳传动机构连接，并使两边楔块和拉杆的提拉高度对称且一致。使安全嘴底面与导轨正工作面的间隙为 3.5mm，楔块与导轨两侧工作面的间隙为 2 ~ 3mm，绳头拉手的提拉力为 147 ~ 294N，且动作灵活可靠。

5）轿厢架安装好后，即可进行上、下导靴的安装。导靴分为引导轿厢的轿厢导靴和引导对重的对重导靴，其基本功用是引导轿厢和对重分别沿轿厢导轨和对重导轨沿导轨作铅垂方向的运动。

安装前应检查轿厢四个导靴的尺寸，如图 6-43 所示。轿厢导靴可自由轴向位移的间隙尺寸 $a = c = 2mm$，图 6-43 中 b 的数值可参照表 6-2 的规定。

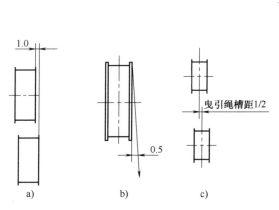

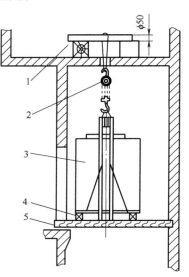

图 6-39　复绕轮、曳引轮和导向轮的
安装调整示意图

a）导向轮与曳引轮间的平行度　b）导向轮的垂直度
c）复绕轮与曳引轮的水平偏差

图 6-40　轿厢组装示意图

1—机房　2—手动葫芦　3—轿厢
4—木块　5—方木

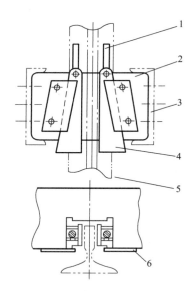

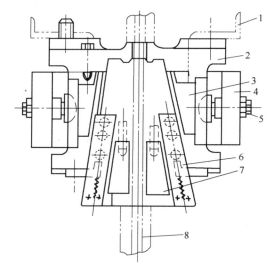

图 6-41　瞬时动作安全钳的
基本结构

1—拉杆　2—安全嘴　3—轿架下梁
4—楔块　5—导轨　6—盖板

图 6-42　滑移动作安全钳的基本结构

1—轿架下梁　2—壳体　3—塞铁
4—安全垫头　5—调整箍
6—滚筒器　7—楔块　8—导轨

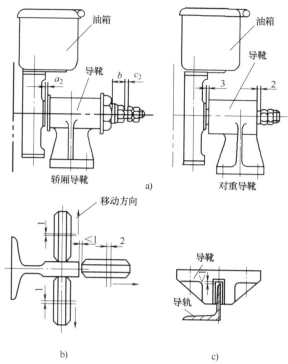

图6-43 轿厢滑动导靴

a）弹簧式滑动导靴 b）滚轮导靴 c）固定式滑动导靴

表6-2 *b* 的数值

电梯额定重量/kg	500	750	1000	1500	2000~3000	5000
b/mm	42	34	30	25	23	20

6）用手动葫芦吊起上梁，并将其用螺栓与两边立梁紧固成一体。紧固后的上、下梁和两边立梁不应存在扭转力。

7）组装轿厢。用手动葫芦将轿顶吊挂在上梁下面，将每面轿壁组装成整块板面后，再与轿顶、轿底固定好。

8）装扶手、照明灯、操纵箱、轿内指层灯箱、装饰吊顶和整容镜等。安装时，应注意与建筑装饰表面的平顺协调。

4. 电梯厅门及门锁的安装

电梯厅门也称层门，是电梯产品的安全设施之一。电梯层门的主要构件有门扇、门滑轮、门地坎和导靴、门导轨架等。门地坎和导靴、门导轨架如图6-44和图6-45所示。

目前，广泛使用的电梯层门大多是自动开关门，常见的门机构如图6-46所示。

其安装步骤和方法如下所述。

（1）安装厅门踏板 安装厅门踏板时，应根据精校后的轿厢导轨位置计算和确定厅门踏板的精确位置，并按这个位置找正样板架悬挂下放的厅门口铅垂线（或激光束），然后按厅门铅垂线（或激光束）的位置，用400#以上的水泥砂浆把踏板稳固在井道内侧的混凝土构造凸台上。

（2）安装左右立柱和上坎架　待装稳厅门踏板的水泥砂浆凝固后，即可安装门框的左、右立柱和上坎架的滑门导轨。

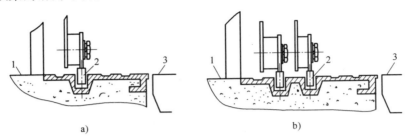

图 6-44　门地坎和导靴

a）中分式层门地坎导靴　b）双折式层门地坎导靴

1—地坪　2—门导靴　3—轿底

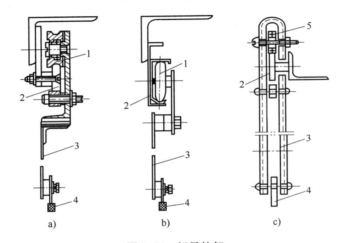

图 6-45　门导轨架

a）凹形门滑轮　b）凸形门滑轮　c）滚子门滑轮

1—门滑轮　2—门上坎　3—门　4—门导靴　5—轴承

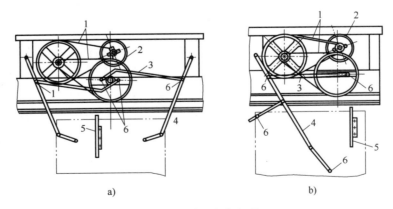

图 6-46　常见的门机构

a）中分式　b）旁开式

1—V 带　2—门电动机　3—主动臂　4—从动臂　5—门刀　6—铰接点

踏板、左右立柱和上坎架通过螺栓连成一体，并通过地脚螺栓把左右立柱和上坎架固定在井道墙壁上。上坎架的位置以及滑门导轨的水平和铅垂度可通过调整固定上坎架和左右立柱的地脚螺栓来实现，如图6-47所示。其中，a 值不得大于 ±1mm；导轨 A 面对踏板槽 B 面的平行度不得大于1mm；导轨的铅垂度误差不得大于0.5mm。

（3）安装门扇和门扇连接机构　在踏板、左右立柱、上坎架等构成的厅门框安装完并经调整找正合格后，便可吊挂厅门扇并装配门扇的连接机构。门扇与门套、门扇与门扇、门扇的下端与踏板间的间距 c 均为（6±2）mm；吊门滑轮装置的偏心挡轮与导轨下端面的间隙 d 不得大于0.5mm；门扇未装联动机构前，在其高度中心处的侧向拉力应小于2.9N，如图6-48所示。

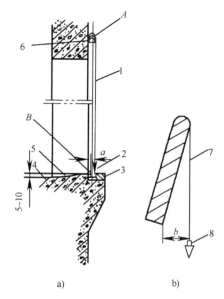

图6-47　厅门导轨与踏板的调整示意图

a）厅门导轨导踏板　b）门轨的铅垂度

1、7—铅垂线　2、8—线锤　3—厅门踏板
4—楼板地面　5—过渡斜坡　6—厅门导轨

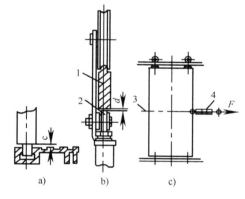

图6-48　门扇安装调整示意图

a）门扇与踏板间的间隙　b）挡轮与导轮间的间隙
c）门的牵引力

1—门导轨　2—挡轮　3—门扇高中心线　4—弹簧秤

（4）安装门锁　门扇挂完后应及时安装门锁，从轿门的门刀顶面沿井道悬挂一根垂线，作为安装、调整、找正各层厅门锁的依据。门锁是电梯的重要安全设施，试运行时应认真检查调整其可靠性和灵活性。机锁和电锁的钩头处应确保1mm的间隙，如图6-49所示。

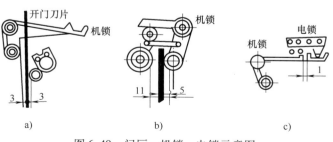

图6-49　门厅、机锁、电锁示意图

a）、b）机锁　c）电锁

5. 限速器的安装

1）限速器一般安装在机房楼板水泥基础上，也可用厚度大于 12mm 的钢板做基础，限速器用地脚螺栓与基础联接。

2）安装时，将限速器按设计图先初步定位，然后从其绳轮槽中心往下挂线，对正轿厢安全钳杠杆机构终端拉杆绳头的中心，其偏差均应不大于 5mm，同时通过限速器绳轮槽中心或另一侧绳轮槽中心另挂一条线到井道坑底，确定张紧轮的位置。张紧轮距导轨的距离 a 和 b 应符合要求，偏差均应不大于 ±5mm，如图 6-50 所示。

3）限速器定位后，即可找正绳轮的铅垂度，其偏差应小于 0.5mm。之后，将地脚螺栓用混凝土固定。

4）当悬吊轿厢或对重的绳索伸长到预定限度或脱断时，限速器断绳开关应能迅速断开控制电路的电源，强迫电梯停止运行。电梯正常运行时，限速装置的绳索不应触及装置的夹绳机件。

5）张紧装置对绳索的拉力，每分支应大于 150N。

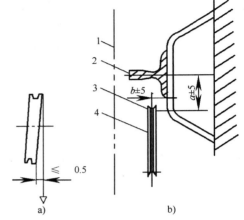

图 6-50 限速器的安装

a）限速器绳轮的垂直度 b）张紧轮与导轨的距离

1—轿厢边线 2—导轨 3—铅垂线 4—张紧轮

6）挂限速器安全钢丝绳。从限速器绳轮两侧的绳槽向下放绳，边放边检查钢丝绳有无扭曲、死弯和挤扁等现象。确定绳长以后，切断后接头（注意用钢丝捆牢切断头），再用锥套或 U 形绳卡卡紧接头。绳卡接头处的 U 形绳卡不得少于两个，绳卡间距为 80～100mm，须拧紧 U 形卡的螺母使其压紧钢丝绳使其直径缩小 1/3 左右，并将绳头固定在安全钳拉杆上。

6. 选层器的安装

安装选层器时，以机房基础为基准，按设计图样的尺寸放线定位，然后用挂线调整选层器钢带轮、坑底张紧钢带轮和轿厢固定点，应在同一直线上，偏差不应大于两者距离的 1/1000。钢带的松紧应适宜，选层器、钢带轮找正如图 6-51 所示，张紧轮至导轨的距离如图 6-52 所示。

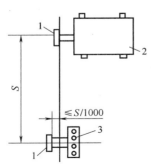

图 6-51 选层器、钢带轮找正

1—链轮 2—选层器 3—钢带轮

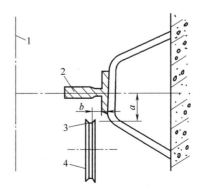

图 6-52 张紧轮至导轨的距离

1—轿厢底外廓 2—导轨 3—安全绳索 4—张紧轮

7. 缓冲器和对重装置的安装

1）缓冲器是位于行程的末端，用来吸收轿厢或对重动能的一种缓冲安全装置。缓冲器一般设置在轿厢或对重的行程底部的极限位置。对于强制驱动的电梯，除在向下行程时轿厢或对重的行程底部极限位置设置有缓冲器外，通常还在轿厢的顶部设置能在其向上行程到极限位置起作用的缓冲器。若有对重，则在对重缓冲器被完全压缩之前，轿厢顶部缓冲器应不起作用。缓冲器分为蓄能型和耗能型，弹簧式缓冲器属于蓄能型缓冲器，液压缓冲器属于耗能型缓冲器。弹簧式缓冲器如图 6-53 所示。

安装缓冲器时，应根据电梯安装平面布置图确定的缓冲器位置，把缓冲器支撑到需要的高度，找正找平后再用地脚螺栓将其固定在基础上。通常缓冲器与轿厢底部和对重底部的防碰板中心重合，偏差应小于 20mm。弹簧式缓冲器顶面的水平度偏差不应超过 4mm/1000mm。同一基础上安装两个缓冲器时，其自由状态下顶面的高度差不应超过 2mm。缓冲器的缓冲量（越程）按图 6-54 和表 6-3 的要求调整。

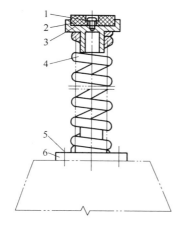

图 6-53 弹簧式缓冲器

1—螺钉及垫圈 2—缓冲橡胶 3—缓冲座
4—压缩弹簧 5—地脚螺栓 6—底座

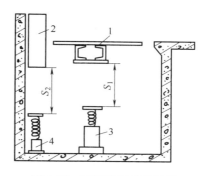

图 6-54 轿厢和对重的越程

1—轿厢 2—对重 3、4—缓冲器

表 6-3 缓冲器的越程

缓冲器的形式	电梯的额定速度/（m/s）	越程/mm
弹簧式	0.5 ~ 1	200 ~ 350
液压式	1.5 ~ 3	150 ~ 400

2）对重装置由对重架和对重铁块组成。其作用是平衡轿厢的自重和部分载荷的重量，减轻曳引机在轿厢上升过程中的负荷，在下降过程中起平衡作用。

安装时，用手动葫芦将对重架吊起就位于对重导轨中，把对重架提升到要求高度，下面用方木顶住垫牢，把对重导轨靴装好，再根据单块对重铁块的重量，按设计要求装入适量的块数。铁块要平放、塞实，并用压板固定。对重装置的初装重量可按轿厢的重量加额定的负荷乘以 0.5 系数预先确定，然后在试运行时，再最后确定的总重量。

8. 曳引绳的安装

曳引钢丝绳是连接轿厢和对重装置的机件。其绳头直接与轿厢和对重装置连接，常用的曳引绳头的形式如图 6-55 所示。

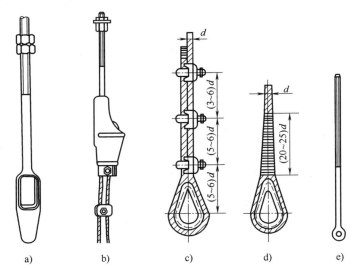

图 6-55　常用的曳引绳头的形式

a）充填式绳套　b）自锁紧楔形绳套
c）绳夹鸡心环套　d）手工捻接绳环　e）金属吊杆

1）充填式绳套的安装。曳引绳通过巴氏合金浇固在曳引绳的锥套里，锥套通过拉椀杆与轿厢架或对重架连接。曳引绳锥套巴氏合金浇注前绳头的制作步骤如图 6-56 所示。浇注巴氏合金时，要将巴氏合金加热到 270 ~ 350℃，同时把绳套预热到 40 ~ 50℃。巴氏合金的浇注要一次完成，并保证浇注后巴氏合金表面能够看到绳的回折弯。

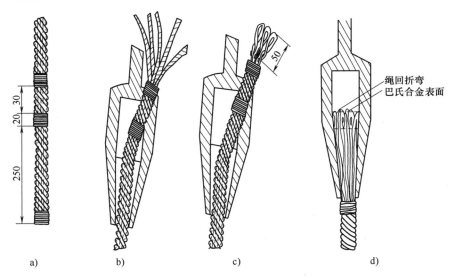

图 6-56　曳引绳锥套巴氏合金浇注前绳头的制作步骤

2）自锁紧楔形绳套的安装。安装自锁紧楔形绳套时，钢丝绳的切断处应用小直径钢丝捆紧。制作自锁紧楔形绳套时，钢丝绳的长度比巴氏合金浇注的充填式绳套所用钢丝绳的长度要长 300mm 左右。

3）曳引绳长度的确定。用于乘客、载荷和医用的电梯，其曳引钢丝绳不得少于 4 根；用于杂物电梯的曳引钢丝绳，不得少于两根。曳引绳的长度可通过实地测量方法确定，也可通过计算确定。

采用实地测量方法测量时，一般用一根线径为 1～1.5mm 的尼龙线，根据曳引绳的走向和位置，分段进行测量，在分段测量的基础上，累计算出每根曳引绳的总长度。

采用计算方法确定曳引绳的长度时，计算式为

单绕式电梯：

$$L = X + 2Z + Q$$

复绕式电梯：

$$L = X + 2Z + 2Q$$

式中　L——曳引绳的总长度（m）；

X——轿厢绳头锥体出口处至对重绳头出口处的长度（m）；

Z——钢丝绳在锥体内包括绳头弯回的全长度（m）；

Q——轿厢在顶层安装时垫起的高度（m）。

五、电梯的调试与试运转

电梯的全部机、电零部件经安装调试和预试后，拆去井道内的脚手架，给电梯的电气控制系统送上电源，控制电梯上、下做试运行。试运行是一项全面检查电梯制造和安装质量好坏的工作。这一阶段的工作，直接影响着电梯交付使用后的效果，因此必须认真负责地进行。

1. 试运转前的准备工作

为了防止电梯在试运行中出现事故，确保试运行工作的顺利进行，在试运行前需认真做好以下工作。

1）清扫机房、井道、各层站周围的垃圾和杂物，并保持环境干净卫生。

2）对已装好的机械、电气设备进行彻底的检查和清理，打扫擦洗所有电气系统中的机械装置。

3）检查需要润滑处是否清洁，并添足润滑剂。

4）清洗曳引轮和曳引绳的油污。

5）检查所有电器部件和电器元件是否清洁，电器元件的动作和复位时是否自如，接点组的闭合和断开是否正常可靠。

6）检查电器控制系统中各电器部件的内外配接线是否正确无误，工作程序是否正常。为了便于全面检查和安全起见，这一工作应在挂曳引绳和拆除脚手架之前进行。

以上准备工作完成后，将曳引绳挂在曳引轮上，然后放下轿厢，使各曳引绳均匀受力，并使轿厢下移一定距离后，拆去对重装置的支撑架和脚手架，准备进行试运行。

2. 电梯主电动机及曳引机的空载试运行

主要确定其运转及传动情况是否正常，润滑系统是否畅通，轴承、轴瓦温升是否正常，联轴器是否合格，为电梯负荷试运转打好基础。

1）电动机的空载试运转。摘去曳引机联轴器的联接螺栓，使电动机可单独运行。用手盘动电动机，如无卡阻现象及异常声响，则可起动电动机使其慢速运行，运行中要随时检查各部分结构的运行情况。

2）曳引机的空载试运行。接合好联轴器，先手动盘车，检查曳引机的旋转情况。如情况正常，将曳引机盘根的压盖松开，起动曳引机，使其慢速运转，检查其运转情况。

3. 电梯的负荷试运行

电动机及曳引机经过运行无误后，即可进行负荷试车。将曳引绳复位，其操纵步骤如下：

1）慢速负荷试车。先将轿厢内装入半载重量，切断控制电源，用手盘车（无齿轮电梯不做此项目操纵），检查轿厢和对重导靴与轨道的配合情况，如果正常，将轿厢置于底层，陆续平稳加入载荷慢速运行，历时 10min。卸载后对电梯进行全面检查，各承重零部件不得有任何损坏，制动器能可靠制动。如无异常，方可合闸开车。

2）快速负荷试车。电梯经慢速行驶及相应的调整工作，各部件动作均正常，方可快速行驶。第一次快速试车时，先慢速运行，将轿厢停于中间楼层，轿厢内不准载人，调试人员在机房内按照操作要求，在控制屏处手动模拟试车，上、下往返数次（暂不到上、下端站）。如无问题，试车人员可进入轿厢操作。试车中，应对电梯的起动、加速、换速、制动、平层等进行精确调整，并测试电梯的信号系统、控制系统、运行系统以及各部的安全开关、限位开关等保护装置的功能是否正常，同时进行调整。

3）超负载试车。在电梯的动载试验后，还要进行超载试验。超载试验时，轿厢内的载重量为额定起重量的 1.1 倍，在通电持续率为 40% 的情况下，进行 30min 运载试验。电梯应能安全起动和运行，制动器灵活可靠。

六、电梯电气部分的安装

1. 电气安装的要求

1）电梯电气装置的安装应符合国家或部颁的电梯电气施工验收规范和质量评定标准。

2）电气装置和附属构件、电线管、电线槽等非电金属部分，均应涂刷防腐漆或镀锌，安装用的紧固螺栓应有防松装置。

3）电气设备金属外壳必须根据规定采用可靠的接零或接地保护。

4）零干线至机房电源开关的距离不应超过 50mm，否则应在梯井设置重复接地。

2. 控制柜和井道中接线箱及电气配线的安装

1）控制柜一般在机房内，安装时为了方便操作和维修，应与周围保持足够大的距离，背面与墙壁的距离应大于 600mm，并最好将控制柜稳固在高 100mm 以上的水泥墩上。通常敷设好电线管或电线槽后再浇水泥墩。

井道中间的接线箱安装在井道高度 1/2 往上 1.5~1.7mm 处，确定接线箱位置时，必须便于线管或线槽的敷设，以免轿厢上、下运行时软电缆发生碰撞。近年来生产的部分电梯，已将控制柜至轿厢的导线改为电梯软电缆，省去了井道中间的接线箱。

2）水平和垂直敷设的明配管，在 2m 范围内允许偏差为 3mm，在全长上不应超过管子内径的 1/2，明配管应横平竖直。

3）敷设电线管时，各层应接分支接线盒（箱），并根据需要加端子板。

4）线槽均应沿墙、沿梁或楼板下敷设，应横平竖直，线槽内导线的总面积（包括绝缘层）不应超过槽内净面积的 60%。

5）穿线前，应将钢管或线槽内清理干净，不得有积水和污物。

6）根据管路长度留出适当余量进行断线。

7）接头应先用橡胶布包严，再用绝缘胶布包好放入盒内。

8）梯井内线槽应根据每层的导线数量情况，设分线盒并考虑加端子板；线槽不允许用气焊切割；拐弯处不允许锯直口，并修刮线管孔口锐边，以免割伤导线绝缘层。线槽安装完后，应补刷沥青漆一道，以防锈蚀。

9）导线终端应设方向套或标记牌，并注明该路编号；导线端子要压实，不能松脱。

3. 电缆架和电缆的安装

应将电缆架固定在井道中间接线箱以下0.3～0.4m处的井道壁。轿底电缆架通过螺栓固定在轿底的合适位置。电梯软电缆的长度应计算并实测准确后截取。截取后的电缆两端分别捆扎悬挂在井道和轿底电缆架上。捆扎悬挂后的电缆应确保电梯运行过程中运动自如，不碰挂电梯的其他零部件，如图6-57所示。

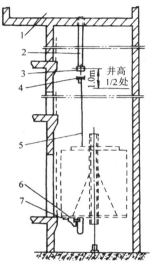

图 6-57　电缆架和电缆安装示意图
1—机房　2—电线管或电线槽
3—井道中间接线箱　4—井道电缆架
5—电缆　6—轿底电缆架　7—轿底接线箱

4. 极限开关、限位开关或端站强迫减速装置的安装

极限开关、限位开关或端站强迫减速装置都是设在端站的安全保护装置。极限开关和限位开关用于各类电梯。限位开关包括上第一、二限位开关和下第一、二限位开关共四只限位开关。四只限位开关按安装平面布置图的要求，和极限开关的上、下滚轮组同装在井道内两端站轿厢导轨的一个方位上。经安装调整校正后，两者滚轮的外边缘应在同一垂直线上，使打板能可靠地碰打两者的滚轮，确保限位开关和极限开关均能可靠地动作。

端站强迫减速装置用于直流快速和直流高速电梯。端站强迫减速装置由一个开关箱和碰压开关箱的两副打板构成。安装时根据安装平面的要求，把开关箱固定在轿厢顶上，碰打开关箱滚轮的两副打板安装在井道内两端的轿厢导轨上。轿厢上、下运行时，开关箱的滚轮左或右碰打上、下打板，强迫电梯到上、下端时提前一定距离自动将快速运行切换为慢速运行。经调整找正后，上、下两副打板的中心应对准开关箱的滚轮中心，滚轮按预定距离碰打上、下打板，滚轮通过连杆推动开关箱内的两套接点组按预定距离准确可靠地断开预定的控制电路。

5. 平层感应器的安装

安装平层感应器和开门感应器时应横平竖直。感应板安装应垂直，插入感应器时宜位于中间。若感应器的灵敏度达不到要求，应适当调整铁板。感应板安装时应能上、下、左、右调节，调节后螺栓应可靠锁紧。

6. 楼层指示器、选层器、厅门按钮、轿内操纵盘及指示灯的安装

楼层指示器可通过地脚螺栓稳装在机房楼板上，也可固定在与承重梁连接的支架上。用于客梯的选层器有机械、数控、微机等多种选层器。选层器一般安装在机房内。层楼指示器和选层器的调整找正工作一般在电梯安装基本结束后进行。厅门按钮盒、指示灯盒、按钮盒、操纵盘、箱应横平竖直，按钮及开关应灵活可靠，不应有阻滞现象。

现代电梯已普遍采用PC机取代传统继电器控制技术的中间过程控制继电器，成为电梯管理运行控制中心器件的电梯电气控制系统，因而电气系统安装的效率相对提高。电梯电气系统安装的重点主要在系统的检测与调试方面。

七、电梯安装的常见故障及排除方法

电梯安装的常见故障及排除方法见表6-4。

表6-4　电梯安装的常见故障及排除方法

故 障 现 象	主 要 原 因	排 除 方 法
按关门按钮不能自动关门	1）开关门电路的熔断器熔体烧断 2）关门继电器损坏或其控制电路有故障 3）关门第一限位开关的接点接触不良或损坏 4）安全触板不能复位或触板开关损坏 5）光电门保护装置有故障	1）更换熔体 2）更换继电器或检查其电路故障点并修复 3）更换限位开关 4）调整安全触板或更换触板开关 5）修复或更换
在基站厅外扭动开关门钥匙不能开启厅门	1）厅外开关门钥匙开关接触不良或损坏 2）基站厅外开关门控制开关接点接触不良或损坏 3）开门第一限位开关的接点接触不良或损坏 4）开门继电器损坏或其控制电路有故障	1）更换钥匙开关 2）更换开关门控制开关 3）更换限位开关 4）更换继电器或检查其电路故障并修复
电梯到站不能自动开门	1）开门电路熔断器熔体烧断 2）开门限位开关接点接触不良或损坏 3）提前开门传感器插头接触不良、脱落或损坏 4）开门继电器损坏或其控制电路有故障 5）开门机传动带松脱或断裂	1）更换熔体 2）更换限位开关 3）修复或更换插头 4）更换继电器或检查其电路故障点并修复 5）调整或更换传动带
开或关门时冲击声过大	1）开关门限速粗调电阻调整不妥 2）开、关门限速细调电阻调整不妥或调整环接触不良	1）调整电阻环位置 2）调整电阻环位置或其接触压力
开、关门过程中门扇抖动或有卡住现象	1）踏板滑槽内有异物堵塞 2）吊门滚轮的偏心挡轮松动，与上坎的间隙过大或过小 3）吊门滚轮与门扇联接螺栓松动或滚轮严重磨损	1）清除异物 2）调整并修复 3）调整或更换吊门滚轮
选层登记且电梯门关妥后电梯不能起动运行	1）厅、轿门电联锁开关接触不良或损坏 2）电源电压过低或断相 3）制动器抱闸未松开 4）直流电梯的励磁装置有故障	1）检查修复或更换电联锁开关 2）检查并修复 3）调整制动器 4）检查并修复
轿厢起动困难或运行速度明显降低	1）电源电压过低或断相 2）制动器抱闸未松开 3）直流电梯的励磁装置有故障 4）曳引机滚动轴承润滑不良 5）曳引机减速器润滑不良	1）检查并修复 2）调整制动器 3）检查并修复 4）补油或清洗更换润滑油脂 5）补油或更换润滑油

（续）

故 障 现 象	主 要 原 因	排 除 方 法
轿厢运行时有异常的噪声或振动	1）导轨润滑不良 2）导向轮或反绳轮轴套润滑不良 3）传感器与隔磁板有碰撞现象 4）导靴靴衬严重磨损 5）滚轮式导靴轴承磨损	1）清洗导轨或加油 2）补油或清洗换油 3）调整传感器或隔磁板位置 4）更换靴衬 5）更换轴承
轿厢平层误差过大	1）轿厢过载 2）制动器未完全松开或调整不妥 3）制动器制动带严重磨损 4）平层传感器与隔磁板的相对位置尺寸发生变化 5）再生制动力矩调整不妥	1）严禁过载 2）调整制动器 3）更换制动带 4）调整平层传感器与隔磁板的相对位置尺寸 5）调整再生制动力矩
轿厢运行未到换速点突然换速停车	1）门刀或厅门锁滚轮碰撞 2）门刀或厅门锁调整不妥	1）调整门刀或门锁滚轮 2）调整门刀或厅门锁
轿厢运行到预定停靠层站的换速点不能换速	1）该预定停靠站的换速传感器损坏或与换速隔磁的位置尺寸调整不妥 2）该预定停靠层站的换速继电器损坏或其他控制电路有故障 3）机械选层器换速触点接触不良 4）快速接触器不复位	1）更换传感器或调整传感器与隔磁板之间的相对位置尺寸 2）更换继电器或检查其他电路故障点并修复 3）调整触点的接触压力 4）调整快速接触器
轿厢到站平层不能停靠	1）上、下平层传感器的干簧管点不良或隔磁板与传感器的相对位置参数尺寸调整不妥 2）上、下平层继电器损坏或控制电路有故障 3）上、下方向接触器不复位	1）更换干簧管或调整传感器与隔磁板的相对位置参数尺寸 2）更换继电器或检查其他电路故障点并修复 3）调整上、下方向接触器
有慢车没有快车	1）轿门、某层站的厅门电联锁开关接点接触不良或损坏 2）直流电梯的励磁装置有故障 3）上、下运行控制继电器、快速接触器损坏或控制电路有故障	1）更换电联锁开关 2）检查并修复 3）更换继电器、接触器或检查其他电路故障并修复
上行正常下行无快车	1）下行第一、二限位开关接触不良或损坏 2）直流电梯的励磁装置有故障 3）上、下控制继电器、接触器损坏或其控制电路有故障	1）更换限位开关 2）检查并修复 3）更换继电器、接触器或检查其他电路故障点并修复
下行正常上行无快车	1）上行第一、二限位开关接触不良或损坏 2）直流电梯的励磁装置有故障 3）上行控制继电器、接触器损坏，或其控制电路有故障	1）更换限位开关 2）检查并修复 3）更换电器、接触器，或检查其他电路故障点并修复

（续）

故 障 现 象	主 要 原 因	排 除 方 法
轿厢运行速度忽快忽慢	1）直流电梯的测速电动机有故障 2）直流电梯的励磁装置有故障	1）修复或更换测速电动机 2）检查并修复
电网供电正常，但没有快车也没有慢车	1）主电路或直流、交流控制电路的熔断器熔体烧断 2）电压继电器损坏，或其电路中安全保护开关的接点接触不良、损坏	1）更换熔断体 2）更换电压继电器或有关电器安全保护开关

思考题与习题

6-1　什么是机身的渗漏试验？发现机身有渗漏后怎样处理？

6-2　怎样安装活塞式压缩机的机体？

6-3　怎样安装气缸？

6-4　怎样安装主轴承和曲轴？

6-5　连杆安装的关键要求是什么？

6-6　活塞、活塞杆和活塞环是怎样安装的？

6-7　机身的水平度怎样测量？一台压缩机有两个机身时，第二个机身应如何找正找平？

6-8　卧式压缩机的曲轴水平度如何测量？主轴颈与曲柄销的平行度怎样测量？曲柄开挡偏差如何测量？曲轴中心线与滑道中心线的垂直度如何测量？

6-9　大型电动机如何安装？最终安装质量要求有哪些？

6-10　压缩机无负荷试运转的目的是什么？其方法及步骤怎样？

6-11　压缩机的吹除应怎样进行？应注意哪些事项？

6-12　简述桥式起重机的用途及分类。

6-13　简述轨道梁的找平方法。

6-14　简述轨道中心线的测量方法。

6-15　叙述常用桥式起重机的吊装方法。

6-16　桅杆在整体式吊装桥式起重机时的站位如何确定？

6-17　桅杆在厂房内吊装桥式起重机的最小高度如何确定？

6-18　小车在装操纵室前后的位置如何确定？

6-19　电梯安装前一般应做好哪些准备工作？

6-20　试述电梯安装的基本施工顺序。

6-21　导轨架和导轨安装有哪些要求？

6-22　承重梁的安装方式有哪些？

6-23　试述安装电梯轿厢的基本步骤。

6-24　如何安装限速器？限速器装好后有哪些要求？

6-25　电梯的电气安装有哪些基本要求？

6-26　电梯为什么要进行试运转？试运转前应做好哪些准备工作？

6-27　电梯轿厢起动困难或运行速度明显降低的原因有哪些？如何排除？

第七章　金属容器及管道的安装工艺

工业管道是工业生产装置中不可缺少的重要组成部分，其功能是按照工艺流程连接各设备和机器，以输送各种介质。在机电设备安装的过程中，管道安装的工作量所占的比例相当大且技术比较复杂。

第一节　塔类设备的安装

一、塔类设备的吊装方法

塔类设备在石油、化工生产中应用极广，其特点是外形简单（如多数为圆柱形）、高度和质量大，内部构造和工艺用途多种多样。吊装时，应根据塔类设备的构造、工艺用途等特点，采取相应的吊装方法。

塔类设备安装时的吊装方法可分为两大类：分段吊装法和整体吊装法。

1. 分段吊装法

用此法吊装时，先将塔类设备分成若干段（每一段可以是单个筒节或几个筒节），然后按顺序将各段吊起进行组对装配或焊接成为一个整体。分段吊装法可以分为以下两种。

（1）顺装法　顺装法又称正装法或顶接法。用此法吊装时，是从下向上一节一节地进行装配，具体的吊装过程如图 7-1a 所示。首先将底部第 1 个塔节吊放到基础上，并加以固定，然后再将第 2 个塔节吊放到第 1 个塔节上去，并进行组对装配或焊接；依次再吊装第 3、4、5 塔节和顶盖等。顺装法的优点适用于吊装总质量很大的塔类设备，例如铸铁制的碳化塔，因为该塔的每一个塔节的质量不会显得很重，所以只需要起重量较小的起重桅杆，但起重桅杆的高度应超过塔体的总高度；缺点是高空作业的工作量大，故操作不安全，质量难以保证。

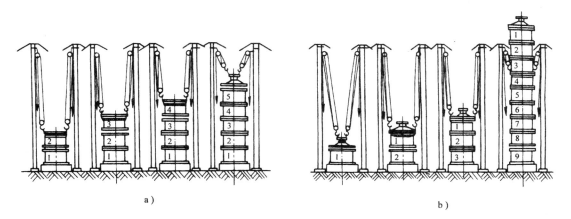

图 7-1　塔类设备的分段吊装法

a）顺装法　b）倒装法

（2）倒装法　倒装法又称为反装法或底接法。用此法吊装时，是从上向下一节一节地进行装配，具体的吊装过程如图 7-1b 所示。首先吊起顶盖至一个塔节稍高的高度，然后在基础上放置第 1 个塔节，并与顶盖进行组对装配或焊接；再将顶盖和第 1 个塔节一起吊起，并装配第 2 个塔节，依次类推。此法的优点是大大减少了高空作业，故操作安全，质量较高；缺点是需要起重量较大的起重桅杆，但起重桅杆的高度可以低于塔体的总高度。倒装法适用于吊装总质量不太大而高度较大的分节的塔类设备。

综上所述，分段吊装法的主要特点是采用化整为零的吊装方法，故对起重桅杆的要求可以降低，但是它有一定数量的现场高空作业，这对安装质量和安全生产都是不利的，故目前多采用先进的整体吊装法。

2. 整体吊装法

用此法吊装时，先在地面上将塔类设备组对装配或焊接成为一个整体，然后利用起重桅杆将设备一次起吊和安装到基础上。整体吊装法可分为以下三种。

（1）单桅杆整体吊装法　此法是利用单根起重桅杆来进行整体吊装的。常用的单桅杆整体吊装法可分为以下三种。

1）滑移法：用此法进行吊装时，应使桅杆朝向与被起吊塔设备倾斜成一个不大的 β 角，使其顶部的起重滑轮组正好对准设备基础的中心。塔体先放置在基础附近的枕木垫和拖运架上，使其重心靠近基础，其轴线与起重桅杆垂直交叉，吊装过程如图 7-2a 所示；有时因场地条件的限制，只能使其顶部靠近基础，此时塔类设备的轴线与起重桅杆在同一平面内，吊装过程如图 7-2b 所示。

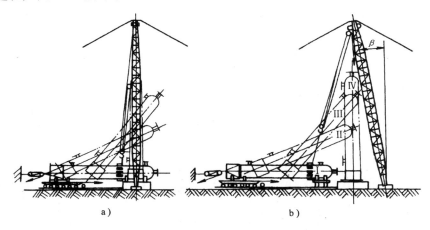

a)　　　　　　　　　　　　　　　b)

图 7-2　塔类设备的滑移法吊装

这种吊装方法要求桅杆的高度比塔体要高得多，因此多用来吊装高度、直径和质量等都不太大的塔类设备。

2）旋转法：用此法进行吊装时，应使桅杆直立，设备底部靠近并对准基础，吊绳通过设备上部缓缓将其吊起，吊装过程如图 7-3 所示。

这种吊装方法所用的桅杆高度可以低于塔体的高度，因此多用来吊装高度较大的塔类设备。

3）扳倒法：用此法进行吊装时，设备底部同样靠近并对准基础，桅杆与设备上部用固定长度的吊绳相连，通过扳倒桅杆吊起设备，吊装过程如图 7-4 所示。

这种吊装方法所用的起重桅杆可以比塔体的高度短很多，因此多用来吊装高度特别大的塔类设备或烟囱。

（2）双桅杆整体吊装法　此法是利用两根起重桅杆来进行整体吊装的。常用的双桅杆整体吊装法可分为以下两种。

1）滑移法：此法适用于吊装质量、高度和直径等都很大的塔类设备，其具体的吊装过程如图 7-2 所示。

由于双桅杆整体滑移吊装法是最典型、最常用的一种整体吊装方法，所以其具体的吊装工艺过程将留在后面再作详细的讨论。

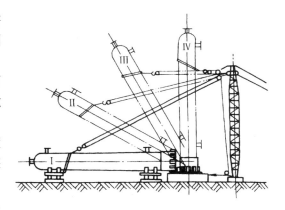

图 7-3　塔类设备的旋转法吊装

2）递夺法：在安装中小型设备群时，若采用一般的双桅杆整体吊装法，则桅杆要经常移动，很不方便，所以多半采用递夺法吊装，其吊装过程如图 7-5 所示。在起吊时，先将设备吊升到一定高度，然后将一根桅杆上的滑轮组放松，而将另一根桅杆上的滑轮组收紧，两滑轮组的动作必须协调，这样一放一收，便可使设备在空中移动到指定的基础上去。凡是在两根桅杆之间的所有设备都可以用此法吊装，而不必移动桅杆。

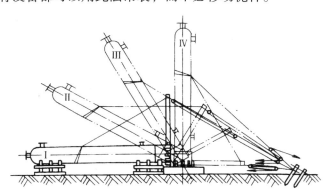

图 7-4　塔类设备的扳倒法吊装

（3）联合法　利用桅杆和建筑构架上的起重滑轮组或链式起重机进行联合整体吊装是很常见的一种吊装方法，其吊装过程如图 7-6 所示。先用两根桅杆上的起重滑轮组或链式起重机将塔体吊到一定的高度，然后把挂在建筑构架上的两个起重滑轮组或链式起重机与塔体连接起来，拉紧这两个起重滑轮组或链式起重机，并随着放松两根桅杆上的起重滑轮组或链式起重机，这样塔体就被转移到建筑构架上来。这时可以将桅杆上的滑轮组或链式起重机放下，而完全用构架上的滑轮组或链式起重机把塔体逐渐放下来，座落到构架上。

这种吊装方法适用于塔类设备安装在建筑构架上的情况，而且构架应有一侧（靠近桅杆侧）不能全部装配好，预留为设备吊装时的入口，待吊装完毕后再进行封闭。

设备的整体吊装法与分段吊装法相比有下列优点。

1）减少高空作业，提高工作效率，改善劳动条件，保证操作安全。

2）由于在平地上进行组对装配和焊接，焊接位置比较有利，可将立焊、横焊和仰焊均改为平焊，同时为自动焊接创造了条件，加速了焊接速度，保证了焊接质量。

3）减少脚手架工程。

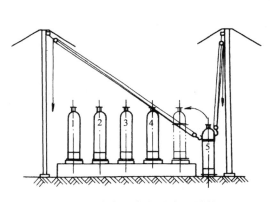

图 7-5　塔类设备的递夺法吊装

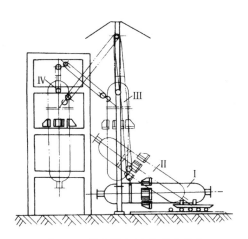

图 7-6　塔类设备的联合法吊装

4）缩短施工时间，提高了经济效益。

综上所述，在选择塔类设备的吊装方法时，必须根据设备的质量、高度和直径以及施工技术条件（起重工具和起重机械的起重能力）等具体情况来进行选择。吊装方法的选择正确与否，会直接影响施工的速度、质量和成本。

二、塔类设备吊装前的准备工作

1. 塔类设备吊装方案的编制

为了使吊装工作能够正确、有序地进行，并保证吊装过程中的安全，对大中型吊装工作必须编制吊装方案，小型吊装工作应编制施工技术措施，也可根据本单位的经验、现有机具的装备能力和工人的技术水平以及工件的吊装难度等具体情况来提高按塔体质量划分的等级，以达到安全施工的目的。吊装方案主要包括以下内容。

1）工程概况（塔体等的质量、几何尺寸、重心位置、吊装方法和吊装要求等）。

2）吊装施工机具最大受力时的强度和稳定性核算（已经考验过的机具可省略）。

3）平、立面布置图（包括周围环境、地上、地下障碍物），塔体运输路线，拼接、吊装位置，起重桅杆竖立与拆除的位置及移动的路线，卷扬机、锚桩与索具的布置，电源及吊装警戒区等。

4）主要吊装施工机具、材料一览表。

5）劳动组织及岗位责任制。

6）塔体强度的核算。

7）对吊装工作的质量和安全方面的要求。

8）对操作步骤的要求。

9）吊装施工指挥命令下达的程序。

10）安全注意事项。

吊装方案应视工作的重要程序，报请有关领导部门审批，并向参加起重吊装的全体工作人员进行技术交底。

2. 现场准备工作

吊装前的现场准备工作主要包括以下几项。

（1）场地的清理 清除一切有碍起吊工作进行的障碍物，平整运输设备的道路。

（2）基础的验收 检查设备基础的中心线位置、标高、外形尺寸、表面状况、地脚螺栓的位置及高度，不合要求的应予以处理。

（3）铲麻面和放垫板 铲麻基础的上表面，并根据设备的质量、底座大小和地脚螺栓的位置来放置垫板。

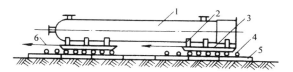

（4）设备的运输 为了保证大型设备能顺利运抵安装现场，运输前应对路面的宽度、路基的密实程度、转弯及沿途障碍物等进行必要的调查。整体的塔类设备可以用拖运架和滚杠等运输工具来运输，如图7-7所示。

图7-7 塔类设备的运输
1—塔体 2—垫木 3—拖运架
4—滚杠 5—枕木 6—牵引索

设备起吊前的位置视基础的高低而异，基础越高，离基础的距离应越大，以免在起吊过程中设备与基础相碰。

（5）起重工具和机械的准备及布置 先根据方案来准备（计算和选择）起重桅杆、绳索、锚桩和卷扬机等，然后将它们布置在理想的位置上。当吊装设备较多时，应考虑到起重桅杆工作最有利的位置，减少移动次数。布置锚桩时，应考虑提高它的利用率，尽可能利用周围的建筑来代替。布置拉索时，应使它与地面成30°角，最大不超过45°。布置卷扬机时，应比较集中，便于指挥。

在施工现场，当吊装质量较轻的设备时，其起重桅杆、拉索和锚桩的布置如图7-8a所示；而吊装质量较重的设备时，则采用如图7-8b所示的布置，图中1#和2#主拉索在起吊过程中承受较大的拉力，故应采用直径较大的绳索。另外在布置时，应使起重桅杆的中心与基础的中心在一条直线上，以保证塔体就位时其中心线与基础中心线相重合。基础中心应尽可能与两根起重桅杆的中心连线相垂直，以保证起吊时两桅杆受力均衡。

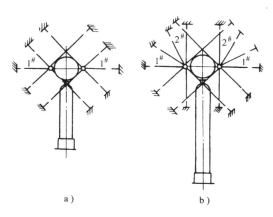

a)   b)

图7-8 起重桅杆、拉索和锚桩的布置图
a) 起吊较轻的塔类设备 b) 起吊较重的塔类设备

（6）锚桩的埋设 木锚桩的尺寸和插入土中的深度应根据拉索中的最大拉力来选择；水平木锚和锚坑的尺寸应根据计算来确定，然后按尺寸在指定地点挖好锚坑，并将水平木锚埋好、夯实。最后应对锚桩进行拔出力试验。

（7）起重桅杆的竖立 在竖立起重桅杆之前应将起重滑轮组和拉索等系结好，并经过严格的检查，以免在起吊后发生松脱现象。竖立起重桅杆时可以采用滑移法、旋转法和扳倒法等常见的方法，也可以根据现场的具体情况选择其他方法，如利用汽车式或履带式起重机来竖立。起重桅杆的底部应垫以枕木，以减小对土壤的压力。对需要移动的起重桅杆，还应在起重桅杆的底部放置板撬。起重桅杆立起后可用链式起重机拉紧拉索，并且使起重桅杆向后稍倾斜一定的角度，以免吊装时起重桅杆过分地向前倾斜，增加主拉索上的拉力。

（8）卷扬机的固定　卷扬机一般采用钢丝绳绑结在预先埋设好的锚桩上或用平衡重物和木桩来固定，有时也可利用建筑物来固定。

（9）设备的捆绑　塔类设备的捆绑位置应位于设备重心以上，具体尺寸应根据计算或经验来确定。一般对外形简单的塔类设备，其捆绑位置约在全高的 2/3 处（从塔底量起），不允许捆绑在设备的进出口接管等薄弱处。捆绑用的吊索直径和根数应由计算确定。捆绑时，应在吊索与设备之间垫以方木，以免擦伤设备壳体，并防止吊索在起吊时产生滑脱现象，方木应卡在设备的加强圈上，如图 7-9 所示。当捆绑一些壁厚较薄的塔类设备时，应在设备内部加设临时的支撑装置，以免吊索的抽紧压力使塔体发生变形。捆绑好后，应将吊索挂到吊钩上。

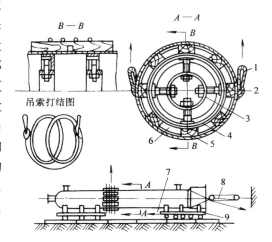

图 7-9　用吊索捆绑塔类设备的方法
1—万能吊索　2—定距钢索　3—支撑装置
4—塔体　5—垫木　6—角钢加强圈
7—牵引索　8—制动滑轮组　9—拖动架

除了在设备上捆绑吊索以外，还应在设备的底部安设制动用的滑轮组，其作用是使吊装过程进行得比较平稳，以防设备与基础相撞。有时还可在拖运架的前方拴上一根牵引索，以便协助起重滑轮组向前牵引设备。

有时采用特制的对开式的卡箍来夹持塔体，卡箍上有两只耳环可供起重钩或 U 形起重卡环拴挂，吊装好后可以将卡箍拆除；有时也可在塔壁外焊上专供起吊用的耳环，吊装好后不必除去。

（10）设备的检查　主要检查设备的气密性、结构尺寸以及变形（圆度和直线度）的情况等。

（11）管口的对正　塔体与其他设备一般是用管子连接的，由于塔体在吊起后很难再进行调整（特别是大的调整），所以要在起吊前进行管口的对正工作。对正工作有以下两种情况。

1）管口方位相差很大。这时可以用千斤顶来调整，使塔体绕自身的轴线旋转，如图 7-10 所示。若塔体没有足够强度的筋条，可在塔体两端分别焊上支脚，作为千斤顶的着力点，但需要征得使用部门的同意。为了减少转动时的摩擦力，应在支承垫木和塔体接触处涂上润滑剂。两个千斤顶应以相同的速度进行工作，否则塔体易损坏。有时也可利用钢丝绳绕在塔体外面，在切线方向用力拉，可使塔体旋转，如图 7-11 所示。

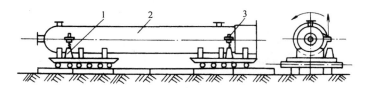

图 7-10　用千斤顶旋转塔体对正管口方位
1—千斤顶　2—塔体　3—支脚

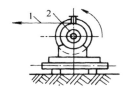

图 7-11　用钢丝绳旋转塔体
1—钢丝绳　2—塔体

2）管口方位相差不大。这时可以用捆绑塔体的吊索将起重滑轮组上的吊钩的位置偏斜一个角度，塔体在吊起后便能自动转到所需要的位置，如图 7-12 所示。

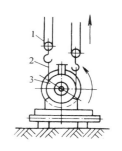

3. 设备的准备

起重机具日常管理应建立技术档案。滑车出库前必须按照有关规范的规定进行解体检查。对没有铭牌或更换重要部件的滑车，应进行试验和必要的验算，符合要求后方可使用。

卷扬机应定期进行维修保养，使其处于性能完好状态。选定卷扬机时，应使其牵引力和容绳量同时满足使用要求。

吊车应按随机技术文件的要求维修保养，使其处于性能完好的状态。

图 7-12　用起重滑轮组
和吊索旋转塔体
1—起重滑轮组
2—吊索　3—塔体

起重机具出库前，机械责任人员应核查机具员提交的机具维修使用检验记录，确认其技术性能符合安全质量要求。必要时应进行解体检查，发现缺陷应按有关规定进行妥善处理，经安全技术部门同意或经负荷试验合格后方可出库。

大型起重机具运输前，应制订运输计划（包括安全技术措施），其运输路线、卸车位置应符合吊装布置图的要求。

三、塔类设备的吊装步骤

吊装塔类设备时大多采用双桅杆整体滑移法，下面以此法介绍其吊装步骤。

1. 吊装前的检查

吊装塔类设备前应进行下列检查工作。

1）吊装前应按设计图样或技术文件要求画定安装基准线及定位基准标记；对相互间有关联或衔接的设备，还应按关联或衔接的要求确定共同的基准。

2）吊装前应对塔体、附件及地脚螺栓进行检查，不得有损坏或锈蚀；检查塔的纵向中线是否清晰正确，应在上、中、下三点有明显标记；检查塔的方位标记、重心标记及吊挂点，对不能满足安装要求者，应予补充。

3）核对塔底座环上的地脚螺栓孔距离尺寸，应与基础地脚螺栓位置相一致。如采用预留孔，其预留孔应与底座环地脚螺栓孔的位置相一致。

4）有内件装配要求的塔，在吊装前要检查内壁的基准圆周线。基准圆周线应与塔轴线相垂直，再以基准圆周线为准，逐层检查塔盘支持圈的水平度和距离。

5）吊装施工机具的规格和布置与方案是否一致并利于操作，机具的合格证以及清洗、检查、试验的记录是否完整，起重桅杆是否按规定调整到一定的倾角，拖拉绳能否按分配受力。

6）隐蔽工程（如锚桩、起重桅杆地基等）的自检记录，塔体的检查、试验以及吊装前应进行的工作是否都已完成。

7）工件的基础，地脚螺栓的质量、位置是否符合工程要求，基础周围回填土的质量是否合格，施工场地是否坚实平整，工件运输所经道路是否已经按要求整平压实。

8）供电部门是否能保证正常供电以及气象预报情况。

9）指挥者及施工人员是否已经熟悉其工作内容，辅助人员是否配齐。

10）备用工具、材料是否齐备，一切妨碍吊装工作的障碍物是否都已妥善处理等。

2. 预起吊

当一切检查合格，各项工作准备就绪之后，就可进行预起吊。预起吊可以检查前面各项工作是否完全可靠。如果发现有不当之处，应及时予以妥善处理。

在预起吊时，首先开动卷扬机，直到钢丝绳拉紧时为止，然后再次检查吊索的连接是否有脱落现象，其他各处的连接情况是否良好。待一切都正常时再开动卷扬机。当把塔体的前部吊起0.5m左右时，再次停止卷扬机，检查塔体有无变形或发生其他的不良现象，保证一切都无问题之后，便可进行正式起吊。

3. 正式起吊

待预起吊顺利完成后，就可开始正式起吊。在正式起吊时，因为是同时应用两台卷扬机来牵引两套起重滑轮组，所以操作必须互相协调，速度应保持一致。塔体底部的制动滑轮组的绳索也要用一台卷扬机拉住，以防塔体向前移动的速度过大，造成塔体与基础碰撞。有时因摩擦力过大而不能顺利地前进，则可利用卷扬机牵引拴在拖运架前方的一根牵引索协助塔体前进，其具体的起吊过程如图7-13所示。起吊时，应保证塔体平稳地上升，不得有跳动、摇摆以及滑轮卡住和钢丝绳扭转等现象。为了防止塔体左右摇摆，可预先在塔顶两侧拴好控制索进行控制。在起吊过程中应注意检查起重桅杆、拉索、锚桩等的工作情况，特别要注意锚桩的受力情况，严防松动。另外，还应注意桅杆底部的导向滑轮，不要因受起重钢丝绳的水平拉力的作用而带着起重桅杆底部向前移动。

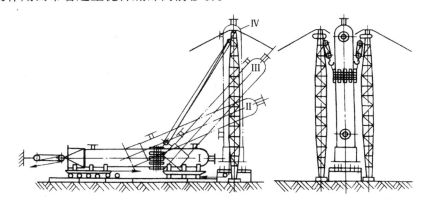

图7-13　双桅杆整体滑移吊装法的起吊过程

当塔体逐渐升高而接近垂直位置时，可能会碰到拉索的障碍，此时必须将拉索放松，移到另外的位置上去，使塔体易于通过。当塔体将要到垂直位置时，应控制住拴在塔底的制动滑轮组，以防塔底离开拖动架的瞬间向前猛冲，碰坏基础或地脚螺栓。当塔体吊升到稍高于地脚螺栓时，即停止吊升，然后便可进行就位工作。

从正式起吊开始到就位前，吊升工作应在统一指挥下连续地进行，中间不应因停歇而让塔体悬挂在空中。

4. 设备就位

设备就位就是使塔类设备底座上的地脚螺栓孔对准基础上的地脚螺栓（或预留孔），将塔体安放在基础表面的垫板上。若螺栓孔与螺栓不能对准时，则用链式起重机（或撬杠）使塔体稍微转动，也可用气割法将螺栓孔稍加扩大，便于塔体就位。

四、塔体的安装找正

当塔体放置在垫板上之后，在起重桅杆未拆除前，应进行塔体的找正工作。一般找正工作的主要内容包括标高和垂直度的检查。

1. 标高的检查和调整

经过验收的设备，其顶端出口至底座之间的距离均为已知的，所以检查设备的标高时，只需测量底座的标高即可。检查时，可用水准仪和测量标桅杆来进行测量。若标高不合要求，则可用千斤顶把塔底顶起来，或者用起重桅杆上的滑轮组把塔吊起来，然后用垫板来进行调整。

2. 垂直度的检查和调整

常用的垂直度的检查方法有以下两种。

（1）铅垂线法　检查时，由塔顶互成垂直的0°和90°两个方向上各挂设一根铅垂线至底部，然后在塔体上、下部的 A、B 两测点上用直尺进行测量，如图 7-14 所示。设塔体上部在0°和90°两个方向上的塔壁与铅垂线之间的距离为 a_1、a_1' 和 a_2、a_2'，上、下两测点之间的距离为 h。

则塔体在0°和90°两个方向上的垂直度偏差分别为

$$\Delta = a_1 - a_2 \text{ 和 } \Delta' = a_1' - a_2'$$

故塔体在0°和90°两个方向上的垂直度应分别为

$$\Delta/h = (a_1 - a_2)/h \text{ 和 } \Delta'/h = (a_1' - a_2')/h$$

此处的 Δ/h 和 Δ'/h 均应在允许值内。一般塔类设备的垂直度允许值为1mm/1000mm，但塔顶外倾的最大偏差量不得超过20mm。

（2）经纬仪法　用此法检查时，必须在未吊装塔体以前，先在塔体上、下部做好测点标记。待塔体竖立后，用经纬仪测量塔体上、下部的 A、B 两测点。若将 A 点垂直投影下来能与 B 点重合，即说明塔体垂直；若 A 点垂直投影下来不能与 B 点重合，即说明塔体不垂直，如图 7-15 所示，此时可以用测量标桅杆测出其偏差量 Δ，故塔体的垂直度为 Δ/h。用同样的方法，可检查和测量塔体另一个方向（与前一个方向成90°）的垂直度。

当垂直度要求不高时，也可以用经纬仪来检查和测量塔体轮廓线的垂直度的方法来确定塔体的垂直度。此时，经纬仪的视线（光轴）与塔壁相切。此法比上法简便（因为不需要预先在塔体做测点标记），但精确度较差（因为塔体的变形会影响测量的精确度）。

如果检查不合格，则用垫板调整。找正合格后，拧紧地脚螺栓，然后进行二次灌浆，待混凝土养生期满后，便可拆除或移走起重桅杆。

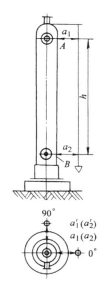

图 7-14　用铅垂线法检查塔体的垂直度

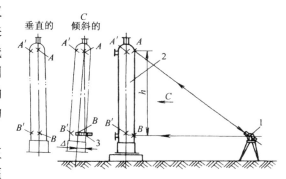

图 7-15　用经纬仪法检查和测量塔体的垂直度
1—经纬仪　2—塔体　3—测量标桅杆
A、B、A'、B'—测点标记

五、塔类设备内部构件的安装

1. 填料塔的填料安装

塔内填料的填装类型有以下几种。

（1）填料不规则排列 装填料（瓷环）时，对于高塔多采用湿法安装，而对于低塔多采用干法安装。所谓湿法安装就是先在塔内灌满水，然后从塔顶直接将填料倒入。因为塔内有水，所以可以防止填料碰碎。但在加填料的过程中要逐渐将水放出。所谓干法安装就是不要在塔内灌水，而直接将填料倒入，这样填料容易损坏。

（2）填料规则排列 装填料后再由工人进入塔内进行排列。一般在填料层的底部采用规则排列，而上部为不规则排列。

2. 板式塔塔板的安装

泡罩塔、筛板塔和浮阀塔等塔板的安装就属于这一类。它们的塔板多半是在制造时已装配好，并保证了塔板的水平度，故在吊装后一般不进行调整。但是，有些泡罩塔的塔板是在塔体吊装后才进行安装的，此时，在塔板上注水，并用水深探尺（直尺）检查每块塔板的水平度，如图 7-16 所示。泡罩的安装应特别仔细，由于泡罩有少量的歪斜或偏移，便会大大地影响鼓泡的均匀性，对塔板的效率产生显著影响。所以，在塔节内装泡罩塔板时，必须通入压缩空气来检查鼓泡的情况，如图 7-17 所示。检查时，将塔节安装在刚性的密封底座上，并用偏心夹持器把它夹紧。装好第一块塔板后，把塔板上的溢流管堵住，并向塔板上注水，然后向底座的连接管内送入压缩空气。空气穿过水层鼓泡，并以气泡状从每个泡罩周围逸出；如果气泡分布不均匀，便调整相应泡罩的浸入深度。在每块塔板装入塔节时，都要进行同样的检验。

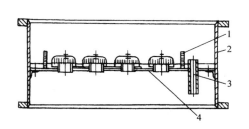

图 7-16 在塔节内根据水深探尺调整塔板
1—水深探尺（直尺） 2—塔节
3—溢流管 4—塔板

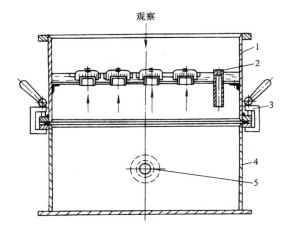

观察

图 7-17 塔板的鼓泡试验
1—塔节 2—橡皮塞子 3—偏心夹持器
4—底座 5—压缩空气入口

3. 内部有复杂构件的塔

一般情况下，这种塔类设备的内部复杂构件在制造时已安装好，所以吊装后可不必进行内件的安装工作。但有些塔类设备的内件是在塔体吊装好后才安装的，如合成塔的内件是在塔体完全装好后才用起重机吊入并检查其环向间隙是否合乎要求，然后装触媒、盖大盖，最后安装热电偶和电炉丝并盖小盖。

六、塔类设备吊装机具的拆除及现场清理

吊装工作结束后，需要及时将吊装机具拆除，并做好现场清理工作。

放倒起重桅杆的顺序大致与竖立起重桅杆相反，如是双桅杆，则第一根起重桅杆可以用第二根起重桅杆放倒。动滑链组一般固定在第一根起重桅杆的2/3处，起重桅杆底部加固封绳，以防滑动。在放倒第一根起重桅杆的过程中。应避免因两根起重桅杆缆风绳相交而增加钢丝绳的磨损或被卡住。

放倒第二根起重桅杆时，可以利用辅助起重桅杆，但应尽量利用已经吊装好的设备和钢结构等，这样可以省工省力。利用设备和钢结构放倒起重桅杆时，应在设备和钢结构顶部加设2~3根缆风绳，以保证其稳定性而不使设备或钢结构的地脚螺栓受力。在放倒起重桅杆的过程中，滑车组与设备的夹角应尽量小，以减少设备的倾倒力矩，还要特别注意放倒的起重桅杆不要与已装好的机械设备碰撞。

吊装机具拆除后，应及时清理施工现场，方便业主尽快组织生产。

第二节　金属储罐的安装

一、球形储罐概述

随着我国石油、化工、轻纺、冶金及城市燃气工业的发展，作为储存容器的球形储罐（以下简称球罐）得到了广泛的应用和迅速的发展。例如在城市燃气中，球罐供气系统常用于储存液化石油气和天然气以及煤气，在钢厂中利用球罐储存氧气或氮气等，说明球罐作为储存容器不仅应用广泛，而且具有很大的优越性。

球罐一般由球壳板、支柱、拉桅杆、人孔、接管、梯子和平台等部件组成，如图7-18所示。

1. 球罐的优点

1）与同等体积的圆筒形容器相比，球罐的表面积最小。

2）球罐受力均匀，且在相同的直径和工作压力下其薄膜应力为圆筒形容器的1/2，故板厚仅为圆筒形容器的1/2。

3）由于球罐的风力系数为0.3，而圆筒形容器约为0.7左右，因此对于风载荷来说，球罐比圆筒形容器安全得多。

因此，球罐具有占地面积小、壁厚薄、质量轻、用材少、造价低等优点。

另外，圆筒形容器受内压后，其内部的薄膜应力相对较大，故此对于大型的圆筒形储罐其设计压力较低。球罐因在受内压时薄膜应力分布均匀且相对较小，因此能做到球罐单体既有一定的压力，又有较大的体积。由此可见，采用球罐储存气态介质的能力比采用其他形式

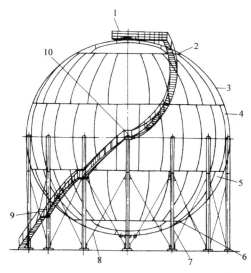

图7-18　球罐

1—顶部操作平台　2—上部极带板　3—上部温带板
4—赤道带　5—下部温带板　6—下部极带板
7—支柱　8—拉桅杆　9—盘梯　10—中间休息台

的储罐储存气态介质的能力更大一些，同时又能保持较高的压力。从经济上看，采用球罐储存介质也是较经济的。随着科学技术的发展，材料、制造、安装等技术水平的提高，这一优势将越来越明显。

2. 球形储罐的结构

（1）球罐本体　球罐的形式有多种，最常用的为单层赤道正切型的支柱支撑式球罐，我国国家标准 GB 12337—1998《钢制球形储罐》就是指这种设计方法，我国目前所建造的球罐绝大部分也为这种形式。

球罐一般体积、直径较大，不能整体运输，所以必须在制造厂压制球片，加工制造支柱、分瓣接管等部件，然后运到使用现场进行组装焊接。球壳板的排板形式分为足球式、桔瓣式和足球桔瓣混合式，如图 7-19 所示。

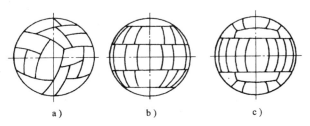

图 7-19　球壳板的排板形式

a）足球式　b）桔瓣式　c）足球桔瓣混合式

（2）支座　球罐支座是球罐中用以支撑本体重量和储存介质重量的结构部件。支座可分为柱式（图 7-20）和裙式（图 7-21）两大类。柱式支撑包括赤道正切柱式、V 形柱式和三柱合一形柱式。裙式包括圆筒裙式、锥形、钢筋混凝土连续基础、半埋式和锥底等。

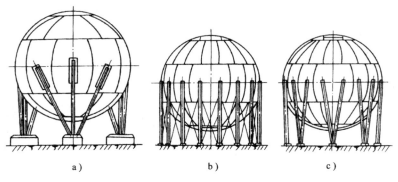

图 7-20　柱式支座

a）三柱合一式　b）赤道正切式　c）V 形支柱式

（3）附属装置

1）人孔与接管：球罐一般设有物料进、出口接管，装在最低点处的排污接管以及各种仪表接管等。人孔一般设有两个，分别布置在球罐上、下部极带板中心。

接管的方向除小口径接管外，大口径接管和人孔接管均应与球壳垂直（即径向）。

2）梯子与平台：为了便于日常的操作、检修以及安全阀的定期检验，球罐一般设有顶平台及直达顶平台的梯子，如图 7-18 所示。

图 7-21　裙式支座

3）安全附件：由于球罐的使用特点及其内部介质的化学工艺特性，需要通过一些安全装置和测量、控制仪表等附件来监控工作介质的参数，以保证球罐的使用安全和工艺过程的正常进行。安全附件通常包括安全阀、压力表、温度计、液面指示计、消防、喷淋装置、防雷和防静电装置等。

4）球形储罐的技术规格：球形储罐的技术规格主要包括球罐的设计参数和技术要求，表7-1为某大型炼油厂催化改造系统2×1000m³丙烯球罐（桔瓣五带式）的技术规格。

表7-1　丙烯球罐（桔瓣五带式）的技术规格

容器类别	Ⅲ	工作介质	丙烯	基本风压	400Pa
设计压力	2.2MPa	球罐直径	12.3m	基本雪压	400Pa
设计温度	−19～50℃	焊缝总长	410m	地震烈度	7［角］°
几何容积	974m³	球壳板数量	66块	球壳板厚度	48mm
焊缝成形系数	1	球壳材质	16MnR	支柱数量	10
球罐自重	195 100kg	腐蚀裕度	2mm	水压试验压力	2.75MPa
热处理温度	(600±25)℃	充装系数	0.9	气密试验压力	2.2MPa

二、球形储罐的制造工艺

1. 划线下料

球面是不可展曲面，因此球面的精确下料从理论上只能在球壳板压制成形以后进行。球壳板的精确下料往往和坡口加工工序合二为一，在坡口加工时必须同时满足球壳板几何尺寸的要求。随着计算机辅助设计（CAD）和辅助制造（CAM）技术的发展，数控切割设备已投入工业应用，具体过程是输入球罐结构参数，包括球半径、各带球心角及分瓣数，通过辅助设计系统进行排板和放样边弧各点的位置坐标，然后输入数控切割设备，直接在平板上进行切割下料，成形后即可满足尺寸要求。对于大尺寸球壳板压形后可能带来的尺寸变化，也可以在切割时预先加以考虑来进行补偿。综上所述，球壳板的下料可分为平面一次下料法和立体二次下料法。一次下料法即是在平面上进行展开下料并加工坡口，然后压制成形的方法；二次下料法是先在平面上近似下料留出加工余量，压制成形后再按精确尺寸放样加工坡口的方法。目前国内仍以二次下料法为主。

2. 球壳板压片成形

球壳板的压片成形主要采用冲压成形，一般又可分为冷压成形、温压成形和热压成形。其他一些新成形方法也在发展中，如液压成形和爆炸成形等。具体选用哪一种成形方法，取决于材料种类、厚度、曲率半径、热处理、强度、延性和设备能力。

（1）冷压成形　冷压成形就是钢板在常温状态下，经冲压变形成为球面球壳板的过程。冷压成形采用点压法，其特点是小模具、多压点、钢板不必加热、成形美观、精度高、无氧化皮。

冲压过程中可采用加垫冲压的方式，以掌握球壳板的曲率变化及找正球壳板的曲率。球壳板压形加垫如图7-22所示，加垫位置视情况而定。

（2）温压成形　温压成形是指将钢板加热到低于下临

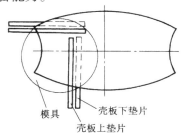

图7-22　球壳板压形加垫

246

界点的某一温度时压制成形，主要解决工厂压力机能力不足以及防止某些材料产生低应力脆性破坏。温压成形介于冷压成形与热压成形之间。与热压成形相比，温压成形具有加热时间短、氧化皮少等优点；与冷压成形相比，则无脆性破坏的危险。温压成形的温度要仔细选择，以确保加工过程的热处理与成形温度的效果，不使材料的力学性能降至最低要求之下。

（3）热压成形　热压成形一般是将钢板加热到塑性变形温度，然后用模具一次冲压成形，因此需要模具尺寸大，加热炉必须能一次加热若干块钢板，以保证连续冲压。热压成形要求压力比冷压低一些，不需要正火钢板，冲压成形容易，模具强度可以低一些，但耐热性能要好。每块钢板最好一次加热，一次冲压成形，不要重复加热，以免影响钢板的性能，同时避免因多次加热产生氧化皮，使板厚减薄量过大。

3. 球壳板的坡口加工

坡口加工分为热切割方法和机械加工方法。随着数控加工技术的发展和球壳板用钢对加工方法的要求越来越高，应用先进的热切割技术和冷加工方法对球壳板进行数控加工必然是其发展方向。

（1）坡口的切割原理　球壳板的坡口形式多数为带钝边的双 Y 形坡口，其尺寸如图 7-23所示。坡口由内坡口面、外坡口面和钝边平面三部分组成，内、外坡口均为圆锥面，钝边为一平面，内坡口面圆锥角为 $2\alpha_1$，外坡口面圆锥角为 2α，如图 7-24 所示为坡口的切割。当球壳板位置固定后，只要切割工具运动的轨迹为一圆锥面或平面，即可形成不同的坡口面。

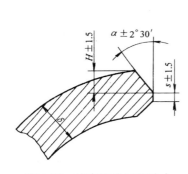

图 7-23　球壳板坡口的尺寸

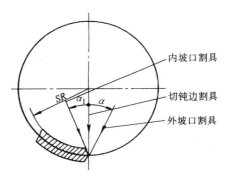

图 7-24　坡口的切割

（2）坡口的切割方法　坡口的切割方法很多，按形成切割轨迹的运动方式不同分为球壳板固定式和球壳板转动式、下面分别加以介绍。

钟摆式切割坡口装置的示意图如图 7-25 所示。将球壳板 3 固定在转胎 2 上，转胎 2 由小车 1 支承，小车 1 沿轨道做往复运动，主半径样板 4 可上下移动，次半径样板 5 可以转动，用来调整主半径样板 4 的偏角。割炬固定在主半径样板下端，并有滚轮与球壳板 3 接触。切割过程中，靠滚轮保持球壳板与割炬等距。当球壳板高低有变化时，主半径样板 4 可作上下移动调整。切割开始，小车即沿轨道移动，转胎 2 也与小车同步转动，以使切割位置始终处于水平状态。此法可以切割各种不同直径球罐的球壳板，但结构复杂，效率不高，对工人的操作水平要求较高。

球壳板绕水平轴转动的切割装置如图 7-26 所示。球壳板 3 固定在垫座 4 上，垫座 4 与转动器 1 用水平轴相连，小车 2 沿靠模轨道 5 行走。当割炬 6 开始切割时，小车 2 与垫座同步运动，以使切割位置始终处于水平状态。垫座 4 绕与转动器相连接的水平轴转动，调整垫座 4 的弧度即可切割各种不同直径的球罐球壳板。

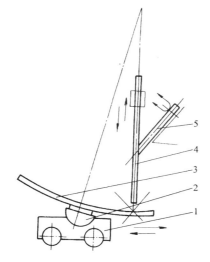 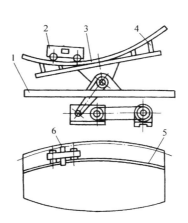

图 7-25 钟摆式切割坡口装置的示意图
1—小车 2—转胎 3—球壳板
4—主半径样板 5—次半径样板

图 7-26 球壳板绕水平轴转动的切割装置
1—转动器 2—小车 3—球壳板
4—垫座 5—导向靠模 6—割炬

4. 消除焊接残余应力

由于焊接残余应力的存在经常会导致焊接结构服役性能的下降，例如使结构的抗疲劳、抗脆断应力和耐腐蚀的能力降低，使构件的尺寸稳定性下降，降低压脆杆的稳定性等。因而在一般情况下，消除焊接残余应力总是有益的。但是，从经济的可能性方面考虑，常常只对一些比较重要或具有特殊性能要求的结构提出这样的要求。

焊接过程中近缝区形成的压缩塑性形变是残余应力形成的根源。因此，消除焊接应力的实质是使焊接区产生适量的塑性伸长。焊后消除应力的方法有很多种，现有的各种方法按其过程的性质可分为三大类：①是蠕变形变法，即通常的焊后热处理；②是力学形变法，包括通常的过载拉伸、振动时效、锤击和爆炸处理等；③可称为温差形变法，即利用热膨胀量的差别使金属产生伸长形变，达到消除应力的目的，主要有低温拉伸和逆焊接温差处理两种。如图 7-27 所示为消除焊接残余应力方法的分类。

5. 球壳板的质量检查

球壳板是组成球形储罐的最重要部件，其加工质量一方面可影响钢板的性能，另一方面能影响球壳板的组装和焊接。球壳板的质量检查主要包括原材料的检验和成形后的形状及尺寸精度检验。

（1）球壳板原材料的检验 对于压制球壳

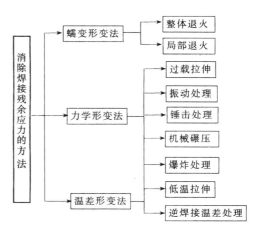

图 7-27 消除焊接残余应力方法的分类

板所用的材料应进行全面的检查，以确保其力学性能、化学成分、钢板表面和内部质量符合标准和设计文件的要求。

球罐用钢应附有钢材生产单位的钢材质量证明书（或）复印件，入厂时制造单位应按质量证明书对钢材进行验收，制造前还要按规程或标准要求进行材料复验。

（2）成形后的形状及尺寸精度检验

1）球壳板曲率的检验：按 GB 12337—1998《钢制球形储罐》的规定，用样板检查球壳板的曲率时，当球壳板弦长大于或等于 2000mm 时，样板的弦长不得小于 2000mm；当球壳板的弦长小于 2000mm 时，样板的弦长不得小于球壳板的弦长。

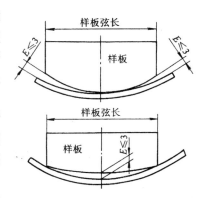

图 7-28　球壳板曲率的允许偏差

样板与球壳板的间隙 E 不得大于 3mm。如图 7-28 所示为球壳板曲率的允许偏差，检测人员必须注意，在使用样板时就力求达到正确位置，样板应垂直球面。允许偏差 ≤3mm 的位置应在样板的端部或是样板的中间。

在检查球壳板曲率时，应将球壳板放置在胎架上，来控制由于球壳板自重引起的变形，以免产生变形而影响检查精度。

2）球壳板几何尺寸的检查：球壳板的几何尺寸包括每块板 4 个弦长、两个对角线长以及两个对角线间的距离，按 GB 12337—1998 规定，球壳板几何尺寸的允许偏差应符合表 7-2 的规定。

表 7-2　球壳板几何尺寸的允许偏差

序　号	项　　目	允许偏差/mm	序　号	项　　目	允许偏差/mm
1	长度方向的弦长	±2.5	3	对角线弦长	±3
2	任意宽度方向的弦长	±2	4	两条对角线间的距离	≯5

3）球壳板的厚度检查：球壳板在压制过程中，由于材质不均匀或操作不得法等原因，有可能造成球壳板局部减薄，因此需要测量成形后球壳板的厚度，一般测量方法为利用测厚仪在球壳板上测量 5 点，如图 7-29 所示。GB 12337—1998《钢制球形储罐》规定，球壳板的实际厚度不得小于名义厚度减去钢板厚度的负偏差。

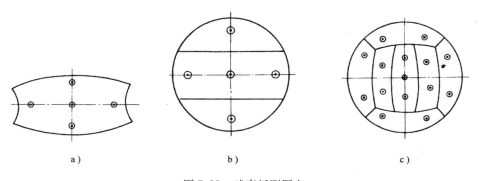

图 7-29　球壳板测厚点

a）各带板测量位置　b）极带板测量位置（桔瓣式）　c）极带板测量位置（混合式）

4）球壳板翘曲度的检验。球壳板翘曲度是通过看两对角线是否在同一平面内来进行检验的。若两对角线不相交，则说明球壳板四角不在同一平面内，即认为有翘曲存在，如图 7-30 所示。极板一般为圆形，如圆周边不在同一平面内，两直径中心不相交即认为有翘曲变形。

测量时，应用 0.2mm 的钢丝，并借助专用工具，测量结果应符合表 7-2 第 4 项的要求。

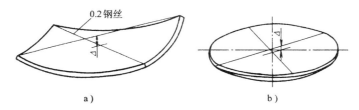

图 7-30　球壳板翘曲度的检验
a）各带极板翘曲度的测量　b）极板翘曲度的测量

三、球形储罐的组装

1. 球形储罐的常用安装方法

球罐按结构分为桔瓣式、足球瓣式和混合瓣式。建造时，由制造厂制作球壳板和零部件，然后运至现场，由施工单位在现场组焊成球罐。目前，球罐常用的组装方法有散装法、分带组装法和半球组装法三种，另外，也有采用由散装法和分带组装法相结合的混合组装法，如图 7-31 所示为球罐组装方法的分类。选择合理的、先进的组装方法，不仅能提高组装质量，而且能提高效率，缩短工期。根据国内的实际情况，散装法一般用于 400 ~ 10000m³（或更大）球罐的组装；分带组装法主要用于 400 ~ 1500m³ 的球罐组装；而半球组装法通常仅适用于 50 ~ 400m³ 的小球罐的组装。

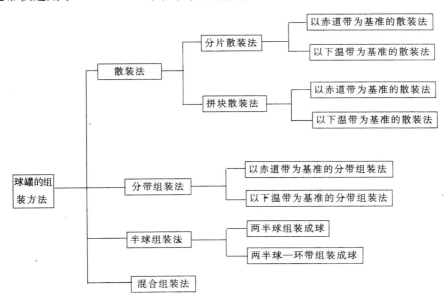

图 7-31　球罐组装方法的分类

（1）散装法　也称分片组装法，是以单块球壳板（或几块球壳板）为最小组装单元的组装方法，如图7-32所示。按组装单元的片数，散装法分为分片散装法（单片）和拼块散装（两片及以上）法；按组装顺序，分为以赤道带为基准的散装法和以下温带（下寒带）为基准的散装法；按照所用设施的不同，分为有中心柱散装法和无中心柱散装法。由于无中心柱分片组装中上、下温带板的固定比较繁琐，调整时困难，施工人员作业条件较差，所以对于分带较多的球罐组装一般很少采用；而对于分带较少（如三带、四带）球罐的组装，在球壳板质量较好、吊装能力强时，一些安装单位也经常应用无中心柱分片散装法，采取搭设满堂脚手架的方式进行组装。

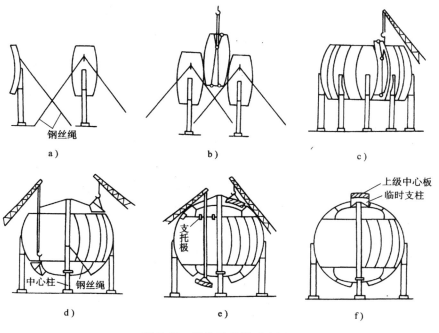

图7-32　散装法组装示意图

a、b、c）赤道带组装　d）上温带组装　e）、f）上极板组装

1）以赤道带为基准的分片散装法：是在球罐基础上先组立支柱（或在地面上将赤道板与支柱组焊起来），再分片组装赤道带，然后分别组装赤道带上、下各带，其工艺简单，占用起重机械时间较短，是一种普遍采用的方法。

以2000m³五带球罐为例，采用有中心柱组装法的安装程序如下：

组装支柱→搭设内脚手架→组装赤道带→搭设外脚手架、安装中心柱→组装下温带板→组装上温带板→组装下寒带板→组装上寒带板→组装下极板→组装上极板→组装质量的检查→搭设防护棚→焊接各带→热处理→安装附件。

2）以下温带（或下寒带）为基准的分片散装法：是先在球罐基础位置铺设平台，设置支架胎具，先安装下温带（或下寒带）板，并以此带为基准带再安装其他各带板和支柱，组装成球，如图7-33所示。这种组装方法工艺比较复杂，基准带的调整难度较大，占用起重机械时间长，故很少采用。

以七带球罐为例，采用以下寒带为基准的分片散装法的组装程序如下：

安装支承架→安装下极板→安装中心柱→组装下寒带板→组装下温带板→组装赤道带板→安装支柱→组装上温带板→组装上寒带板→组装上极板→搭设防护棚

（2）分带组装法　就是在现场的平台或一个大平面上按赤道带、上下温带、上下寒带、上下极板等各带分别组对并焊接成环带，然后把各环带组装成球的方法。

由于分带组装法的各环带在平台上组焊，把这部分的高空作业变为地面作业，所以各环带纵缝的组装精度高，组装拘束力小，纵缝的焊接质量易于保证。采用这种方法施工时，可以用焊条电弧焊，也可以采用自动焊，是一种较好的组装方法，被广泛采用。倘若场地允许，还可以安排几个环带同时作业，缩短施工工期。这种组装方法的缺点是：需要一定面积的组装平台和较大的起

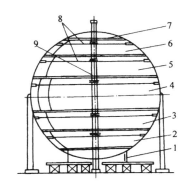

图 7-33　以下寒带为基准的散装法
1—支座　2—下寒带　3—下温带
4—赤道带　5—上温带　6—上寒带
7—上极板　8—拉榄杆　9—中心柱

重能力，环缝的组对和焊接质量难于达到理想水平。采用分带组装法进行球罐组焊，按组装的顺序可分为以赤道带为基准的组装方法和以下温（寒）带为基准的组装方法。

以下温带为基准的分带组装法的工艺流程如下：

铺设平台→在平台上画各带投影图→各带分别组对焊接→基础上设置托架→安装下极板→吊装下温带（作为基准带）→吊装赤道带→吊装支柱→焊接支柱与赤道带纵缝→焊接下温带与赤道带环缝→吊装上温带→焊接环缝→安装上极板→焊接环缝。

2. 球形储罐的焊接工艺

（1）焊接操作应遵守的原则

1）先焊赤道带，后焊温带、极板。

2）先焊纵缝、后焊环缝。

3）先焊大坡口一侧，后焊小坡口一侧。

4）焊工均匀分布，并同步焊接。

（2）对焊接的技术要求

1）球罐的焊接方法宜采用焊条电弧焊或埋弧焊。

2）选用的焊机应满足焊接工艺和材料的要求，并有足够的容量。施焊地点远离焊机时，应在焊机上设遥控装置或采用其他能适应电流变化的措施。

3）球罐的焊接材料应符合有关规定。

（3）焊缝质量的检查及缺陷处理

1）焊缝质量的检查。焊缝应进行外观检查，检查前应清除焊渣和飞溅物。球壳板对接焊缝以及球壳板上的永久性的连接角焊缝表面，在磁粉探伤前均应用砂轮打磨到焊波消失为止，并与母材圆滑过渡。焊缝表面的质量应符合有关规定。

2）焊缝表面缺陷的修复。

①焊缝表面的气孔、夹渣及焊瘤等缺陷，应本着焊缝打磨后不低于母材的原则，用砂轮磨掉缺陷。如磨除缺陷后焊缝低于母材，需要进行焊补，焊补工艺与正式焊缝焊接时相同。当焊缝表面缺陷只需打磨时，应打磨平缓或加工成具有 1:3 及以下坡度的倾斜。

②焊缝两侧的咬边和焊趾裂纹必须采用砂轮磨除，并打磨平缓或加工成具有 1:3 及以

下坡度的斜坡，如图 7-34 所示，打磨深度不得超过 0.5mm，且磨除后球壳的实际板厚不得小于设计厚度。当不符合要求时，应进行焊补。对焊缝两侧的咬边和焊趾裂纹等表面缺陷进行焊接修补时，应采用砂轮先将缺陷磨除，并修整成便于焊接的凹槽再进行焊补，焊补长度不得小于 50mm。

③ 对于高强钢、低温钢咬边和焊趾裂纹部位进行焊接修补时，应加焊一道凸起的回火焊道，如图 7-35 所示，然后磨去回火焊道多余的焊缝金属，使其与主体焊缝平滑过渡。

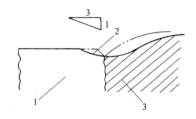

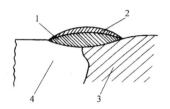

图 7-34　焊缝咬边部分打磨成形示意图
1—母材　2—修整后的表面　3—焊缝金属

图 7-35　焊缝修补的回火焊道示意图
1—修补焊缝　2—回火焊道　3—焊缝金属　4—母材

3）焊缝内部缺陷的修复。球罐焊完后，所有对接焊缝都要进行射线探伤或超声波探伤，存在超标缺陷的焊缝都要进行修复。

① 要认真核对超标缺陷的性质、长度、位置是否与球罐上要返修的位置相符，防止因位置不准造成不必要的返修。返修部位要在球罐内外侧划出明显的标记。

② 为了更准确地清除缺陷，应用超声波定位，以确定是在里侧返修还是在外侧返修。

③ 可采用碳弧气刨清除缺陷，在气刨过程中要注意观察缺陷是否刨掉。如发现缺陷已经刨掉，应停止气刨。如没有发现缺陷，可继续气刨，但深度不得超过球壳板厚的 2/3。若刨至 2/3 处仍有缺陷，则应先在该状况下进行刨槽的打磨和焊接，然后在其背面再次清除缺陷，并重新打磨补焊，气刨工必须了解所刨缺陷的具体情况。

（4）球形储罐的焊后热处理　焊后热处理这一概念，在各国标准中一般都指焊后消除应力退火。因此，焊后热处理可定义为：为了消除焊接残余应力并改善焊接接头的性能，把焊接构件整体或接头区局部加热到相变点以下、400℃ 以上的某一温度，经过一定时间的保温，然后缓慢而均匀冷却的工艺过程。

1）焊后热处理的目的。

① 消除焊接残余应力。

② 稳定结构的形状和尺寸。

③ 改善焊缝的显微组织。

④ 改善焊缝及母材的性能，如提高焊缝的塑性、降低热影响区的硬度、提高断裂韧度、改善疲劳性能和蠕变性能等。

⑤ 提高抗应力腐蚀的能力。

⑥ 进一步释放焊接接头中的有害气体，特别是氢气。

2）焊后热处理消除残余应力的机理。焊后热处理是消除球罐焊接残余应力最有效的方法，它是借用热态蠕变变形来消除应力的。

一方面，随着加热温度的升高，在一定温度范围内，金属材料的屈服强度和弹性模量将会大幅度降低，从而使材料在该温度下发生塑性变形滑移所需要的临界切应力减小。因此，材料不能支持残余应力，迫使残余应力区发生塑性变形，（即残余应力一旦超过该温度下的屈服强度时，材料会产生塑性变形），使残余应力降低到所在温度的屈服强度水平。单从这一机理考虑，残余应力还不能降低到所在温度的屈服强度以下，因此还不能完全去除残余应力。另一方面，金属材料在加热到高温，并有应力存在时会发生连续而缓慢的变形即蠕变。

（5）球形储罐焊后热处理方法简介　根据焊接构件的形状、尺寸大小、环境条件和加热方式的不同，球罐焊后热处理的方法分为整体热处理和局部热处理两种。

1）焊后整体热处理。整体热处理最适用于球罐，也可用于上下有孔或两端有孔的压力容器和其他壳体结构。这种方法是把球罐本身作为炉膛，外部敷设保温材料保温，内部燃烧燃油、煤气或天然气加热。另外，还有采用电加热器进行内部加热或外部加热的整体热处理方法。现场焊后整体热处理对于现场组装焊接的大型壳体结构，特别是球罐，是其他热处理方法所不能代替的。这是因为整体热处理加热均匀，能消除残余应力，而且对改善接头组织和性能及去除氢气的作用也有显著的效果。整体热处理已有明确的标准规范。

2）局部热处理。筒体结构的环焊缝、容器的配管、法兰的环形焊缝、管道接头及球罐返修补焊的部分焊缝等，不需要或不能够进行整体热处理的场合，适于采用局部热处理消除残余应力。

局部热处理所用的加热方法有电阻加热器加热、远红外线加热、工频感应加热和火焰喷嘴加热等。最常用的是电阻加热器，如用镍铬电阻丝和高效陶瓷绝缘材料编配而成的各种形状的电阻加热器以及用碳化硅远红外元件或氧化铝陶瓷元件电阻线编织的远红外加热器等。

3. 球形储罐的试验

球罐的压力试验和气密性试验是在热处理之后进行的。压力试验的主要目的是检查球罐的强度，除设计有特殊规定外，不应用气体代替液体进行压力试验。气密试验主要是检查球罐的所有焊缝和连接部位是否有渗漏之处。气密试验的试验压力除设计有规定之外，不应小于球罐的设计压力。在进行气密试验时，应随时注意环境温度的变化，防止发生超压现象。

（1）压力试验　球罐的压力试验是用水或其他适当的液体作为加压介质，在容器内施加比它的最高工作压力还要高的试验压力。在试验压力下，检查球罐是否有渗漏和明显的塑性变形，目的是检验球罐是否能保证在设计压力下安全运行所必需的承压能力，同时也可以通过局部的渗漏现象发现其潜在的局部缺陷。

（2）气密试验　球罐的气密性试验是检验球罐的焊缝及接管部位是否有泄漏现象的一种手段，气密性试验一般应在水压试验合格后进行。

四、拱顶储罐的安装

对于大型储罐，由于其直径和高度较大，壁较薄，需要用许多薄钢板组合而成。因此，钢板的排版、装配和焊接是储罐施工的关键环节。常见的安装方法有下面几种。

1. 金属储罐倒装法

金属储罐倒装法施工工艺的关键是解决刚性相对较差的罐壁筒节平稳提升的起重问题，要求既要成本低，又要效率高，还要保证施工安全。过去，金属储罐倒装法施工常用的起重提升方法有多桅杆吊装法组装工艺和气顶法组装工艺等。随着金属储罐储量的增大以及金属储罐的大型化，多桅杆吊装法组装工艺和气顶法组装等工艺的效率和安全性无法满足生产的需求。液压提升装置的推广应用，特别是计算机控制液压提升装置的发展应用，使壁薄、刚性差的大型金属储罐筒节提升的平稳性、准确性、安全性和效率大大提高，施工人员的劳动强度大大降低。因此，气顶法倒装已经被淘汰。

（1）液压提升装置倒装法的施工实例　如图7-36所示为大型钢质储罐采用液压提升装置倒装法施工实例。

图7-36　大型钢质储罐采用液压提升装置倒装法

（2）采用液压提升装置倒装法施工钢质储罐的基本工序如下　施工准备→放样下料制作→基础浇注养护验收→底板的铺设拼装→液压提升装置的布置→提升内套壁板的组装→最上层壁板的组装→帽顶骨架的制作安装→帽板的制作安装→次下层壁板至第一底层壁板制作的安装→梯子平台及附件的安装→焊缝的检验→总体试验→交工验收。

在施工中，通常将无顶储槽的液压提升装置均匀布置在壁板内侧，如图7-37a所示。对于高度较大的有顶储罐，液压提升装置一般均匀布置在壁板外侧，如图7-37b所示，这种情况下，需要在罐底中央位置树立一根桅杆，穿过灌顶预留孔，与罐体周围均布的液压提升装置稳定的缆风起平衡拉力的作用。

（3）液压提升装置倒装法的施工方法

1）施工准备工作。

①基础验收。

②施工前必须对施工员进行图样交底工作，使施工人员熟悉图样，便于施工。

③做好材料与设备的准备工作，并制作好工卡具以及吊装工具的设置工作。

2）底板铺设。

①底板铺设应考虑底板焊接时的收缩量，排版直径应比设计直径增加2‰。

②底板铺设时，先铺设中幅板，从中心向两边铺设，后铺设边缘板。

③焊接方法采用焊条电弧焊。焊时应对称逆向分段焊，焊接顺序先焊中幅板短缝，中幅板与边缘板的焊缝暂时不焊，随后由内向外焊接中幅板间的长缝和边缘的对接焊缝，并同时对称焊接完，等罐壁板安装完成、壁板与底板的角焊缝焊完后，最后焊接中幅板与边缘板的搭接焊缝。

④焊后进行焊缝的真空试验。

a)

b)

图 7-37　液压提升装置的布置

a）钢质无顶筒节　b）布置在壁板外围的液压提升装置

3）罐顶的组装。拱顶的油罐罐顶由顶板、中心板及包边角钢组成。组装时，先组装最下一圈壁板，这圈板作为油罐的吊装内套用；后组装最上层圈板，再组装包边角钢，并安置后中心支架，调好中心骨架圈固定牢固，符合图样中油罐拱高的要求后，开始组装预制好的帽顶骨架，然后铺设预制好的顶板。

4）壁板的组装。罐壁板的组装采用倒装法，在上层壁板及罐顶组装完成后，进行下层的壁板围板工作，并提升液力提升装置，至连接高度时，进行组对环缝焊接，环缝焊接好后，再进行下一圈壁板的围板工作。这样反复组对焊接，直至最后一圈壁板的组对焊接工作结束。

5）每节筒节壁板组对焊接时，注意首先组对好壁板纵缝。焊好纵缝后，再安排数人同时同向对称焊接环缝，这一圈壁筒节板的提升、焊接施工工作便完成。

6）总体试验。给油罐充水到最高操作液位后，保持压力 48h，如无异常变形和渗漏，罐壁的严密性和强度试验合格。对于设计有特殊要求的钢质储罐，还应进行其他相应的试验。

7）防腐工作。当油罐总体试验合格后，可进行油罐的除锈、涂装等工作，罐内外应清扫干净，除锈工作要彻底，使钢板露出金属光泽时，立即进行涂装，涂装质量应达到规范要求。

2. 多桅桅杆吊装方法

多桅桅杆吊装法施工时，沿罐内周围设立多桅杆。施工时，从罐顶开始从上往下安装。

将罐顶和上层第一罐圈在地面上装配、焊好之后，将第二罐圈钢板围在第一罐圈的外围，以第一罐圈为胎具，对中、点焊成圆圈后，将第一罐圈及罐顶盖部分整体起吊至第一、二罐圈相搭接的位置（留下搭接压边），停下点焊，然后再焊环焊缝，如图 7-38 所示。

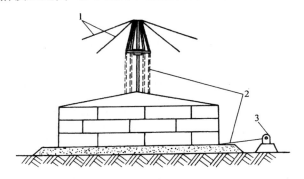

图 7-38　多桅桅杆吊装储罐示意图
1—缆风绳　2—起重钢丝绳　3—电动绞车

3. 套装法

套装法就是将罐体预先制成整幅钢板，然后用胎具将其套成套筒，再运至储罐基础上将套筒竖起来，展开成罐体，装上顶盖，封闭安装缝而建成。

第三节　工业管道的安装

一、工业管道的基本知识

1. 直径

工业管道的直径也称为公称直径或名义直径，以符号 D_g 标志，其后附加公称直径的尺寸，例如，公称直径为 100mm，用 D_g100 表示。

根据公称直径及公称压力，可以确定管子、阀门、管件、法兰、垫片的结构尺寸和连接尺寸。

2. 压力

（1）公称压力　与公称直径一样，根据生产实践的需要，按照一定的科学规律人为地规定了一系列标准压力，称为公称压力。公称压力以符号 p_g 标志，其后附加公称压力数值，例如，公称压力为 10MPa，用 p_g10 表示。

在工业管道中，常有低压、中压、高压、超高压及真空管道之分，压力分级见表 7-3。

表 7-3　管道的压力分级

级 别 名 称	压力 $p_g/10^5$ Pa	级 别 名 称	压力 $p_g/10^5$ Pa
真空管道	<0	中压管道	$0 \leqslant p_g \leqslant 16$
低压管道	$16 < p_g \leqslant 100$	高压管道	>100

注：工作压力 $\geqslant 90 \times 10^5$ Pa，且工作温度 $\geqslant 500$℃ 的蒸汽管道可升级为高压管道。

（2）试验压力　为了对设备、管子和管件的强度和材料的紧密性进行检验而规定的压力称为试验压力，以符号 p_s 标志，其后附加试验压力的数值，例如，试验压力为

$150 \times 10^5 \text{Pa}$，用 p_s150 表示。

在常温下，管子、管件的公称压力 p_g 和试验压力 p_s 的关系见表7-4。

表7-4　公称压力 p_g 和相应的试验压力 p_s 的关系　　　　（单位：10^5Pa）

公称压力 p_g	试验压力 p_s	公称压力 p_g	试验压力 p_s	公称压力 p_g	试验压力 p_s	公称压力 p_g	试验压力 p_s
0.5	—	25	38	200	300	1000	1300
1	2	40	60	250	380	1250	1600
2.5	4	64	96	320	480	1600	2000
4	6	80	120	400	560	2000	2500
6	9	100	150	500	700	2500	320 010
10	15	130	195	640	900	—	—
16	24	160	240	800	1100		

由于在高温下工作的工业管道不可能在高温下进行压力试验，而是在常温下进行的，因此对于操作温度高于200℃的碳钢管道和高于350℃的合金钢管道的液压试验，其试验压力应乘以温度修正系数 $[\sigma]/[\sigma]'$。

真空操作的工业管道，试验压力规定为 $2 \times 10^5 \text{Pa}$。

（3）工作压力　工作压力也称为操作压力。在工业生产中，对应每一公称压力，由于操作温度不同，设备、管道允许的最大工作压力将随工作温度的升高而降低，且其数值还因管道材料而异。最大的工作压力以符号 p 标志，并在 p 的右下角附加介质最高温度被 10 除所得的整数值（圆整值）。例如，介质最高温度300℃时的最大工作压力用 p_{30} 表示，介质最高温度425℃时的最大工作压力用 p_{42} 表示。

3. 管道分类

输送不同参数、不同介质的工业管道，对其安装、维护和检修，特别是焊缝检验的要求各不相同。管道按其材料及工作参数（温度、压力）进行分类，见表7-5。按此表分类的管道类别，即为该管道的焊缝等级。

表7-5　管道的分类

材　　　料	工作温度/℃	工作压力 $p/10^5 \text{Pa}$				
		Ⅰ	Ⅱ	Ⅲ	Ⅳ	Ⅴ
碳素钢	≤370	>320	>100~320	>40~100	>16~40	≤16
	>370	>100	>40~100	>16~40	≤16	—
合金钢及不锈钢	≤-70 或≥450	任意	—	—	—	—
	-70~450	>100	>40~100	>16~40	≤16	
铝及铝合金	任意	—	—	—	≤16	
铜及铜合金	任意	>100	>40~100	>16~40	≤16	—

二、常用管子、管件及阀门

1. 管子

工业管道中常用的管子主要由金属材料（钢铁、有色金属）和非金属材料（塑料、石棉、水泥、陶瓷、玻璃、橡胶等）制成。

（1）钢管 工业管道中常用的钢管有焊接钢管和无缝钢管。

焊接钢管又分为直缝焊接钢管和螺旋缝焊接钢管。直缝焊接钢管有低压流体输送用的镀锌钢管（俗称白铁管）和低压流体输送用的未镀锌钢管（俗称黑铁管）。这两种管子用于输送水、煤气、空气和油等低压流体。螺旋缝焊接钢管有一般低压流体输送用螺旋缝埋弧焊钢管、高频焊钢管和承压流体输送用螺旋缝埋弧焊钢管、高频焊钢管。螺旋缝焊接钢管一般用于输送水、煤气、空气和蒸汽。

无缝钢管按制造方法分为冷轧（冷拔）管和热轧管；按用途分为一般无缝钢管和专用无缝钢管。

（2）铸铁管 铸铁管按用途分为承压铸铁管和排水铸铁管。承压铸铁管分为砂型离心铸铁直管和连续铸铁直管，用于给水和煤气等压力流体的输送，可根据工作压力和埋设深度等条件选用。排水铸铁管分为承插口直管和双承直管两种。

（3）有色金属管 有色金属管有铜管、铝管和铅管三种。常用的铜管有纯铜管和黄铜管，有拉制管和挤制管两种制造方法，中、低压管道常用的是拉制管。铝管的制造方法也有拉制和挤制两种。铅管主要供化学、染料、制药及其他工业部门用作耐酸材料。

（4）混凝土管 混凝土管主要用于输送水，有自应力钢筋混凝土压力管、预应力钢筋混凝土压力管和混凝土及钢筋混凝土排水管三类。

（5）陶管 陶管分为排水陶管和化工陶管两类。排水陶管用于排输污水、废水、雨水或灌溉用水；化工陶管用于化工等部门排输酸性废水及其他腐蚀性介质，均为承插式连接。

2. 管件

按照管件的作用进行分类见表 7-6。

表 7-6　按照管件的作用进行的分类

管件的作用	管件的种类	管件的作用	管件的种类
连接直管	1）承插管件或管箍	连接不同管径的管子	1）同心大小头、偏心大小头
	2）短节		2）异径弯头
	3）活接头		3）异径三通
改变流体方向	1）45°、90°弯头		4）异径 Y 形三通
	2）三通		5）异径四通
	3）Y 形三通		6）异径承插管件
	4）四通	堵管端	1）管帽
	5）弯管		2）丝堵
	6）回弯头	特殊件	1）伸缩器
			2）挠性接头

3. 阀门

阀门的种类及其应用见表 7-7。

表 7-7　阀门的种类及其应用

种　类		应 用 说 明	备　注
通用阀	闸阀	全开、全闭的切断阀	半开可能引起振动和腐蚀
	球形截止阀	适用于流量调节	一般用于公称直径 8in 以下
	Y 形截止阀	流体阻力比球形截止阀小，适用于腐蚀性流体、磨损性流体的流量调节	
	角阀	调节流量并直角改变流向时使用	
	针形阀	用于流量微调	适用于公称直径 2in 以下
	止回阀 1）旋启式 2）升降式 3）球式	防止逆流 大口径用 小口径用 小口径用	 不适合脉动流，注意安装位置 不适合脉动流，注意安装位置
	旋塞	用于紧急切断	注意对润滑油的选用
	球阀	与旋塞相同	
	蝶阀	大口径、低压用流量调节阀	流动阻力小，有良好的流量调节性能，制作成本低
	隔膜阀	阀的主要部位不接触流体，因此适于有腐蚀性、毒性或危险性高的流体	注意对隔膜及衬里材料的选定
特殊阀	安全阀 卸压阀	防止塔槽等设备及配管的内部压力超高	
	疏水阀	回收或排放蒸汽配管的凝结水	

三、管路的热变形及热补偿

1. 管路的热变形

工业管路都是在室温下安装而在不同温度条件下工作，工作温度与安装温度间的温差会导致管路长度发生变化（热胀冷缩）。在温差作用下，若管路可以自由伸缩，则管路中不会产生热应力；若管路两端固定（如多支承长管路中某管段受其他部分约束），管路自由伸缩受到阻碍时，管路中会产生热应力。热应力可由胡克定律求得

$$\sigma = E\varepsilon = E\Delta L / L = \alpha E \Delta t \tag{7-1}$$

式中　σ——热应力（MPa）；

　　E——管路材料的弹性模量（MPa）；

　　ε——管路的相对变形（线应变，$\varepsilon = \Delta L / L$）；

　　ΔL——管路长度的变化量（m）；

　　α——管路材料的线膨胀系数（℃$^{-1}$）；

　　L——管路的原来长度（m）；

　　Δt——管路的温度变化量，即工作温度与安装温度之差（℃）。

根据材料的强度条件，管子因温差变形产生的热应力不得超过材料的许用应力（拉应力或压应力）$[\sigma]$，即

$$\sigma = \alpha E \Delta t \leqslant [\sigma] \tag{7-2}$$

由上式可知，只要 $\Delta t \leqslant [\sigma]/(\alpha E)$，管路两端固定时在热应力作用下就不会破坏，否则管路有破坏的危险，故称 Δt 为极限温度变化量，用 $[\Delta t]$ 表示，用以确定管路在什么情况下可以两端固定，在什么情况下不可固定。

例如，某碳钢管安装温度为 20℃，工作温度为 100℃，实际温差 $\Delta t = 80$℃，100℃时材料的许用应力 $[\sigma] = 112$MPa，$E = 2.1 \times 10^5$ MPa，$\alpha = 12 \times 10^{-6}$℃$^{-1}$，其极限温度变化量 $[\Delta t] = 112/(2.1 \times 10^5 \times 12 \times 10^{-6}) \approx 45$℃，$\Delta t > [\Delta t]$，理论上讲该管路两端不可刚性固定，管路上必须安装活动管夹、管托或补偿器以吸收管路变形。但实际工作中，很多管路温差达 $60 \sim 80$℃，虽无特殊补偿装置，仍能正常工作，主要是由于管路挠度较大，可以自动补偿其温差变形的缘故。

由于管路可由温差引起的热应力仅与温差有关（材料一定时），与管路的绝对长度无关，因此即使安装极短的管路，也必须考虑热应力的影响。

2. 管路的热补偿

一般对温度较高或较低的管路，理论上讲只要其温差超过极限温度变化量就应考虑热变形的补偿问题。常用的补偿方法有两种。

（1）自动补偿法　利用管路本身某一管段的弹性变形来吸收另一管段的冷热变形的方法，称为自动补偿法。如两端以任意角度相连的直管就具有自动补偿的作用。

（2）补偿器补偿法　当管路的冷热变形量不能自动补偿时，就必须采用补偿器来进行补偿。常用的补偿器可分为回折管式补偿器、凸面式补偿器与填料函式补偿器三类。

四、管子的加工

管路中常需要使用弯曲成各种角度的管子，故要对管子进行弯曲加工。在弯曲加工时，管子外侧管壁会受拉伸而变薄，内侧管壁受压缩而增厚，由于受拉压合力的作用，管子截面会由圆形变成椭圆形，椭圆的短轴位于管子弯曲平面内，如图 7-39 所示。因椭圆的受力情况比圆形截面的受力情况差，故弯管时不允许有显著的椭圆变形。

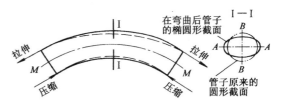

图 7-39　在弯曲时管子截面的变化

管子弯曲加工的方法分为热弯和冷弯两类。

1. 管子的热弯

管子在加热状态下进行弯曲加工称为热弯。管子热弯分为无皱折热弯和有皱折热弯两种。

（1）无皱折热弯　适用于公称直径在 400mm 以下的管子，其弯曲半径：中低压管 $R \geqslant 3.5D_g$，高压管 $R \geqslant 5D_g$（D_g 为管子的公称直径，单位为 mm）。

1）管子的画线。管子弯曲部分的长度可由弧长计算公式求得

$$L = \pi \alpha R/180 = 0.0175 \alpha R \tag{7-3}$$

式中　L——管子弯曲部分中性层长度（mm）；

α——管子弯曲的角度（°）；

R——管子弯曲部分中性层的半径（mm）。

根据计算的弯管长度进行画线，方法如图 7-40 所示，沿管子中心线由管端起量出直线

段长度 L_1 至少应在 300mm 以上（图中取 1200mm），以便于装夹固定管端，用白粉笔画出弯管的起点 K_1，然后由 K_1 向右量出弯曲部分的长度 L（$L = 0.0175 \times 90 \times 1000\text{mm} = 1575\text{mm}$），再画出弯管的终点 K_2。

2）管子充砂。充砂的目的是防止管子在弯曲时起皱折和弯瘪，同时砂子可以储蓄热量，延长弯管时间。

充砂前先检查清扫管内，然后将管子一端用木塞塞死或用钢板焊死，也可用钢质活动堵板堵死，如图 7-41 所示，堵死后在专门的充砂台上充砂，如图 7-42 所示。一般每装 300 ~ 400mm，可用锤子或风动工具在管外敲打振动，直到灌满为止，充完砂再将另一端堵死。

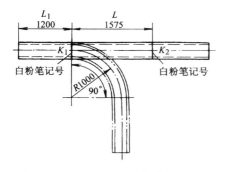

图 7-40　$D_g = 250\text{mm}$ 的弯头划线举例

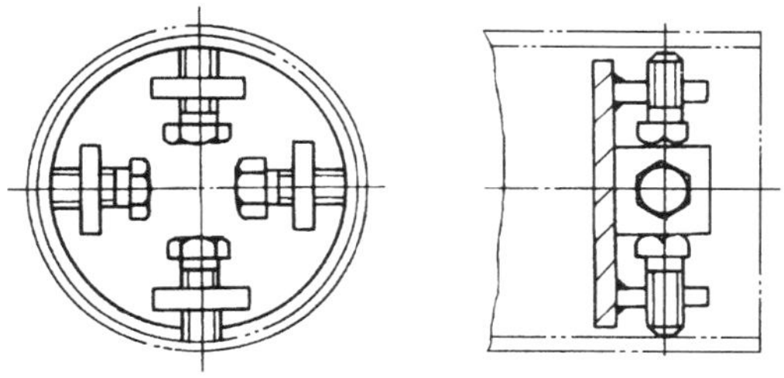

图 7-41　钢质活动堵板

3）管子加热。管子加热常采用有鼓风的敞开式烧炉或地炉，也可用电加热或火焰加热。火焰加热所用的燃料：对碳钢管，可用焦炭和无烟煤；对合金钢管，可用木炭，绝不可用烟煤，因烟煤中的 S、P 含量较高，加热时会渗入管壁金属组织中，使管材变质。

4）管子的弯曲。管子的弯曲操作在弯管平台上进行，弯形角度可预先用 $\phi10 \sim \phi12\text{mm}$ 的 Q235 钢筋或扁钢按图样要求或实地测量放样。弯管时，管子加热后将其夹在两钢插销之间，如图 7-43 所示，用人力或卷扬机拉弯。注意其拉力方向最好与管中心线垂直，以防外侧或内侧产生附加的伸长或缩短造成壁厚减薄或产生皱褶。弯曲时应用力均匀，已经弯曲好的部分可用水冷却，但合金钢管不可用水冷却以防产生裂纹。因管子冷却后会回弹 $3° \sim 5°$，故弯管时要比样板杆或样板过弯 $3° \sim 5°$，以保证管子达到所需的弯曲角度。

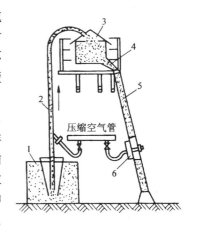

图 7-42　充砂台

1—砂箱　2—输砂管　3—砂斗
4—漏斗　5—管子　6—振动器

有缝钢管弯曲时，应将焊缝位置置于管子弯曲变形最小的方位，如图 7-44 所示，以免焊缝弯曲时开裂。

5）管子的冷却清砂。管子弯曲后一般在空气中缓冷至室温，冷却后及时清砂，倒空管内砂子后用锤子敲出管子或用钢丝刷清理内壁，最后用压缩空气吹净。对重要的管路，清砂后可用 5% 盐酸酸洗，再用碱水中和，最后用清水清洗。清洗完毕后，应检查管子弯曲的正确性及其他缺陷。

6）管子的热处理。碳钢管弯制后可不热处理。合金钢管弯制后需经热处理恢复弯管过程中改变了的金属组织及消除弯管产生的内应力。热处理可用先正火后回火的方法，或用完全退火。

（2）有皱折热弯　有皱折热弯适用于公称直径为 100~600mm 的管子，其弯曲半径 $R \geq 2.5D_g$。此法不适用于高压管的弯管。

有皱折热弯不需要充砂和加热炉，只需要有弯管平台和氧乙炔焰焊炬等设备就可进行弯制。

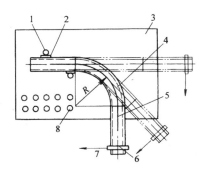

图 7-43　应用样板杆弯管

1—插销　2—垫片　3—弯管平台　4—管子
5—样板杆　6—夹箍　7—钢丝绳　8—插销孔

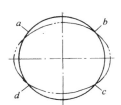

图 7-44　有缝钢管弯管时焊缝的位置

a、b、c、d—焊缝

2. 管子的冷弯

管子在常温（不加热）的状态下进行弯曲加工的方法称为冷弯。管子冷弯一般适用于外径在 $\phi108$mm（公称直径 100mm）以下的管子。冷弯时的弯形半径应大于 4 倍管子直径。通常，直径较小、管壁较厚的管子在冷弯加工时可以不填充砂子。管子冷弯加工可采用手动弯管器、液压弯管器或电动弯管机进行。

管子的弯曲加工只适用于塑性管材。

3. 管子的连接

（1）承插连接　承插连接用于铸铁、陶瓷、玻璃及塑料等脆性材料的管路，其连接方式如图 7-45 所示。连接时，承口与插口之间留有一定的轴向间隙，以补偿管路的热伸长。

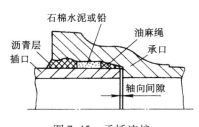

图 7-45　承插连接

承插连接口处应填充密封材料，常用油麻绳、水泥和铅等。填入后将其塞紧，最后在接口处涂一层沥青防腐层。对陶瓷管、玻璃管的承插接口处，先填充油麻绳，再填水泥或沥青玛蹄脂。

承插连接的管路，相邻两管稍有弯曲时仍可维持不漏，但难于拆卸，不便维修，连接不甚可靠，不能用于高压场合。

（2）焊接连接　焊接连接在工业管路中应用也十分广泛，其连接强度高，密封好，可用于各压力、温度下的管路。

（3）管接头连接　管接头连接方便、快速易于拆卸，多用于直径较小的仪表控制管道和机器润滑油管路。管接头多用于铜管、铝管和不锈钢管的连接。

（4）法兰连接 法兰连接是法兰盘在螺栓与螺母的紧固下，紧压两法兰中间的垫，使管子连通的一种连接方法。

五、管子的安装及验收

1. 管道的吹扫与清洗

管道系统的强度试验合格后或气压严密性试验前，应分段进行吹扫与清洗（简称吹洗，下同）。

吹洗方法应根据对管道的使用要求、工作介质及管道内表面的脏污程度确定。吹洗的顺序一般应按主管、支管、疏排管依次进行。吹洗前，应将系统内的仪表加以保护，并将孔板、喷嘴、滤网、节流阀及止回阀阀芯等拆除，妥善保管，待吹洗后复位。不允许吹洗的设备及管道应与吹洗系统隔离。对未能吹洗或吹洗后仍可能留存脏污、杂物的管道，应采用其他方法补充清理。

吹洗时，管道的脏物不得进入设备，设备吹出的脏物一般也不得进入管道。管道吹扫应有足够的流量，吹扫压力不得超过设计压力，流速不低于工作流速，一般不小于20m/s。吹洗时除有色金属管道外，应用锤子（不锈钢管道用木锤）敲打管子。对焊缝、死角和管底部等部位应重点敲，但不得损伤管子。吹洗前应考虑管道支架和吊架的牢固程度，必要时应给予加固。

2. 管道的除锈处理及保温

（1）管道的除锈处理

1）手工或动力工具处理：动力工具可采用风（电）动刷轮、风（电）动砂轮或各式除锈机；手工处理可采用锤子、刮刀、铲刀、钢丝刷及砂布（纸）等。不论采用何种处理方法，均不得使用使金属表面受损或使之变形的工具和手段。

2）干喷射处理。采用干喷射处理时，应采取妥善措施，防止粉尘扩散，所用压缩空气应干燥洁净，不得含有水分和油污，并经以下方法检查合格后方可使用。将白布或白漆靶板置于压缩空气流中1min，用肉眼观察其表面应无油、水等污迹。空气过滤器的填料应定期更换，空气缓冲罐内的积液应及时排放。

3）化学处理。金属表面化学处理可采用循环法、浸泡法或喷射法等。所用酸洗液必须按规定的配方和顺序进行配制，称量应准确，搅拌应均匀。为防止工件产生过蚀和氢脆，酸洗操作的温度和时间应根据工件表面的除锈情况在规定范围内进行调节。酸洗液应定期分析，及时补充。经酸洗后的金属表面，必须进行中和钝化处理，根据设备、管子及管件的形状和大小、环境温度、湿度以及酸洗方法的不同，分为中和钝化一步法和中和钝化二步法。

（2）管道的保温 工业管道保温的目的是维持一定的高温，减少散热；维持一定的低温，减少吸热；维持一定的室温，改善劳动环境。

保温材料应具有热导率小、容重轻、具有一定的机械强度、耐热、耐湿、对金属无腐蚀作用、不易燃烧、来源广泛、价格低廉等特点。常用的保温材料有玻璃棉、矿渣棉、石棉、蛭石、膨胀珍珠岩、泡沫混凝土、软木砖和木屑、聚氨酯泡沫塑料和聚苯乙烯泡沫塑料等。

3. 管道的预制

为了方便现场安装，部分管道要在工厂提前预制。管道预制应考虑运输和安装的方便，并留有调整活口。预制完毕的管段，应将内部清理干净，封闭管口，严防杂物进入。

预制管道组合件应具有足够的刚性，不得产生永久变形。预制完毕的管段，应将内部清理干净，并应及时封闭管口，及时编号并妥善保管。

4. 管道的管架与吊装

（1）管架 管架用于支承和固定管路。管架材料有钢结构和钢筋混凝土结构两类。管架形式分支承式支架和悬吊式吊架两大类。

1）支架：用于室外和室内的支架有所不同，室外管路的支架常见的有独立式、十字架式、悬臂式、梁架式、桁架式和悬桅杆式等，如图 7-46 所示。

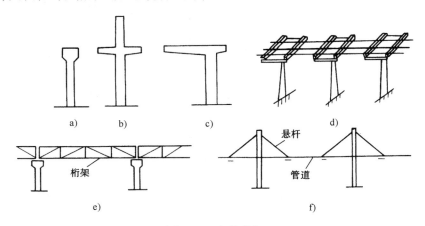

图 7-46 室外管架

a）独立式 b）十字架式 c）悬臂式 d）梁架式 e）桁架式 f）悬杆式

室内支架主要有单立柱式、框架式、悬臂式、夹柱式和支撑式等，如图 7-47 所示。管子与管架之间的固定常使用管卡和管托。管卡主要有 U 形圆钢管卡和扁钢管卡两种，由螺纹固定，如图 7-48 所示。常用的管托有固定管托（图 7-49）、滑动管托（图 7-50）和滚动

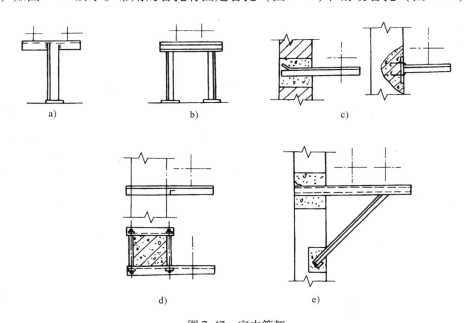

图 7-47 室内管架

a）单立柱 b）框架式 c）悬臂式 d）夹柱式 e）支撑式

管托（图7-51）三类。滑动管托和滚动管托用于温度变化较大的管路。为了防止管路滑动时偏离管路轴线，还可采用导向管托，即在滑动管托两侧各焊一段角钢或扁钢，以控制管托的方向，如图7-52所示。

2）吊架：装于天花板下的单根管路，可以用单梢杆式的普通吊架（图7-53）或弹簧吊架（图7-54）；若为一排管路，则可采用复合吊架（图7-55），其中每一根管路都用单独的管夹或管托固定在复合吊架上。

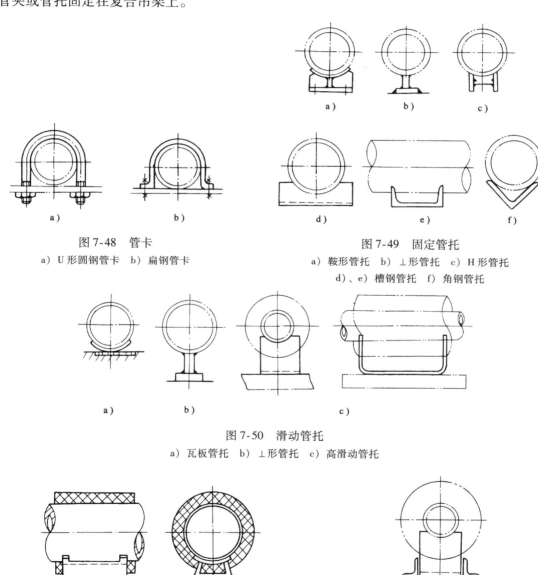

图7-48　管卡
a）U形圆钢管卡　b）扁钢管卡

图7-49　固定管托
a）鞍形管托　b）⊥形管托　c）H形管托
d）、e）槽钢管托　f）角钢管托

图7-50　滑动管托
a）瓦板管托　b）⊥形管托　c）高滑动管托

图7-51　滚动管托
a）滚珠式　b）滚柱式

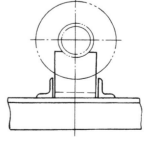

图7-52　导向管托

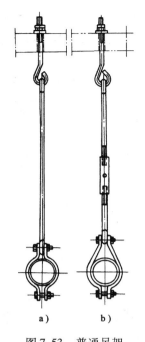

图 7-53　普通吊架

a）不可调节的　b）可调节的

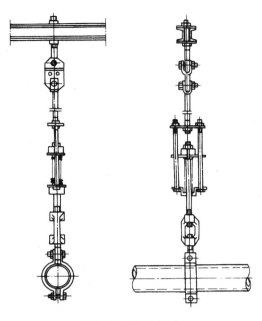

图 7-54　弹簧吊架

（2）管架的吊装

1）支架的安装。安装支架时，在同一管路的两个补偿器中间只能安装一个固定管托，而在补偿器两侧各装一个活动管托以保证补偿器能自由伸缩，如图 7-56 所示。安装活动管托时还应将管托沿管路膨胀的反方向移动一个等于管路膨胀量的距离 ΔL，使管路膨胀后管托中心线与支架中心线重合，从而保证支架在工作

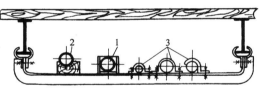

图 7-55　复合吊架

1—安装在方形木板槽内的铅管
2—安装在弧形木块槽内的铅管　3—管夹

时只承受正压力作用。固定管托必须与支架牢固连接，而活动管托的滚动件则应能自由滚动。

室内悬臂式支架的安装可在土建施工时一次埋入支架或预留孔洞以减小打洞工作量。埋设前，清除洞内的碎砖灰尘，用水浇湿，再用 1:3 的水泥砂浆填塞固定支架，如图 7-57a 所示；或者在土建施工时在支架安装部位预先埋入钢板，水泥干涸后清除预埋钢板上的砂浆等，再将支架焊在钢板上，如图 7-57b 所示。

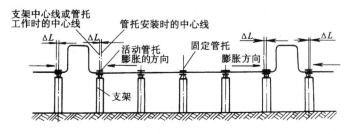

图 7-56　管路支架的安装方法

2）吊架的安装。安装吊架时，应使吊架向管路膨胀方向的反方向倾斜，其倾斜的距离应等于管路膨胀量的一半，即 $\Delta L/2$，如图 7-58 所示，这样就能保证吊架在工作时受力不致过大。普通吊架的吊桅杆长度 $l \geqslant 60\Delta L$，弹簧吊架的吊桅杆长度 $l \geqslant 20\Delta L$。

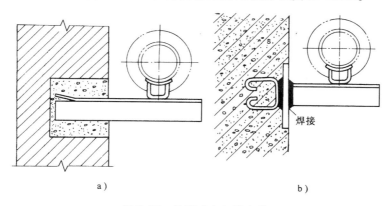

图 7-57　悬臂式支架的安装

a）埋入式支架　b）焊接式支架

5. 管道工程的验收

（1）现场复查　施工完毕后，应对现场管道进行复查，复查内容包括以下几项。

1）管道施工与设计文件是否相符。

2）管道工程质量是否符合本规范要求。

3）管件及支、吊架是否正确齐全，螺栓是否紧固。

4）管道对传动设备是否有附加外力。

5）合金钢管道是否有材质标记。

6）管道系统的安全阀、爆破板等安全设施是否符合要求。

（2）资料审查　施工单位和建设单位应对高压管道进行资料审查，内容包括以下几项。

1）高压钢管的检查验收（校验性）记录。

2）高压弯管的加工记录。

3）高压钢管的螺纹加工记录。

4）高压管子、管件、阀门的合格证明书及紧固件的校验报告单。

5）施工单位的高压阀门试验记录。

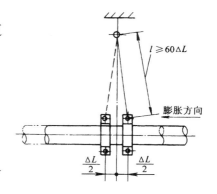

图 7-58　普通吊架的安装方法

（3）检查、签证　施工单位和建设单位应共同检查下列工作，并进行签证。

1）管道的预拉伸（压缩）。

2）管道系统的强度、严密性试验及其他试验。

3）管道系统的吹洗。

4）隐蔽工程及系统封闭。

（4）提高技术文件　工程交工验收时，施工单位应提交下列技术文件。

1）上述（2）的全部文件和（3）的检查签证。

2）施工图、设计修改文件及材料代用记录。

3）不锈钢、合金钢、有色金属的管子及管件（包括焊接材料）材质合格证，合金钢管子、管件的光谱分析复查记录。

4）Ⅰ、Ⅱ类焊缝的焊接工作记录，Ⅰ类焊缝的位置单线图。

5）管道焊后热处理及着色检验记录。

6）安全阀（包括爆破板）的调整试验记录。

7）管道绝热工程的施工记录。

8）竣工图：工程变更不大时，由施工单位在原施工图上加以注明；变更较大时，由建设单位会同设计、施工单位绘制。

思考题与习题

7-1 塔类设备的吊装方法有哪些？

7-2 塔类设备吊装前的准备工作有哪些？

7-3 塔类设备吊装前，对塔本身要做哪些准备工作？

7-4 简述塔类设备的吊装步骤。

7-5 怎样检查已就位塔类设备的标高和垂直度？如何调整？

7-6 简述球罐的组成。

7-7 简述球罐壳板压片成形的方法。

7-8 简述球罐以赤道为基准的分片散装法。

7-9 简述球罐分带组装法的工艺过程。

7-10 简述球罐水压试验的过程。

7-11 什么是公称压力、试验压力和工作压力？

7-12 管道补偿器有几种？各有何优点？

7-13 已知室外供热管道中两固定支架的距离为45m，管内输送0.1MPa的饱和蒸汽，试计算此管段的热变形量（室外环境计算温度可取 −5℃）。

附　录

综 合 练 习

第一章

1. 机电安装工程的联动空负荷试运转方案应由____负责组织编制。
　　A. 施工单位或总承包单位　　　　　　B. 施工单位和建设单位
　　C. 建设单位和设计单位　　　　　　　D. 建设单位和监理单位

2. 设备安装中采用桅杆式起重时，缆风绳的数量一般不得少于____根。
　　A. 2　　　　　　　B. 3　　　　　　　C. 4　　　　　　　D. 5

3. 设备安装中用来起吊重物的钢丝绳，通常用柔软钢丝制造。用作吊索的钢丝绳一般选用____。
　　A. $6 \times 19 + 1$　　　B. $6 \times 25 + 1$　　　C. $6 \times 37 + 1$　　　D. $6 \times 61 + 1$

4. 桅杆式起重机的缆风绳，初拉力按经验公式选取时，一般取工作拉力的____。
　　A. 15% ~ 20%　　　B. 25% ~ 30%　　　C. 35% ~ 40%　　　D. 45% ~ 50%

5. 设备安装中，一般检测工具的测量误差应为被检测零部件精度极限偏差的____。
　　A. 1/3 ~ 1/2　　　B. 1/4 ~ 1/2　　　C. 1/5 ~ 1/3　　　D. 1/6 ~ 1/3

6. 设备安装工程中，对切削加工精度不很高的平面，其平面度可采用____检查。
　　A. 光谱分析法　　B. 拉线法　　　C. 刀口尺贴切透光法　D. 着色法

7. 组建设备安装工程施工项目管理班子属于管理全过程中的____阶段。
　　A. 施工前的准备工作　　　　　　　　B. 施工过程管理工作
　　C. 竣工验收工作　　　　　　　　　　D. 用户服务

8. 组成设备安装工程施工管理的基本程序的四个环节，正确的是____。
　　A. 投标、准备、施工、交工　　　　　B. 计划、实施、检查、处理
　　C. 准备、开工、交工、服务　　　　　D. 图样会审、技术交底、施工、验收

9. 施工组织按设计编制对象范围的不同有施工组织总设计、____、分部分项工程施工组织设计等几种。
　　A. 施工技术组织设计　　　　　　　　B. 专项施工组织设计
　　C. 施工方案组织设计　　　　　　　　D. 单位工程施工组织设计

10. 在起重工程中，以不均衡载荷系数计入其影响，一般取不均衡载荷系数 K2 为____。
　　A. 1.0 ~ 1.05　　　B. 1.01 ~ 1.2　　　C. 1.25 ~ 1.3　　　D. 1.4 ~ 1.5

11. 施工组织总设计是在____领导下编制的。
　　A. 总承包企业的技术负责人　　　　　B. 项目技术负责人
　　C. 单位工程的技术负责人　　　　　　D. 工程造价编制技术负责人

12. 机电安装工程技术交底的重点：设备构件的吊装；焊接工艺与操作要点；调试与试运行；大型设备基础埋件、构件的安装；_____；管道的情况、试验及试压等。

A. 隐蔽工程的施工要点　　　　　　　　B. 技术交底的责任

C. 施工任务的交底　　　　　　　　　　D. 技术交底

13. 智能化系统的验收采用分阶段多层次验收的方式，即分项分部验收、交工验收、____。

A. 交付验收　　　B. 单位工程验收　　　C. 空负荷验收　　　D. 负荷验收

14. 控制噪声应从声源→____→接收者三方面来考虑。

A. 降低噪声　　　　　　　　　　　　　B. 改进动力部分的静平衡与动平衡

C. 传递途径　　　　　　　　　　　　　D. 佩戴个人防护用具

15. 编制设备监造大纲，制订监造计划，包括包装、储运、_____等。

A. 质量监督和质量保证体系　　　　　　B. 发运技术要点

C. 出厂试验验收　　　　　　　　　　　D. 制造车间的验证

16. 增强传热的主要途径是____。

A. 扩展传热面　　　　　　　　　　　　B. 在保温材料的表面或内部添加憎水剂

C. 改变表面的辐射特性　　　　　　　　D. 将热设备的外壳制真空夹层

17. 钢丝绳破断拉力的近似计算公式为 $S_b = Fn\phi\sigma_b$，其中 F 代表的是____。

A. 钢丝绳每根钢丝的截面积

B. 钢丝绳中每根钢丝的直径

C. 钢丝绳中钢丝绕捻不均匀而引起的受载不均匀系数

D. 钢丝绳中钢丝的总根数

18. 机械设备安装时，设备____后，即可进行设备的拆卸和清洗工作。

A. 开箱检查　　　B. 划线　　　C. 就位固定　　　D. 精平

19. 在进行直线度的精密检测时，应把被测对象等分成段，每段长 L 称为节距。一般 $L = $ ____mm。

A. 100～200　　　B. 200～500　　　C. 500～1000　　　D. 1000～1500

20. 在起重工程中，钢丝绳一般用来做缆风绳、滑轮组跑绳和吊索。用于吊索的钢丝绳安全系数一般不小于_____。

A. 3.5　　　B. 5　　　C. 8　　　D. 10～12

21. 在转变温度以上运行的设备，做试验时的温度应在转变温度以上，一般水压试验温度较转变温度高5℃，气压试验应高_____℃。

A. 5　　　B. 10　　　C. 15　　　D. 20

22. 下列对设备试运行一般顺序的错误说法是_____。

A. 先单机、后联动　　　　　　　　　　B. 先空负荷、后负荷

C. 先主机、后附属设备　　　　　　　　D. 先低速、后高速

23. 设备安装工程施工的全部过程一般由_____四个环节组成。

A. 投标、准备、施工、交工　　　　　　B. 准备、开工、交工、服务

C. 计划、实施、检查、处理　　　　　　D. 图样会审、技术交底、施工、验收

第二章

一、选择题

1. 一般机床设备与基础的连接方法主要是采用地脚螺栓联接并通过 ____将设备找正找

平，然后灌浆将设备固定在设备基础上。

    A. 平垫铁   B. 斜垫铁   C. 调整垫铁   D. 开口垫铁

2. 放置垫铁时应注意尽量减少每个垫铁组的块数，一般不超过____块，并少用薄垫铁。

    A. 3   B. 4   C. 5   D. 6

3. 设备安装时，相邻两组垫铁的距离不宜超过____。

    A. 500～1000mm   B. 1000～1500mm   C. 1500～2000mm   D. 2000～2500mm

4. 普通机床直线导轨进行水平面内或铅垂面内的直线度测量后，绘制的直线度误差曲线图是依据____作为理想直线来确定被测导轨误差大小的。

    A. 贴切直线   B. 符合最小条件的包容线

    C. 两个端点连线   D. 机床的运动轨迹线

5. 设备安装试运转时，在主机启动前，必须先进行____的调试。

    A. 传动系统   B. 润滑系统   C. 安全系统   D. 进给系统

6. 过盈连接件安装时，对过盈量较大的孔、轴配合件一般采用____包容件的方法进行装配。

    A. 锤击   B. 加热   C. 压入   D. 冷缩

7. 设备基础预压试验通常是，基础施工中发现地质情况有问题而采取的措施是否预压、预压的方法和要求，均由____确定。

    A. 基础施工单位   B. 设计单位   C. 设备制造商   D. 设备安装单位

8. 设备基础混凝土强度的检查方法有____。

    A. 压强法、反弹法、撞痕法   B. 测量法、反弹法、撞痕法

    C. 测量法、反弹法、预压法   D. 预压法、测量法、反弹法

9. 用来测量液压系统中液体压力的压力计所指示的压力为____。

    A. 绝对压力   B. 相对压力   C. 真空度   D. 大气压力

10. 对密封性要求较高的设备（如工作介质为有害气体），规定按工作压力的____倍为试验压力。

    A. 0.5   B. 1.05   C. 1.5   D. 2

11. 用液面法测量时，若用玻璃管，则玻璃管的内径不得小于____m。

    A. 6   B. 7   C. 8   D. 5

12. 钢丝的拉紧，多用挂线锤的方法。线锤的质量 G，一般在所拉钢丝____的30%～80%范围内选取。

    A. 挠度   B. 屈服强度   C. 抗拉强度   D. 韧性

13. 预埋活动地脚螺栓锚板中心位置的允许偏差为____。

    A. 2mm   B. 5mm   C. ±5mm   D. +20mm

14. 液压系统中溢流阀的用途是____。

    A. 控制系统中液体的压力   B. 控制液体的流量

    C. 控制液体的流动方向   D. 控制液体的流动速度

15. 设备开箱检查验收属于机械设备安装工程施工管理过程的____阶段。

    A. 施工前的准备工作   B. 施工过程管理工作

    C. 竣工验收工作   D. 用户服务

16. 机械设备装配时，对零部件的检验包括外观检查和____，并做好记录。

A. 尺寸检查 　　　　B. 材质检查 　　　　C. 配合精度检查 　　　　D. 重量检查

17. 气压试验时，压力应缓慢上升，当达到规定的试验压力 50% 以后，压力应以每级____%左右的试验压力逐级增至试验压力，然后降至工作压力，并保持足够时间，以便进行检查。

A. 5 　　　　B. 10 　　　　C. 15 　　　　D. 20

18. 设备开箱后，安装单位应会同有关部门人员对设备进行清点检查。清点检查完毕后，应填写设备开箱检查记录单，设备由____单位保管。

A. 采购 　　　　B. 供货 　　　　C. 安装 　　　　D. 使用

19. 设备安装工程中，孔轴配合代号 $\phi25\dfrac{H7}{g6}$ 表示的含义是____。

A. 公称尺寸 25mm，孔的基本偏差 H，公差等级 7 级，轴的基本偏差为 g，公差等级 6 级，基孔制的间隙配合

B. 公称尺寸 25mm，轴的基本偏差 H，公差等级 7 级，孔的基本偏差为 g，公差等级 6 级，基轴制的间隙配合

C. 公称尺寸 25mm，孔的基本偏差 H，公差等级 7 级，轴的基本偏差为 g，公差等级 6 级，基孔制的过盈配合

D. 公称尺寸 25mm，轴的基本偏差 H，公差等级 7 级，孔的基本偏差为 g，公差等级 6 级，基轴制的过盈配合

20. 下列表面粗糙度的评定参数代号中，表示轮廓算术平均偏差的代号是____。

A. Ra 　　　　B. Ry 　　　　C. Rz 　　　　D. S

21. 阅读安装平面图的明细表，可获得的信息为____。

A. 了解图样名称等相关情况

B. 明确施工项目中各设备的定位及安装过程中的有关事项

C. 明确每台设备的平面位置及相互关系

D. 了解项目中设备的名称、数量、型号及规格

22. 普通机床安装中对精度要求较高的平面常用的平面度检查方法是____。

A. 着色法 　　　　B. 拉线法 　　　　C. 刀口尺贴切透光法 　　　　D. 光谱分析法

23. 在设备或部件拆卸过程中，操作方便、施力均匀、力的大小和方向容易控制、能拆卸较大的零部件和过盈量较大的零部件，且损坏零件的机会较少的拆卸方法是____。

A. 击卸 　　　　B. 加热拆卸 　　　　C. 冷却拆卸 　　　　D. 压卸和拉卸

二、判断题

1. 用液面法测量时，应防止振动。（ 　　　）

2. 密封性试验压力一般都采用设备的工作压力。对密封性要求较高的设备（如工作介质为有害气体），规定以 1.05 倍工作压力为试验压力。（ 　　　）

3. 试验温度是指做试验时的环境温度。强度试验一般在常温下进行，一般水压试验环境温度不得高于 5℃。（ 　　　）

4. 国家制图标准规定，标准公差分为 IT01 级到 IT18 级共 20 个等级。（ 　　　）

第三章

一、选择题

1. 在机械设备中，轴、键、联轴器____是最常见的传动件，用于支持、固定旋转零件和传递转矩。

A. 链条　　　　　　B. 齿轮　　　　　　C. 轴承　　　　　　D. 离合器

2. 对于特型大零件、装有精密设备或易燃易爆的场合，应采用____加热方法。

A. 热浸　　　　　　B. 氧乙炔焰　　　　C. 煤气　　　　　　D. 电感应

3. 轴承的功用是支承轴及轴上零件，并保持轴的旋转精度，减少轴与支承的摩擦和磨损。轴承分为____和滚动轴承两大类。

A. 推力轴承　　　　B. 合金轴承　　　　C. 向心轴承　　　　D. 滑动轴承

4. 在进行整体式固定径向滑动轴承的安装时，当轴套薄且长时，采用____安装。

A. 锤击法　　　　　B. 温差法　　　　　C. 压入法　　　　　D. 散装法

5. 在高速或重载齿轮传动中，因齿面间压力大，摩擦发热多，造成齿面间油膜破坏，而使啮合点处的瞬时温度过高，润滑失效，从而致使两齿面接触点发生"粘接"现象，称为____。

A. 齿面点蚀　　　　B. 齿面胶合　　　　C. 塑性变形　　　　D. 齿面磨损

6. 对于滑动轴承，其摩擦状态有干摩擦、边界摩擦、液体摩擦和混合摩擦等类型，其中____的摩擦因数最低。

A. 干摩擦　　　　　B. 边界摩擦　　　　C. 液体摩擦　　　　D. 混合摩擦

7. 在机械的运转过程中，根据需要使两轴随时接合和分离应使用____。

A. 联轴器　　　　　B. 离合器　　　　　C. 制动器　　　　　D. 离合器和制动器

8. 下列防松装置中，____是利用附加摩擦力防松的装置。

A. 串联铁丝　　　　B. 带槽螺母与开口销　C. 弹簧垫圈　　　　D. 止动垫圈

9. 用压铅法检查齿轮的啮合间隙时，软铅丝（熔断丝）直径不宜超过间隙的4倍，铅丝的长度不小于____个齿距；对于齿宽较大的齿轮，沿齿宽方向应均匀至少放置3~4根铅丝。

A. 2　　　　　　　　B. 3　　　　　　　　C. 4 ·　　　　　　D. 5

10. 附图1中紧固地脚螺栓时的正确顺序是____。

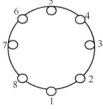

附图1　题10图

A. 1—2—3—7—8—4—6—5　　　　　B. 1—2—3—4—5—6—7—8

C. 1—5—3—7—2—6—4—8　　　　　D. 1—8—6—2—7—5—4—3

11. 下列防松装置中，____是利用机械方法防松的装置。

A. 双螺母　　　　　B. 带槽螺母与开口销　C. 弹簧垫圈　　　　D. 金属锁紧螺母

12. 我国生产的 V 带共分为 Y、Z、A、B、C、D、E 七种，其中____截面尺寸最大，使用最多的是 Z、A、B 三种型号。

A. Y 型　　　　　　B. B 型　　　　　　C. Z 型　　　　　　D. E 型

13. 在设备安装工程中应用带传动时，主要考虑____、带的应力分析与计算以及单根普通 V 带的许用功率。

A. 带的外廓尺寸　　B. 带的形状　　　　C. 带的使用寿命　　D. 传动比的计算

14. 滑动轴承顶间隙的作用是为了保持液体动压润滑油膜的完整，其间隙值与轴颈的直径、转速和单位面积上的压力以及润滑油的黏度等因素有关，一般取顶间隙 $\Delta =$ ____mm。

A. $0.1d \sim 0.2d$ 　　　　　　　　　　　B. $0.01d \sim 0.02d$

C. $0.001d \sim 0.002d$ 　　　　　　　　D. $0.0001d \sim 0.0002d$

15. 滑动轴承的轴向间隙：在固定端，轴瓦的轴向两边间隙小于____mm；在自由端，应大于轴瓦运转中受热膨胀的伸长量。

A. 0.02　　　　　　B. 0.2　　　　　　　C. 0.5　　　　　　　D. 1

16. 凸缘式联轴器属于固定式____联轴器。

A. 刚性　　　　　　B. 可移　　　　　　C. 万向　　　　　　D. 弹性

17. 定轴轮系传动比的大小与轮系中惰轮的齿数多少____。

A. 有关　　　　　　B. 成正比　　　　　C. 成反比　　　　　D. 无关

18. 电动机与减速器的同轴度测量调整前，所有垫铁组应____，否则将在调整时出现较大的误差。

A. 类型相同　　　　B. 同组垫铁厚薄一致　C. 受力均匀紧实　　D. 受力不均

19. 万向联轴器主要用于两轴交叉传动，这种联轴器可允许两轴间有较大的夹角，而且在运转过程中，夹角发生变化仍可正常工作，两轴角度偏差可达____。

A. $15° \sim 20°$ 　　　B. $25° \sim 30°$ 　　　C. $35° \sim 40°$ 　　　D. $45° \sim 50°$

20. 万向联轴节两轴间的夹角可达____。

A. 45°　　　　　　　B. 35°　　　　　　　C. 25°　　　　　　　D. 15°

21. 当带的速度 $v > 5m/s$ 时，应对带轮进行静平衡试验；当 $v >$ ____，还需要进行动平衡试验。

A. 10m/s　　　　　　B. 15m/s　　　　　　C. 20m/s　　　　　　D. 25m/s

22. 在每条铅丝的压痕中，最薄的是____。

A. 工作侧隙　　　　B. 非工作侧隙　　　　C. 齿顶间隙　　　　D. 齿侧间隙

23. 螺纹代号 M20 ×1.5 表示的是____。

A. 普通粗牙螺纹，公称直径为 20mm，螺距为 1.5mm，右旋

B. 普通细牙螺纹，公称直径为 20mm，螺距为 1.5mm，右旋

C. 管螺纹，公称直径为 20mm，螺距为 1.5mm，右旋

D. 锥管螺纹，公称直径为 20mm，螺距为 1.5mm，右旋

24. 代号 Tr40 ×14 (P7) LH—8e—L 表示公称直径为 40mm、导程为 14mm、螺距为 7mm 的双线左旋____螺纹，中径公差带代号为 8e，长旋合长度。

A. 锯齿形　　　　　B. 梯形　　　　　　C. 普通三角形　　　D. 矩形

25. 对于 V 带传动，其张紧轮应安装在____。

A. V 带松边的外侧　　　　　　　　　　　B. V 带松边的内侧

C. V 带紧边的外侧　　　　　　　　　　　D. V 带紧边的内侧

26. 一般标准直齿圆柱齿轮的最少齿数不少于____齿。

A. 13　　　　　　B. 17　　　　　　C. 21　　　　　　D. 23

27. 轮齿的疲劳折断是由于齿轮根部受到了____载荷作用所致。

A. 静　　　　　　B. 动　　　　　　C. 冲击　　　　　　D. 交变

28. 螺纹的牙型有三角形、矩形、梯形、锯齿形及管螺纹等几种，用于联接的主要是____。

A. 矩形　　　　　　B. 梯形　　　　　　C. 三角形　　　　　　D. 锯齿形

29. 向心推力滑动轴承____。

A. 只承受径向载荷，不承受轴向载荷

B. 只承受轴向载荷，不承受径向载荷

C. 既承受径向载荷，也承受轴向载荷

D. 起支承作用，不承受载荷

30. 用于直径较大、轴端切削螺纹有困难的轴承内圈轴向固定的方法是____。

A. 轴肩固定　　　　　　　　　　　B. 轴端挡圈和轴肩固定

C. 锁紧螺母与轴肩固定　　　　　　D. 弹性挡圈和轴肩固定

31. 用于高速旋转并承受很大的轴向载荷的轴承外圈轴向固定的方法是____。

A. 轴承盖固定　　　　　　　　　　B. 弹性挡圈与机座凸台固定

C. 止动环嵌入轴承外圈的止动槽内　D. 轴承端盖和机座凸台固定

32. 套筒联轴器由一公用套筒及____等连接方式将两轴连接。

A. 螺栓组　　　　　B. 键或销　　　　　C. 过盈配合　　　　　D. 螺栓组与销

33. 下列防松装置中，____是利用机械方法防松的装置。

A. 双螺母　　　　　B. 带槽螺母与开口销　C. 弹簧垫圈　　　　　D. 金属锁紧螺母

34. 在进行大型联轴器的安装时，其安装流程是____。

A. 划线→安装施压装置→施压前的准备→加压装配→检测调整→拆掉施压装置

B. 划线→施压前的准备→安装施压装置→加压装配→检测调整→拆掉施压装置

C. 划线→安装施压装置→施压前的准备→检测调整→加压装配→拆掉施压装置

D. 划线→安装施压装置→施压前的准备→加压装配→拆掉施压装置→检测调整

35. 当同一根轴上装有两个圆锥滚子轴承时，其轴向间隙常用____调整。

A. 垫片调整法　　　B. 止推环调整法　　　C. 螺钉调整法　　　D. 内外套调整法

二、判断题

1. 滑动轴承安装后，应确保其在正常工作情况下轴承瓦背与轴承座内孔不产生相对运动。（　　）

2. 对于 V 带传动，张紧轮应置于松边内侧且靠近小带轮处，以防止小带轮包角 α 的过多减小及带反向弯曲。（　　）

3. 对于平带传动，张紧轮安装位置在平带松边的外侧，并靠近小带轮处，这样可增大小带轮的包角，从而增强平带的传动能力。（　　）

4. 剖分式向心滑动轴承轴承盖和轴承座的结合面做成阶梯形定位止口，便于装配时对中和防止其横向移动。（　　）

三、应用与计算

1. 某型水压机钢制螺柱长 $L_0 = 4500$mm，直径为 $\phi = 240$mm，螺距为 $P = 8$mm。现采用电感加热螺柱伸长法实现螺母预紧力装配，为了满足装配要求，螺栓伸长量需为 6mm，设感应圈与螺柱套合部分的轴线长度为 3300mm，试计算加热温度（提示：装配现场的环境温度为 28℃）。

2. 现将公称尺寸为 280mm、过盈量为 0.35mm 的钢质齿轮孔通过热胀法套装在轴上，设安装时孔轴的间隙为 0.40mm，车间环境温度为 25℃，问安装时应将齿轮加热到多高的温度？

第四章

一、选择题

1. 一般精密机床设备与基础的连接方法主要是采用地脚螺栓联接并通过____将设备找正找平，然后灌浆将设备固定在设备基础上。

A. 平垫铁   B. 斜垫铁   C. 调整垫铁   D. 开口垫铁

2. 在机床设备安装试运转的过程中，每隔__min 应检查各部压力、温度、振动、转速、膨胀间隙、保安装置和电压等，并做好记录。

A. 10～30   B. 30～60   C. 60～120   D. 120～240

3. 大型机床安装前，除对基础进行检查验收外，一般还要对基础进行____处理。

A. 清洗   B. 修整   C. 凿毛   D. 预压

4. 重型立式车床是制造业用来加工大型圆柱形工件的机床，如加工各种机械的圆底座，其主要结构有____、润滑和液压系统及控制操纵台等。

A. 底座、变速箱、工作台、左右主柱、垂直刀架、侧刀架

B. 底座、变速箱、工作台、左右主柱、横梁、垂直刀架、侧刀架

C. 底座、变速箱、工作台、左右主柱、横梁、侧刀架

D. 底座、变速箱、工作台、横梁、垂直刀架、侧刀架

5. 进行组合机床相邻机床中心距的调整时，应用专用中心距测距尺（通常由制造厂提供）和套销进行中心距的检验。套销中心距 l 的偏差不应大于____。

A. 0.04mm   B. 0.06mm   C. 0.08mm   D. 0.10mm

6. 安装调整立式车床左右立柱，检验两立柱正导轨面的共面度时，应用平尺靠贴立柱正导轨面，再用____塞尺检查，不应插入。

A. 0.04 mm   B. 0.06mm   C. 0.08mm   D. 0.10mm

7. 机床导轨的安装不但直接影响被加工零件的精度，而且是 ____。

A. 整个机床的承重基础   B. 其他部件运行的基础

C. 防止机床发生位移的保证   D. 其他部件精度检查的基准

8. 在设备安装工程中，在设备基础平面图中配置双层钢筋时，附图 2 所示的钢筋属于____。

附图 2   题 8 图

A. 上层、远面　　　B. 下层、近面　　　C. 近面、上层　　　D. 下层、远面

9. 大型龙门刨床床身采用临时垫铁粗调安装时，其工作导轨的水平度和直线度应小于____。

A. 0.02mm/100mm

B. 0.04mm/100mm

C. 0.02mm/1000mm

D. 0.04mm/1000mm

10. 龙门刨床床身为多段拼接时，应首先安装____，再依次安装两端的各段。

A. 前端段

B. 中间段（即与立柱相连接的一段）

C. 后端段

D. 任意段

11. 检测大型龙门刨床两立柱导轨正面相对位移度偏差时，应用长平尺或横梁紧贴两立柱正导轨面，用厚度为____mm 的塞尺检验，应不能插入。

A. 0.02　　　B. 0.04　　　C. 0.08　　　D. 0.10

12. 大型龙门刨床安装____之前，必须首先对控制工作台运动的电气系统、液压系统及影响工作台润滑的润滑系统进行调试。

A. 床身　　　B. 工作台　　　C. 立柱　　　D. 横梁

13. 组合机床自动线的安装基准放线中，首尾两台设备的间距放线允差不得超过____mm。

A. ±1　　　B. ±2　　　C. ±3　　　D. ±4

14. 重型立式车床切削加工的重要机构是____，其安装几何精度决定着加工件的几何精度，因此其几何精度必须符合要求。

A. 进给箱　　　B. 刀架　　　C. 主轴箱　　　D. 工作台

二、判断题

1. 在进行组合机床的试运转时，根据机床的技术性能和要求，各种运转速度的运行时间应不少于 30min，生产工艺中最常用的运转速度的运行时间应大于 5min。（　）

2. 大型龙门刨床的床身通常由多段床身拼接组成，安装时应将邻接两段底座端头各放在同一块垫铁上。（　）

3. 龙门刨床床身为多段拼接时，应利用联接螺栓和调整垫铁使床身与床身接合面对正并贴紧，对正后再轻轻推入定位销，然后拧紧联接螺栓，严禁用定位销强行找正床身导轨偏差。（　）

4. 大型龙门刨床立柱与床身侧面对接安装时，应利用联接螺栓和调整垫铁使立柱与床身接合面对正并贴紧，对正后再轻轻推入定位销，然后拧紧联接螺栓，严禁用定位销强行找正误差。（　）

5. 在进行组合机床的试运转时，主轴轴承达到稳定温度（即温升 1h 小于 5℃）时，滑动轴承温度应小于 60℃，温升应小于 30℃。（　）

三、应用与计算

已知 CA6140 普通卧式车床的导轨长 1200mm，用分格值为 0.02mm/1000mm 的水平仪每隔 200mm 测一读数，其读数（格数）分别为 +1、+1.5、0、-1、-0.5、-1（误差 ±0.01mm）。试用坐标曲线图法求出机床导轨直线度最大误差是多少？

第五章

1. 散装锅炉安装时，用胀管器将管子胀在锅筒或联箱上时，初胀工序应将管子与管孔间的间隙消灭后，再继续扩大____mm。

A. 0.02 ~ 0.03   B. 0.2 ~ 0.3   C. 0.3 ~ 0.6   D. 0.6 ~ 0.9

2. 为了保证管端在胀管时容易产生塑性变形以及防止管端产生裂纹，胀管前需进行管端退火，退火长度约____mm。

A. 30   B. 50   C. 100   D. 150

3. 散装锅炉安装胀管前，管端退火一般采取在加热炉内直接加热或用铅浴法加热，加热温度应为 600 ~ 700℃，加热时间不得少于____min。

A. 10 ~ 15   B. 20 ~ 25   C. 30 ~ 35   D. 40 ~ 45

4. 规范规定，散装锅炉安装胀管合格率应在____范围内。

A. 0.1% ~ 0.9%   B. 1% ~ 1.9%   C. 2% ~ 2.9%   D. 3% ~ 3.9%

5. 金属材料退火的目的是为了提高____。

A. 强度和硬度   B. 强度和塑性   C. 硬度和韧性   D. 消除应力

6. 退火基本工艺是把钢加热到一定温度，保温一定时间，然后____冷却到室温，得到平衡组织的一种热处理工艺。

A. 在水中   B. 随加热炉   C. 在空气中   D. 在油中

第六章

一、选择题

1. 设备试运转是否带负荷、负荷大小、时间长短，不同的设备有不同的要求。起重设备则应按要求进行____额定负荷的运转。

A. 25%   B. 50%   C. 100%   D. 超过

2. 用滑车组起吊重物时，当重物提升到最高点时，定滑车与动滑车组的间距要大于安全距离，顺穿时要求滑车组两滑车之间的净距不小于轮径的____倍。

A. 3   B. 5   C. 8   D. 10

3. 铸铁管的公称直径近似等于其____。

A. 外径   B. 内径   C. 中径   D. 大径

4. 卷扬机性能检验的方法是先进行空载试验，再进行载荷试验，载荷量应逐渐增加，最后为额定载荷的____%，制动器试验必须保持工作可靠，制动时钢丝绳下滑量不得超过 50mm。

A. 90   B. 100   C. 110   D. 120

5. 卷扬机性能检验的方法是先进行空载试验，再进行载荷试验。空载时间不少于____min，载荷试验不少于 30min。

A. 5   B. 10   C. 20   D. 30

6. 活塞式压缩机由活塞的往复运动使容积缩小，压缩气体来提高____。

A. 气体压力   B. 气体温度   C. 气体密度   D. 气体重度

7. 活塞式压缩机的机体由曲轴箱、____和气缸盖三部分组成。

A. 气缸体   B. 活塞   C. 连杆   D. 阀门

8. 进行活塞式压缩机的基础外观检查时，用锤子敲击基础，由声音判断混凝土的____。

A. 强度 B. 几何尺寸 C. 密实度 D. 垂直度

9. 主轴吊放在下瓦后，应用水准仪在两轴颈处和主轴中部测量____，误差应不超过 0.05mm/1000mm。

A. 垂直度 B. 水平度 C. 平行度 D. 倾斜度

10. 活塞式压缩机在试运转前应检查压缩机的机身、十字头连杆、气缸盖、轴承盖及____等全部紧固件，应紧固牢靠，全部零件无缺少、无多余。

A. 气阀 B. 电动机 C. 主轴 D. 地脚螺栓

11. 压缩机的无负荷试运转过程中，每隔____填写一次运转记录。

A. 1h B. 0.5h C. 2h D. 3h

12. 桥式起重机试运转时，当吊钩下降到____位置后，卷筒上缠绕的钢绳应不少于 5 圈。

A. 最高 B. 最低 C. 中部 D. 任意

13. 进行桥式起重机的安装试吊时，应注意吊起桥式起重机悬空 300~500mm，经____后未出现问题，再做晃动桥式起重机的试验。

A. 1min B. 5min C. 10min D. 50min

14. 桥式起重机安装后，进行偏轨箱形、单腹板和桁架机构主梁旁弯度检测，当跨度≤19.5m 时，用拉钢丝或钢直尺检测的最大偏差不得大于____mm。

A. 6 B. 8 C. 10 D. 12

15. 桥式起重机轨道中心线与预埋螺栓中心线或预留螺栓孔中心的偏差应不超过____mm。

A. 1 B. 5 C. 10 D. 50

16. 桥式起重机进行静负荷试运转时，在大梁中心位置，用主钩吊起额定负荷，离地 100mm，停止 10min，所测得的大梁下弯变形数据应小于主梁跨度的____。

A. $L/300$ B. $L/400$ C. $L/600$ D. $L/700$

17. 普通桥式起重机进行动负荷试运转应在____倍额定负荷下同时启动起升与运行机构反复运转，累计运转时间不应少于 10min。

A. 1.1 B. 1.25 C. 1.50 D. 1.75

18. 中型桥式起重机是指起重量为____t 的桥式起重机。

A. <5 B. 5~20 C. 30~100 D. >100

19. 桥式起重机行车轨道应可靠接地，其接地电阻不得大于____Ω。

A. 4 B. 40 C. 400 D. 4000

20. 桥式起重机安装前，轨道梁顶面标高对设计标高的偏差应控制在____mm。

A. -1~+5 B. -5~+10 C. +1~+5 D. +5~+10

21. 桥式起重机进行静负荷试运转时，先将小车开到中间位置，然后再以起升____倍的额定负荷，将小车开到跨端处，检查桥梁的永久变形。

A. 1 B. 1.15 C. 1.25 D. 1.5

22. 对于乘客、载荷和医用电梯，其钢丝绳不得少于____根；杂物电梯不得少于____根。

A. 2，2 B. 4，2 C. 2，4 D. 4，4

23. 下列组成电梯的各部分机构中，属于电梯机械保护系统的机构是____。

A. 导向轮   B. 缓冲器   C. 轿厢   D. 轿门

24. 接零干线至机房电源开关距离一般不应超过____mm，否则应在梯井设置重复接地。

A. 50   B. 100   C. 200   D. 500

二、判断题

1. 活塞式压缩机是一种容积式压缩机。（   ）

2. 活塞式压缩机根据构造不同，分为开启式、半封闭式和全封闭式三种。（   ）

3. 桥式起重机安装试吊时，应注意吊起桥式起重机悬空 300 ~ 500mm，经 10min 后未出现问题，再做晃动桥式起重机的试验。（   ）

4. 桥式起重机的大车梁只允许向上弯拱。（   ）

5. 桥式起重机轨道中心线与预埋螺栓中心线或预留螺栓孔中心的偏差应不超过 5mm。（   ）

6. 取货的方式为抓斗式的起重机是普通桥式起重机。（   ）

7. 桥式起重机小车轨道（大车组装后）工作面对称中心面上直线度检查的要求是：当 L 小于 19.5m 时为 3mm。（   ）

8. 桥式起重轨道安装完成后，轨道的纵、横方向的倾斜度在全行程上应小于 10mm。（   ）

9. 限速器绳轮的垂直度误差应小于 0.5mm，绳索至导轨断面对称中心线的距离偏差及至轿厢中心线的距离偏差均应不大于 ±5mm。（   ）

10. 桥式起重机进行动负荷试运转应 1.1 倍额定负荷下同时启动起升与运行机构反复运转，累计运转时间不应少于 10min。（   ）

11. 安装电缆架和电缆时，应将电缆架固定在井道中间接线箱下约 0.3 ~ 0.4m 处的井道壁上。（   ）

12. 用于载人的乘用电梯，钢丝绳的安全系数不应小于 12。（   ）

13. 电梯轿厢安装时，轿厢水平度误差应小于 2mm/1000mm。（   ）

14. 桥式起重机行车轨道应可靠接地，其接地电阻不得小于 4Ω。（   ）

15. 电梯导轨架的顶面（固定导轨的工作面）应垂直，用吊线坠或水平尺测量，其偏差不应大于 1 mm。（   ）

第七章

一、选择题

1. 金属容器内照明灯具的安全电压为____。

A. 5   B. 12   C. 24   D. 36

2. 金属材料变形的内层部分发生压缩变形，外层部分发生拉伸变形，在内层与外层之间有一层不发生压缩和伸长的层面，称为____。

A. 中性层   B. 中间层   C. 不变层   D. 中心层

3. 金属材料都有自己的____，一旦超过了，材料就出现裂纹、断裂等现象。

A. 最大弯曲半径   B. 最小弯曲半径   C. 最大弯曲尺寸   D. 最小弯曲尺寸

4. DN100 代表管子的____直径是 100mm。

A. 公称直径   B. 实际内径   C. 外径   D. 中径

5. 无缝钢管的规格用____表示。

A. 外径×壁厚　　　　B. 外径　　　　　　C. 公称直径　　　　D. 内径

6. 无缝钢管 D89×4.5 代表管子的____是 89mm，____是 4.5mm。

A. 外径，壁厚　　　　B. 内径，壁厚　　　C. 公称直径，壁厚　D. 外径，内径

7. 低压容器的压力范围是____。

A. $0.1 \leqslant p < 1.6 \text{MPa}$ 　　　　　　　　B. $0.5 \leqslant p < 1.0 \text{MPa}$

C. $1.0 \leqslant p < 10 \text{MPa}$ 　　　　　　　　　D. $1.6 \leqslant p < 10 \text{MPa}$

8. 高压容器的压力范围是____。

A. $0.1 \leqslant p < 1.6 \text{MPa}$ 　　B. $p \geqslant 100 \text{MPa}$

C. $10 \leqslant p < 100 \text{MPa}$ 　　D. $1.0 \leqslant p < 10 \text{MPa}$

9. 气压实验不能骤然升至实验压力，应缓慢地升压至规定实验压力的____，先进行初次检查有无异常情况，如无泄漏可继续分几次升压到实验压力，然后降至设计压力。

A. 5%　　　　　　　B. 10%　　　　　　　C. 15%　　　　　　　D. 20%

二、判断题

1. 容器按综合因素划分为Ⅰ类容器、Ⅱ类容器和Ⅲ类容器。（　　　）

2. 卧式容器的调整可用液位连通器测量水平位置。（　　　）

综合练习答案

第一章

ABDAC CACDB DAABB AACBB CCD

第二章

一、CCACB BDAAB CCCBB CBCAA DAD

二、√√×√

第三章

一、DDDBB CBCDC BDBCB ADCCA DABBB BDCCB DBBAD

二、√×√√

三、

1. 解：根据公式

$$T = \frac{\Delta L}{L\alpha} + t$$

由题意可知，$L = 3300\text{mm}$，$\Delta L = 6\text{mm}$，$t = 28℃$，另外，钢材的线膨胀系数 $\alpha = 11 \times 10^{-6}$。将上述已知条件代入公式得：

$$T = \frac{6}{3300 \times 11 \times 10^{-6}}℃ + 28℃$$

$$= 165.3℃ + 28℃$$

$$= 193.3℃$$

答：要将螺栓伸长量达到6mm，螺柱进行加热的温度应为193.3℃。

2. 解：根据公式

$$T = \frac{\Delta_1 + \Delta_2}{D\alpha} + t℃$$

由题意可知，$L = 2800\text{mm}$，$\Delta_1 = 0.35\text{mm}$，$\Delta_2 = 0.40\text{mm}$，$t = 25℃$。另外，钢材的线膨胀系数 $\alpha = 11 \times 10^{-6}$。将上述已知条件代入公式得：

$$T = \frac{0.35 + 0.40}{280 \times 11 \times 10^{-6}}℃ + 25℃$$

$$= 243.5℃ + 25℃$$

$$= 268.5℃$$

答：安装时应将齿轮加热到268.5℃。

第四章

一、CBDBB AADDB BCCB

二、××√√√

三、

解：

（1）根据题意给出的各测量点格数。

1）折算出每米长度的误差，分别为：

| +1 | +1.5 | 0 | −1 | −0.5 | −1 |

| $+\dfrac{0.02}{1000}$ | $+\dfrac{0.03}{1000}$ | 0 | $-\dfrac{0.02}{1000}$ | $-\dfrac{0.01}{1000}$ | $-\dfrac{0.02}{1000}$ |

2）换算到 200mm 长度各段的误差数 + 0.004mm， + 0.006mm， 0， − 0.004mm，− 0.002mm， − 0.004mm。

（2）绘制坐标曲线图（附图 3），纵坐标为误差值，每格 0.002mm，横坐标表示导轨长度，每格 200mm。

（3）根据各点偏差和测绘出的曲线，求出最大误差。连接两端 oe，通过 b 点作 oe 的平行线，则两平行线间最大坐标距离即导轨误差值，$\Delta = 0.0084$mm。

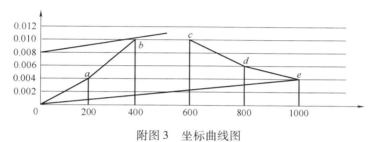

附图 3 坐标曲线图

（4）由直线度误差计算公式 $\Delta = nil$，将已知条件 $i = 0.02/1000$、$l = 200$、$n = 2.2$（格）代入公式，得

$$\Delta = 2.2 \times 200 \times 0.02/1000 \text{mm} = 0.0088 \text{mm}$$

答：坐标曲线图法求出机床导轨直线度最大误差是 0.0088mm。

第五章

CDABD　B

第六章

一、DCBCB　AACBD　BBCBB　DACAB　CBBA

二、√√√√√√√√√√√ × √

第七章

一、BABAA　AACC

二、√√

参 考 文 献

[1] 闵仁德. 机电设备安装工程项目经理工作手册 [M]. 北京：机械工业出版社，2000.

[2] 樊兆馥. 机械设备安装工程手册 [M]. 北京：冶金工业出版社，2004.

[3] 王清训. 机电设备安装工程管理与实务 [M]. 北京：中国建筑工业出版社. 2009.

[4] 杨文柱. 设备安装工艺 [M]. 北京：中国建筑工业出版社. 1989.

[5] 张锡璋. 安装工程测量 [M]. 北京：高等教育出版社，1995.

[6] 谭平武，等. 机械设备安装工 [M]. 北京：中国电力出版社，2004.

[7] 张普礼. 机械加工设备 [M]. 北京：机械工业出版社，2007.

[8] 张锡璋. 设备安装工艺学 [M]. 北京：高等教育出版社，1996.

[9] 李雪梅. 数控机床 [M]. 北京：电子工业出版社，2005.

[10] 郑祖斌. 通用机械设备 [M]. 北京：机械工业出版社，2004.

[11] 陈家盛. 电梯结构原理及安装维修 [M]. 2 版. 北京：机械工业出版社，2001.

[12] 王东涛，等. 建筑安装工程施工图集 [M]. 北京：中国建筑工业出版社，1998.

[13] 强十渤，等. 安装工程分项施工工艺手册 [M]. 北京：中国计划出版社，1998.

[14] 余仲裕. 数控机床维修 [M]. 北京：机械工业出版社，2006.

[15] 吴先文. 机械设备维修 [M]. 北京：机械工业出版社，2005.

[16] 陈国祥，等. 机械设备安装工 [M]. 北京：中国劳动社会保障出版社，2009.

[17] 黄富强，等. 电梯安装使用与维修 [M]. 成都：四川科技出版社，1998.

[18] 薛标. 安装起重工 [M]. 北京：中国劳动社会保障出版社，1999.

[19] 朱志宏. 金属切削机床 [M]. 南京：东南大学出版社，1995.

[20] 晏初宏. 机械设备修理工艺学 [M]. 北京：机械工业出版社，1998.

[21] 郑庄生. 建筑工程测量 [M]. 北京：中国建筑工业出版社，1995.